KB189640

기울어진 뇌

Side Effects

기울어진 ___ 뇌

일상에서 발견하는 좌우 편향의 뇌과학

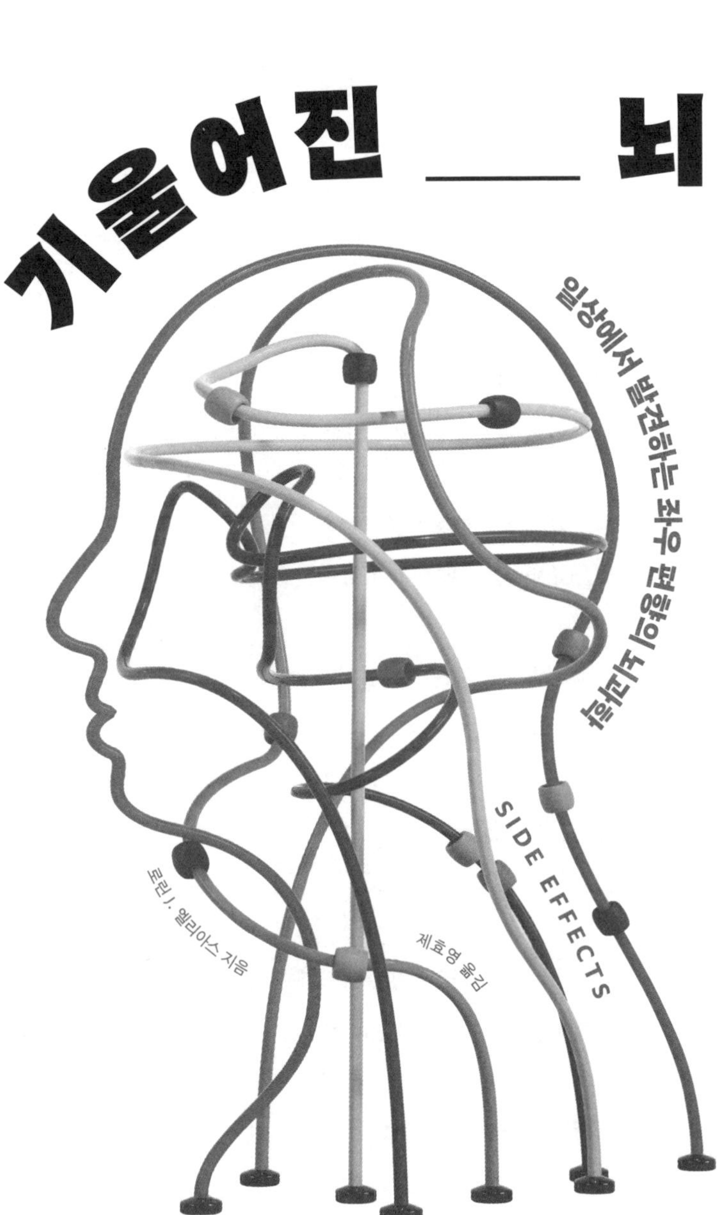

SIDE EFFECTS

로런 J. 엘리아스 지음

제효영 옮김

RHK
알에이치코리아

차례

들어가며

내 몸이 행하는 건 마음의 뜻하지 않은 결과인 듯하다.

배우 캐리 피셔Carrie Fisher

인간의 행동은 한쪽으로 치우쳐 있다. 우리 몸은 겉으로 보면 대체로 대칭이지만, 우리의 행동 방식은 그렇지 않다. 왼손과 오른손은 겉보기에 다른 점이 거의 없는데도 우리 중 90퍼센트는 주로 오른손으로 글을 쓰고 물건을 던지며 큰 기술이 필요한 활동은 대부분 오른손으로 한다. 그런데 갓 태어난 아기를 안을 때는 대다수가 왼팔로 안고, 자기 모습을 보여줄 때는 대체로 고개를 살짝 돌려 왼쪽 뺨을 앞으로 내미는 포즈를 취한다. 16세기에 화가 앞에서 초상화 포즈를 취하던 사람들부터 인스타그램에 올릴 셀피를 찍는 현대인들까지 모두 그렇다. 하지만 연인과 키스할 때는 고개를 오른쪽으로 기울이는 경향이 있다. 왜 인간의 행동은 이렇게 한쪽으로 치우칠까? 이런 특징은 우리 뇌와 어떤 관련이 있을까? 데이트 사이트나 앱에서 프로필 사진으로 매력을 한껏 드러내고 싶을 때 혹은 선거 유세용 홍보물을 제작해 유권자들의 호감을 사야 할 때 이런 정보들을 어떻게 활용할 수 있을까? 좌뇌와 우뇌의 차이가 우리의 견해와 경향성, 태도를 좌우한다는 사실을 예술이나 건축, 광고, 운동경기 등에서도 활용할 수 있을까? 이 책을 다 읽고 나면, 뇌의 좌우 편향성이 우리의 일상적인 행동에 어떤 영향을 주는지, 이 정보를 어떻게 유리하게 활용할 수 있을지 알게 될 것이다.

좌뇌와 우뇌의 기능 차이는 과학 연구나 병원에서 받는 뇌 스캔 결과로 쉽게 확인할 수 있다. 뇌 한쪽을 다친 후나 뇌수술을 받은 후의 행동 변화로도 드러난다. 그러나 평범한 사람들의 일상만 지켜보아도 양쪽 뇌의 기능 차이를 금세 확인할 수 있다.

몇몇 좌우 편향성은 굉장히 강력하고, 일정하고, 역사가 깊다. 인류의 90퍼센트가 오른손을 주로 사용하는 것도 그중 하나다. 남자건 여자건, 말레이시아인이건 프랑스인이건 상관없이 그렇다. 고대에 만들어진 물건들과 예술품을 분석한 결과에 따르면 인류 대다수가 오른손을 주로 사용해 온 역사는 50세기가 넘는다.[1] 이와 달리 초상화 화가 앞에서 취하는 포즈의 방향처럼 겨우 수백 년 전부터 나타나기 시작했으나 강력하게 뿌리내린 편향성도 있다. 예수의 십자가형을 묘사한 종교예술 작품들을 유심히 살펴보면, 90퍼센트의 작품에서 예수가 고개를 오른쪽으로 기울여 왼뺨이 앞을 향하도록 하고 있다.[2] 아기를 왼팔로 안는 것도 전체의 70퍼센트에서 나타나는 상당히 역사가 깊은 편향 행동이다. 하지만 이 비율도 오른손잡이의 비율만큼 강력하지는 않다.

이 책 전반에서 소개할 행동의 편향성은 좌뇌와 우뇌의 차이와 관련이 있다. 모든 뇌는 고유하다. 머리 바깥에 있는 얼굴이 사람마다 고유한 것처럼 두개골 안에 있는 뇌도 제각기 다르다. 뇌의 전체적인 형태와 위치, 기능은 같아도 개개인의 뇌는 모두 독특하다. 이 책에서 이야기하는 좌뇌와 우뇌의 차이는 '인구군 수준'에서 나타나는 특징이다. 다시 말해 이 책에서 설명하는 행동의 편향성은 대다수에서 나타나지만, 인구군을 구성하는 개개인 모두에게 무조건 적용되지는 않는다는 의미다. 주로 사용하는 손도 마찬가지다. 인구군 수준에서 오른손잡이가 더 많은 경향이 있을 뿐, 왼손잡이인 개인도 있다. 전체의 90퍼센트가 오른손잡이라고 해서[3] 왼손잡이는 문제가 있다거나 오른손잡이와 근본적으로 다르다고 해석할 수는 없다. 좌우뇌의 기능에서 나타나는 편측성도 사람마다 차이가 있다. 우리 중 90퍼센트는 주로 좌뇌가 언어 기능을 담당하지만,[4] 우뇌의 언어 기능이 우세한 10퍼센트가 그 90퍼센트보다 말하기나 글쓰기 실력이 못하다고 할 수는 없다.

행동에서 나타나는 편향성 중에는 개개인의 차이가 유독 두드러지는 경우가 있다. 예를 들어 아기를 처음 안아보는 엄마들은 대부분 아기를 왼팔로 안는데, 우울증이 있는 엄마들은 아기를 오른팔로 안는 경우가 더 많다.[5] 그렇다면 아기를 오른팔로 안는다면 다 우울증이 있다는 뜻일까? 절대 그렇지 않다. 아기를 안을 때 오른팔을 더 많이 쓰는 사람들 '중에' 우울증이 있는 사람의 비율이 왼팔을 더 많이 쓰는 사람들 중에 우울증이 있는 사람의 비율보다 더 높다는 의미다. 이 책의 주제는 이렇듯 인구군 수준에서 집단적으로 나타나는 경향성에 관한 것이지 개개인을 진단하거나 분석한 결과가 아니다.

주의 사항을 언급한 김에 한 가지 더 말해둘 것이 있다. 이 책에서 소개하는 좌우 차이에 관한 연구 결과는 '상대적인' 것이지 절대적인 결과가 아니다. 대다수가 오른손잡이이고 나도 그중 한 명이지만, 그렇다고 해서 내 왼손이 아무 쓸모도 없는 건 아니다. 물건을 집거나 옮길 때처럼 특별한 기술이 필요없는 일을 왼손으로 하기도 하고, 일대일로 농구공을 번갈아 슈팅하는 게임도 왼손으로 거뜬히 이기곤 한다. 마찬가지로 기능적 자기공명영상fMRI 결과 나의 언어 기능은 주로 좌뇌가 담당한다는 사실을 알게 됐지만 그렇다고 해서 우뇌가 언어 능력에 아무런 관여도 하지 않는다고 할 수는 없다. 우뇌에도 다양한 언어를 읽고 뜻을 이해하는 기능이 있다. 다만 좌뇌만큼 빠르고 유창하게, 미묘한 의미까지(특히 단어의 순서가 중요한 언어라면 더욱) 다 포착하지는 못한다. 앞서도 강조했듯이 양쪽 뇌의 차이는 상대적일 뿐 절대적이지 않다. 좌뇌와 우뇌의 차이가 절대적이라고 '가정'해도(절대 그럴 리 없지만!) 인간의 좌우 반구는 뇌량이라고 불리는 2억 5,000만 개가 넘는 신경세포의 가지로 이루어진 백색질 구조로 서로 연결되어 있다.[6]

우리의 지각력과 기억력은 물론 편측성까지도 좌뇌와 우뇌의 협력에서 나오는 결과다. 그러므로 특정 기능을 좌뇌와 우뇌 중 어느 한쪽이 전적으로 책임진다는 것은 지나친 단순화일 뿐만 아니라 사

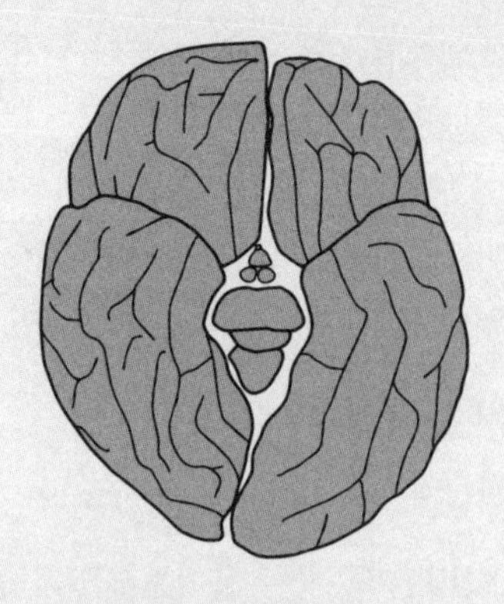

| 그림 1 | 뇌를 아래에서 올려다본 모습. 일반적으로 우반구의 전두엽이 앞으로 더 튀어나와 있고 좌반구의 후두엽은 뒤로 돌출되어 있다. 위에서 내려다보면 전체적으로 뇌에 반시계 방향의 회전력이 작용한 듯한 형태를 띤다.

실상 틀린 소리다. 한 예로 십 대인 우리 딸 밀레바Mileva가 거실로 들어오는 것을 보고 내가 "신발 멋지네!"라는 말을 건넨다고 해보자. 말의 의미 해독을 주로 담당하는 밀레바의 좌뇌는 내 말을 칭찬으로 이해할 테다. 하지만, "이야, 신발 멋지다, 야!"처럼 비꼬는 말투였다면? 음성의 높낮이와 어조에 담긴 의미 해독은 보통 우뇌의 전문 영역이다. 밀레바의 우뇌는 이 말에 담긴 비꼬는 감정을 포착할 것이다. 밀레바는 아빠는 패션 감각이라곤 요만큼도 없는 사람이라며 코웃음을 날리고는 거실을 나가버릴 것이다.

주의 사항은 이쯤 해두고, 인구군 수준에서 좌뇌와 우뇌는 구조와 화학적인 특성, 기능에 있어 여러 가지 차이가 있다. 우반구는 좌반구보다 크고 더 무거우며 백색질(미엘린이라는 지방질 절연체에 덮인 뇌세포)이 더 많다. 또한 내부 구조와 상호 연결이 넓게 분산된 편이다.[7] 좌반구는 우반구보다 더 작고 밀도가 높으며 회색질(뇌세포)의 비율이 더 높다. 일반적인 뇌를 두개골에서 분리한 후 위에서 내려다보면 반시계 방향으로 회전력이 가해진 듯한 형태를 띤다.[8,9] 즉 우반구의 전두엽이 좀 더 앞으로 튀어나와 있고, 좌반구의 후두엽(뇌의 맨 뒷부분)이 뒤로 돌출되어 있다(그림 1 참고). 그리고 좌반구 쪽의 측두평면[10](언어 처리와 관련된 뇌 구조)이 더 큰 것을 비롯해 여러 가지 차이가 나타난다. 이런 차이는 물리적인 차이고, 이 책에서 중점적으로 다루는 것은 뇌 양쪽의 '기능' 차이다.

가장 잘 알려진 양쪽 뇌의 기능 차이는 언어를 주로 좌뇌가 담당한다는 것이다. 뇌 손상 환자나 뇌수술 환자를 대상으로 한 연구와 기능적 뇌 영상 기술을 활용한 연구를 통해 90퍼센트 확률로 좌뇌가 언어 기능에 우세하다는 사실이 밝혀졌다. 좌뇌는 단어의 순서(즉 글의 짜임)를 인지해서 문장의 의미를 만드는 능력과("개가 사람을 물다"와 "사람이 개를 물다"의 의미가 다르다는 것을 아는 것), 음악의 리듬을 인지하는 능력, 논리적인 순서를 정하는 능력, 연속 동작의 순서를 계획하는 능력도 탁월하다. 반대로 우뇌는 감정(특히 부정적인 감정)과 공간 정보, 음의 높이와 멜로디를 알아보는 능력이 뛰어나다. 얼굴을 알아보는 능력과 더불어 말의 어조, 그림, 소리, 공간의 주제를 알아보는 능력도 우수하다.[11]

척추동물의 신경계에서 나타나는 가장 놀랍고 신기한 특성 중 하나는 대측성이다. 현재까지 알려진 모든 척추동물은(심지어 캄브리아기에 나타난 턱이 없는 어류인 무악류까지도) 우뇌가 몸의 왼쪽을 통

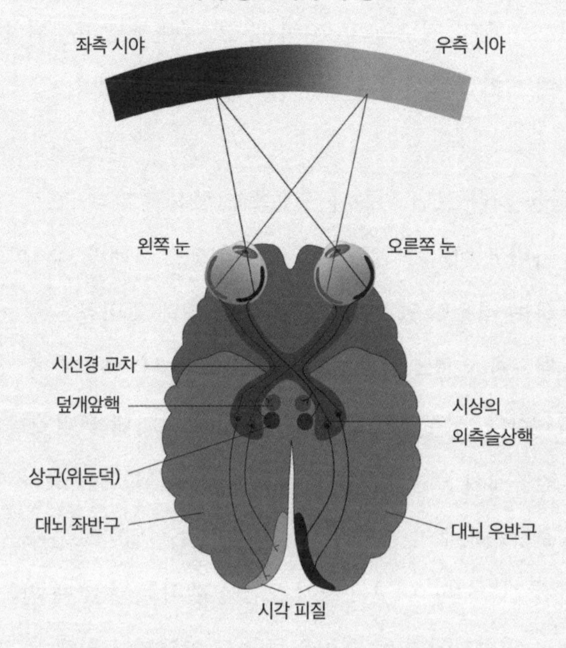

| 그림 2 | 인체 신경계는 공간의 정보가 유입되는 방향과 반대쪽에 있는 뇌에서 그 정보가 주로 처리되는 대측성 체계다. 이 그림은 시각 정보가 그와 같이 교차 방향으로 처리된다는 것을 나타낸 것이다. 다른 감각계와 운동 조절에도 대부분 같은 원리가 적용된다.

제하고, 좌뇌가 몸의 오른쪽을 통제한다.[12] 무척추동물에서는 이런 대측성이 나타나지 않는다. 신경계로 정보가 '들어오는' 방향에서도 이와 같은 대측성이 나타난다. 즉 왼손의 촉각은 우뇌가 인식하고, 오른손의 촉각은 좌뇌가 인식한다. 이러한 교차가 더욱 강하게 일어나는 감각도 있다.[13] 시각 정보의 경우 왼쪽에서 들어오는 정보(왼쪽 눈이 아니라 몸의 왼편에서 양쪽 눈으로 들어오는 데이터)의 대부분이 우반구로 투사된다(그림 2 참고). 청각은 조금 달라서 왼쪽 귀로 들어오는 청각 정보의 약 70퍼센트가 우반구로 투사된다.[14] 신경계에 왜 이러한 교차성이 있을까? 이유는 알 수 없다.

이 책을 읽다 보면 왼쪽과 오른쪽이 헷갈릴 텐데, 그건 여러분 잘못이 아니고 어디가 잘못되어서 그런 것도 아니다. 상당한 정신력을 요하는 내용도 있지만, 이해를 돕기 위해 준비한 그림들을 참고하면 왼쪽과 오른쪽을 충분히 구분하며 설명을 따라올 수 있으리라고 확신한다. 시각계의 교차성을 간단히 나타낸 그림 2를 보면, 공간의 왼쪽에서 오는 정보는 우뇌로 가고 오른쪽에서 오는 정보는 좌뇌로 간다는 사실을 쉽게 알 수 있다. 얼굴을 알아보는 것은 우뇌에 특화된 기능이다. 이것이 자기 모습을 셀피로 남길 때 왼쪽 뺨을 더 내미는 편향성에 어떤 영향을 주는지 이해하기 위해 두 사람이 서로 마주 보는 모습을 먼저 떠올려 보자. 두 사람이 서로의 얼굴을 똑바로 마주 보는 상황일 때 우뇌에는 시야 왼쪽에 있는 상대방의 오른쪽 얼굴이 들어오지만, '거울 셀피'를 찍을 때는 반대로 생각해야 한다. 거울에 비치는 자기 얼굴은 시야 왼쪽에 왼쪽 얼굴이 있기 때문이다!

이 책은 우리 행동에서 나타나는 편측성을 각 장에서 한 가지씩 다룬다. 이런 구성 탓에 각각의 편측성이 별개의 현상이라고 생각할지 모르지만 실제로는 그렇지 않다. 예를 들어 주로 사용하는 손

(1장)은 발과 귀, 눈의 편측성(2장)과 밀접한 관련이 있다. 초상화나 셀피 포즈에서 나타나는 편향성(6장)은 예술 작품에 묘사된 빛의 방향에서 나타나는 편향성(7장)과 관련이 있다. 그렇다고 특정한 편향성이 다른 편향성의 '원인'이라고 해석할 수는 없다. 각 장에 나누어 설명한 각각의 편향성이 전부 별개의 독립적인 현상은 아니라는 의미다. 우리 행동의 편향성은 서로 연관된 경우가 많다. 장별로 한 가지씩 살펴본 다음 맺음말에서 이 모든 특성이 어떻게 하나로 연결되는지 설명한다.

1장

손의 편향성

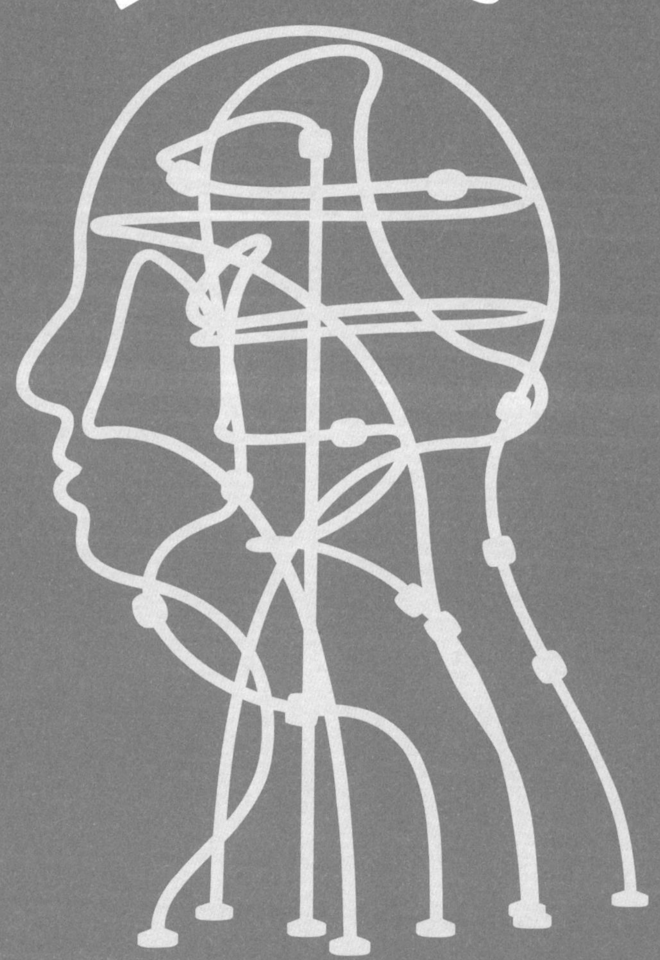

열에 아홉은 오른손잡이인 이유

나는 오른손으로 커피를 마시고 왼손으로 담배를 피운다.
하지만 말할 때는 양손을 다 사용한다.

배우 조지 번스George Burns

가장 널리 알려진, 명확한 좌우 편향성은 우리가 주로 쓰는 손이 있다는 것이다. 전 인구 단위에서 오른손잡이가 보편적이라는 사실에서 우리 뇌의 편측성이 훤히 드러난다. 한쪽 손을 주로 사용하는 것은 새삼스러운 발견도 아니고 새롭게 발달한 특성도 아니다. 심지어 성경 같은 고대 문헌에도 언급된다. 그러나 가장 많은 연구가 이루어지고도 여전히 가장 큰 수수께끼로 남아 있는 좌우 편향 현상이다. 모두가 알아채는 편향성이고, 이 현상만 다룬 책도 수십 권이다. 그런 책을 읽어본 적이 없어도 다들 살면서 한 번쯤은 자신이 한쪽 손을 주로 쓴다는 것을 인식한다. 주로 쓰는 손을 조금만 다쳐도 평소에 잘 안 쓰던 손으로 제대로 할 수 있는 일이 얼마나 적은지를 새삼 깨닫는다.

위와 같은 이유로, 우리의 일상생활에서 나타나는 좌우 편향성을 다루는 책의 첫 장부터 주로 쓰는 손 이야기를 꺼내는 것은 가장 좋은 생각이자 최악의 선택이다. 하지만 선택의 여지가 없었다. 다른 장을 읽어보면 알게 되겠지만, 손의 편측성은 이 책에서 다루는 대부분의 다른 편측성과 관련이 있다. 원인이 된다는 말이 아니라, 주로 쓰는 손이 다른 편측성에도 영향을 준다는 뜻이다. 손의 편측성이 주는 영향은 워낙 복잡하고 다양해서, 다른 행동의 편향성을 설명할 때도 언급할 수밖에 없다. 하지만 다른 편향성을 설명할 때는 그 현상을 중점적으로 다루고 손의 편측성은 일상생활에서 볼 수 있는 수준으로 제한해서 언급할 것이다.

전체 인구 중 오른손잡이는 얼마나 될까? 이 질문에는 간단히 답할 수도 있고 길게 답할 수도 있다. 간단히 답하자면 전체의 약 90퍼센트가 오른손잡이다. 길게 대답한다면? 태어난 곳, 태어난 시기에 따라 다르고 문화마다, 성장 환경마다 다르다. 또한 개개인의 성적 지향성이나 발달 과정, 출생 과정, 심지어 출생 전에 특정한 영향이 있었는지에 따라서도 달라진다. 성별도 영향을 준다. 하지만 이런 요소들의 영향력에는 한계가 있다. 즉 오른손잡이가 아닌 인구의 비율이 10퍼센트에서 조금 달라질 수는 있어도, 왼손잡이만 모인 온라인 공동체나 매년 8월 13일(국제 왼손잡이의 날) 왼손잡이들이 실제로 한자리에 모이는 특별한 행사를 제외하고는 역사상 어느 때도, 어디에서도, 어떤 문화권에서도 왼손잡이가 전체 인구의 절반을 넘어선 적은 없다.

언제부터 이런 현상이 나타났는지부터 살펴보자. 현대의 이미지

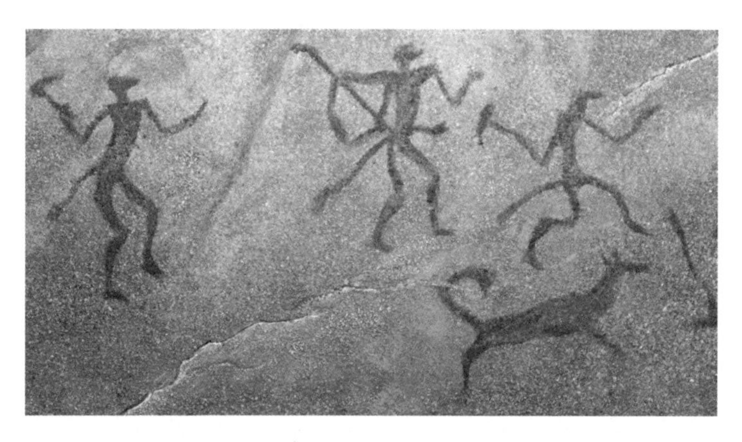

| 그림 3 | 수 세기 전에 그려진 동굴 벽화 속 사람들은 물건을 오른손에 쥔 모습으로 묘사된 경향이 있다.

자료만 뒤져봐도 손의 편측성에 관한 데이터가 넘쳐난다. 서류에 서명하는 사람의 사진이나 수십 년 전에 출시된 야구 카드의 뒷면에서도 예전 사람들이 어느 쪽 손을 주로 사용했는지가 은밀하게 드러난다. 하지만 이런 자료로 거슬러 올라갈 수 있는 시간은 그리 길지 않다. 언제부터 인류 대다수가 오른손잡이였는지 확인하려면 어떤 자료를 봐야 할까? 문서로 된 고대의 기록은 극히 드물다. 한 예로 성경 사사기 20장 15절과 16절에 전투 참가자 중 700명은 왼손잡이거나 양손잡이고 2만 6,000명은 오른손잡이라는 묘사가 나온다. 이 한 가지 자료에서도 오른손잡이의 비율이 훨씬 큰 것을 알 수 있다(97퍼센트).

하지만 성경보다 훨씬 더, 수백만 년 전까지 거슬러 올라가는 자료도 있다. 바로 오스트랄로피테쿠스가 사냥할 때 오른손을 사용했다는 단서다![1] 구석기 시대에 돌로 만든 도구에도 돌의 중심부를 오른손으로 회전시킨 흔적이 있다.[2] 도구를 제작한 사람이 오른손잡이임을 알 수 있는 강력한 증거다. 베이징 원인(중국 북부 평원에서 발견된 홍적세 시대의 원시 인류 – 옮긴이)이 만든 석기에도 비슷한 패턴이 남아 있다.[3] 지구상에서 형성된 거의 모든 초기 문화에서는 사냥 등 인간이 다양하게 활동하는 모습을 그림으로 남겼는데, 그중 일부(예를 들어 그림 3)에는 사람들이 거의 일정하게 한쪽 손으로 물건을 던지거나 들고 있는 모습이 분명하게 묘사되어 있다. 크로마뇽인의 손 그림[4]과 북미 원주민들의 예술품[5], 기원전 2,500년부터 1,500년 사이 이집트 베니하산과 테베 지역에 형성된 무덤에서 발견된 그림들에서도[6] 대부분이 오른손잡이인 편측성이 강하게 나타난다.

기원전 1만 5,000년부터 서기 1950년까지 제작된 예술품 중 한 손으로 하는 행위가 뚜렷하게 나타난 작품 1만 2,000점 이상을 조사한 결과를 보면[7] 92.6퍼센트의 작품에서 오른손을 쓰는 모습이 묘사됐다. 게다가 이러한 편향성은 긴 세월 동안 놀랍도록 안정적으로 유지된 것으로 확인됐다. 그림에 오른손을 쓰는 모습이 나오는 작품의 비율은 기원전 3,000년 이전의 그림 중에서는 90퍼센트였고, 서기 500년부터 1700년까지 제작된 작품에서도 89퍼센트에서 94퍼센트였다. 여러 측면에서 굉장히 독특한 이 연구를 통해, 예술 작품에서 나타나는 오른손 편향성이 무려 50세기 동안 거의 변함없이 지속되었음을 알 수 있다![8]

| 그림 4 | 아르헨티나 파타고니아의 한 동굴(쿠에바 데 라스 마노스)에 그려진 그림. 그림 속 손은 대부분 왼손이다. 서기 700년경 아오니켄크족Aónikenk의 조상들이 그린 것으로 추정된다. 그림에 나오는 손은 대부분 왼손이지만(왼손 829개, 오른손 31개), 새의 뼈로 만든 분무 관을 오른손에 들고 왼손을 "그림 틀"로 삼아서 손 위에 염료를 뿌려 만든 작품으로 추정되므로 이 그림은 오른손잡이의 비율이 더 높았음을 보여주는 자료로 여겨진다.

하지만 그렇게 간단하지만은 않은 것이, 서기 1900년과 가까운 시기에 태어난 인구 중 왼손잡이 비율은 약 3퍼센트였고 그 이전과 이후의 왼손잡이 비율은 50세기 평균인 10퍼센트였다. 손의 편향성을 가장 잘 보여주는 데이터는 아주 우연히 나왔다. 내가 어릴 때인 1986년에 우리 부모님은 〈내셔널 지오그래픽National Geographic〉을 성실히 구독하셨는데, 그해 9월호는 굉장히 특이한 요청과 함께 도착했다. 잡지에 동봉된 "표면을 긁으면 특정한 냄새가 나는" 카드의 냄새를 맡아보고, 그 결과를 구독자가 인구통계상 어떤 그룹에 속하는지 파악하기 위한 설문지와 함께 우편으로 보내달라는 요청이었다. 이 설문지 문항 중 두 가지가 평소에 주로 쓰는 손에 관한 질문이었다. 하나는 글씨를 어느 손으로 쓰는지, 다른 하나는 물건을 던질 때 어느 손을 사용하는지 물은 것이다. 결과는 놀라웠다. 전체 구독자 1,100만여 명 중에 무려 140만 명이 넘는 구독자가 설문지를 작성해서 우편으로 보냈고, 주로 쓰는 손과 이 설문조사의 핵심 주제였던 후각은 관련이 없는 것으로 나타났다. 하지만 뜻밖에도 이 인구통계 정보에서 굉장히 흥미로운 사실들이 드러났다. 응답자가 대규모였다는 점에서 더욱 의미 있는 결과였다.

이 설문조사의 최초 보고서는 두 가지 결과를 강조했다. 하나는 흥미로운 결과였고 다른 하나는 알쏭달쏭하지만 심상치 않은 결과였다. 흥미로운 결과는 전체 응답자 중 왼손잡이인 여성보다 왼손잡이인 남성이 약 25퍼센트 더 많았다는 것이다. 그러나 모두의 관심이 집중된 것은 두 번째 결과였다. 출생 연도가 1950년 이후인 응답자들은 왼손잡이가 비교적 많았으나(이 설문조사는 1986년에 시행되었으므로 1950년 이후에 태어난 사람은 36세 이하였다), 1950년 이전에 출생한 사람들은 왼손잡이 비율이 그보다 적었다. 응답자의 나이가 많을수록 비율이 점점 줄어서 1920년 이전 출생자만 모아보면 왼손잡이가 겨우 3~4퍼센트에 불과했다. 비슷한 시기에 이보다 작은 규모로 실시된 다른 조사에서도(응답자 대부분은 미국인이 아닌 영국인이었다) 같은 패턴이 나타났다.[9] 1800년대 말부터 1920년 사이에 태어난 왼손잡이들은 다 어디로 갔을까? 이 기간에 태어난 사람들만 유독 왼손잡이 비율이 낮았던 걸까? 그게 아니라면 혹시 그 시기에 왼손잡이의 사망률이 더 높기라도 했다는 걸까? 그래서 설문조사에 참여한 왼손잡이 노인의 비율도 대폭 줄어든걸까?

가장 간단하고도 섬뜩한 설명은 후자다. 왼손잡이가 오른손잡이보다 수명이 짧을 수도 있다는 이 가설은 언뜻 쉽게 확인해 볼 수 있을 것 같기도 하다. 왼손잡이와 오른손잡이의 사망률과 수명 통계를 찾아보기만 하면 되니 말이다. 하지만 최근 실시된 몇몇 연구는 이를 확인하기 위한 연구의 설계와 '해석'이 깜짝 놀랄 만큼 복잡하다는 사실을 알려준다. 어떤 연구들이 있었는지 구체적으로 살펴보기 전에, 이 문제에 접근할 때 사용하는 아주 상반된 두 방식부터 자세히 알아보자. 심리학자들이 개개인의 일생에 생긴 변화를 연구하고 싶을 때 활용할 수 있는 방법은 크게 두 가지다. 첫 번째는 다양한 나이대의 사람들을 동시에, 한꺼번에 조사하는 방식으로 이를 횡단 연구라고 한다. 앞서 소개한 〈내셔널 지오그래픽〉의 조사가 바로 이 방식이다. 두 번째 방식인 종단 연구는 이와 달리 조사 대상자와 조사 기간을 정하고 시간 흐름에 따른 변화를 여러 차례 계속해서 추적 조사하는 방식이다.

주로 사용하는 손에 관한 횡단 연구 결과는 굉장히 명확하다. 일관적으로 젊은 세대의 왼손잡이 비율이 더 높고(보통 10퍼센트 이상), 노년층의 왼손잡이 비율은 그보다 훨씬 낮다(2~5퍼센트인 경우가 많다).[10, 11, 12] 여러 가지 이유를 추정할 수 있으나, 가장 확실한 설명은 사회적인 압력이다. 지금으로부터 100년쯤 전에는 왼손잡이에 가해지는 사회적 압박이 엄청났다. 나도 친척들로부터 학창 시절에 왼손잡이였던 같은 반 친구들이 끔찍한 일을 겪었다는 이야기를 들은 적이 있다. 글을 쓸 때 억지로 오른손을 사용하도록 만들기 위해 왼팔을 자기 등 뒤로 돌리게 해서 묶어 놓는 조치를 당했다는 것이다. 이런 식의 관행 탓에 원래 왼손잡이였던 사람들은 "어쩔 수 없이" 오른손잡이가 되었다(스포츠가 주제인 12장에는 운동선수들이 이와 반대로 억지로 왼손잡이가 되는 사례들이 나온다). 그러므로 왼손잡이만 대거 어딘가로 사라진 게 아니라, 억지로 오른손잡이가 되어야 했을 가능성이 있다. 간단히 정리하면, 이런 "사회적 압력" 때문에 왼손잡이들은 누가 왼손잡이냐고 물어도 솔직히 답하지 않을 수 있고, 이런 경향이 조사 결과로 나오는 왼손잡이 비율에 영향을 줄 수 있다.[13]

하지만 이것만으로 왼손잡이 비율이 왜 이렇게 차이 나는지를 다 설명할 수는 없다. 조사 대상자를 시간 흐름에 따라 추적 조사한 종단 연구들도 진행됐다. 종단 연구는 방식의 특성상 왼손잡이의 수명이 정말로 감소했는지 자세히 확인할 수 있는데, 수많은 조사 대상자가 각각 어느 쪽 손을 주로 사용하는지와 사망률, 사망일을 정확히, 빠짐없이 확인해야 하므로 굉장히 까다롭다. 그런 기록은 어디서 구할 수 있을까? "스포츠"를 떠올렸다면 눈치가 은메달감이고 그중에서도 "야구"를 떠올렸다면 금메달감이다. 야구는 통계에 집착하기로 악명 높은 스포츠다. 그 세세한 기록에는 선수가 주로 어느 쪽 손을 사용하는지에 관한 정보도 포함되어 있다.

스탠리 코런Stanley Coren과 다이앤 할펀Diane Halpern은 《야구 백과

사전The Baseball Encyclopedia》에 나온 통계 정보를 토대로 1975년 이전에 사망한 모든 선수의 데이터를 종합해서 나이대별로 양손 중 주로 사용한 손에 따라 사망 위험성이 얼마나 다른지 계산했다. 20세일 때는 왼손잡이 선수들의 사망률이 오른손잡이 선수들보다 높지 않았으나, 33세부터는 왼손잡이 선수들의 사망률이 해마다 오른손잡이 선수들보다 약 2퍼센트씩 높아졌다. 2퍼센트라고 하면 별로 크지 않다고 생각할 수 있지만, 그런 차이가 해마다 축적되면 이 변화 하나만으로도 노년기에 왼손잡이 선수의 비율이 크게 줄어든 것을 설명할 수 있다. 《야구 백과사전》[14]의 데이터 기준으로 오른손잡이인 선수와 왼손잡이 선수들의 평균 수명은 각각 64.64세, 63.97세로 큰 차이가 없었다.

이 결과가 발표되자 〈웨이트 와쳐스 매거진Weight Watchers Magazine〉에서 특집으로 다루어지는 등 언론의 엄청난 관심과 비판이 동시에 쏟아졌다. 특히 맹렬한 비판을 제기한 건 왼손잡이들이었는데, 그 중에는 주관적인 견해도 있었지만 몇 가지 매우 중요한 지적도 있었다. 결론을 도출한 통계적 방법 자체(이 내용은 굳이 자세히 설명하지 않겠다)도 우려스러웠지만, 주목할 만한 의견은 왼손잡이 선수가 특정 포지션에 몰려 있다는 것이다. 왼손잡이 야구 선수는 투수인 경우가 많았다. 그런데 야구에서 투수는 전체 포지션을 통틀어 스트레스가 특히 심하다고 알려져 있다. 어느 쪽 손을 주로 사용하느냐가 아니라 스트레스가 사망 시점을 앞당기는 원인이라면? 왼손잡이의 수명이 오른손잡이보다 더 짧은 이유가 무엇인지는 여전히 논쟁거리이다. 코린과 할펀은 위와 같은 방식으로 연구 범위를 더 확장해서 주로 사용하는 손이 수명에 주는 영향을 조사했고[15,16] 크리켓 선수들에서도 비슷한 결과가 나왔다고 밝혔다.[17] 그러나 다른 연구진이 같은 방식으로 연구해서 다른 결과가 나온 사례들도 많고[18,19,20,21] 연구 방식 자체의 문제점도 계속 제기되고 있다.[22,23]

오른손잡이가 표준이라는 사실은 시대가 바뀐다고 해서 달라지지 않는다. 그렇다면 지역에 따라 왼손잡이의 비율에 차이가 있는지에 대해서도 알아보자. 왼손잡이의 비율은 지역에 따라 다양하게 나타난다. 하지만 '정도'의 차이일 뿐 판세가 뒤집힐 만큼의 차이는 아니다. 왼손잡이가 대다수인 문화권은 없다. 1836년 〈런던 의학신문London Medical Gazette〉에 실린 영국인 의사 토머스 왓슨Thomas Watson의 글에 이런 상황에 관한 감상이 잘 담겨 있다.

> 어느 나라에서나 일할 사람을 뽑을 때 보편적으로 왼손잡이보다 오른손잡이를 선호한다. 국민 전체가 왼손잡이인 국가나 부족은 지금까지 한 번도 존재한 적이 없었던 것 같다 … 고립 생활을 하다가 아주 최근에 와서야 문명 세계에 알려진 북미 대륙의 원시 부족들도 오른손잡이가 대다수라는 기본 원칙에서 벗어나지 않는다.

거의 200년 전에 나온 왓슨의 생각은 지금도 여전히 유효하지만, 이 의견에 지역별로 왼손잡이 비율에 차이가 있다는 사실은 반영되어 있지 않다. 지역별 비율에 차이가 있다는 사실 자체에는 대다수가 동의한다. 그러나 지역별 왼손잡이의 구체적인 비율에 관해서는 의견이 엇갈린다. 나라마다 표본의 선정 방식이 다르기 때문이기도 하고, 일부 국가는 표본이 너무 작아서 표본이 훨씬 큰 국가에서 나온 결과와 비교하기가 어렵기 때문이기도 하다. 실제로 거주하는 국가와 개개인의 인종 또는 문화권의 연관성을 고려해야 한다는 점도 전반적인 결론을 도출하기 어렵게 만드는 요소다.

두 국가의 왼손잡이 비율을 간단히 비교한 연구는 많다. 그 결과들을 종합하면 어느 정도 전체적인 흐름을 파악할 수 있다. 예를 들어 한 연구에서는 캐나다의 왼손잡이 비율은 9.8퍼센트인데 반해 일본의 왼손잡이 비율은 4.7퍼센트에 그치는 것으로 확인됐다.[24] 캐나다와 인도의 왼손잡이 비율을 비교한 연구에서도 그와 비슷한 차이가 나타났다. 인도의 왼손잡이 비율은 겨우 5.2퍼센트였다.[25] 이런 방식의 연구 결과들을 종합하면 아시아 지역 국가들의 왼손잡이 비율은 대체로 매우 낮은 3~6퍼센트에 그치는 경우가 많다. 백인이 표본인 조사에서는 왼손잡이 비율이 그보다 두 배에서 세 배까지도 더 높다.[26]

지역별 차이에서 인종이나 민족의 특징, 유전적 영향을 구분하기 위해서는 이민자들을 조사하는 방법을 사용할 수 있다. 1998년도 미국 의과대학 신입생 모집에 지원한 수천 명을 조사한 연구에서 백인 지원자의 13.1퍼센트, 흑인 지원자의 10.7퍼센트, 히스패닉 지원자의 10.5퍼센트가 왼손잡이로 집계됐다. 베트남인 지원자 중 왼손잡이는 6.3퍼센트였고 한국인 지원자 중 왼손잡이는 5.4퍼센트, 중국인 지원자 중에서는 5.3퍼센트에 그쳤다. 앞서 소개한 〈내셔널 지오그래픽〉 조사에서 대규모로 수집된 미국인 데이터에서도 이와 비슷한 양상의 인종별 왼손잡이 비율이 뚜렷하게 보였다.[27] 이러한 결과를 종합하면, 왼손잡이 비율에 문화적인 영향뿐만 아니라 유전학적인 영향이 존재한다는 것을 알 수 있다.

주로 사용하는 손이 어떤 손인지는 집안 내력이다. 이 주장에는 논란의 여지가 없다고 여겨진다. 성장 환경이 주로 사용하는 손에 큰 영향을 준다는 것도 마찬가지다. 그러나 이 두 가지 주장이 같은 것을 의미하는지에 대해서는 논란이 있을 수 있다. 전혀 다른 결론이 나올 수 있는 경우라면 더더욱 그렇다. 개개인이 주로 사용하는 손과 유전학적인 영향을 자세히 설명하기 전에 꼭 명심해야 할 사항이 있다. 이 문제는 간단히 답할 수 없다는 것, 그리고 유전학적인 요소가 주로 사용하는 손에 영향을 준다는 증거가 아무리 차고 넘쳐도 특정 유전자 하나에 좌우된다는 결론은 내릴 수 없다는 것이다.

주로 사용하는 손에서 나타나는 패턴을 가족 단위로 조사한 여러 연구를 메타 분석한 결과[28]를 보면(수많은 연구 결과를 통계적으로 종합하는 것을 메타 분석이라고 한다), 양친이 모두 오른손잡이일 때 자녀가 왼손잡이일 확률은 9.5퍼센트, 양친 중 한 명이 왼손잡이일 때 자녀가 왼손잡이일 확률은 19.5퍼센트였다. 흥미로운 점은 자녀의 왼손잡이 여부에 주는 영향력을 더 자세히 나누면 부모 중에서도 엄마의 영향이 더 강하다는 것이다. 양친이 모두 왼손잡이일 때 자녀가 왼손잡이일 확률은 26.1퍼센트였다. 연구진은 이 통계 결과만으로 왼손잡이가 되는 것에 무조건 유전학적인 특성이 있다고 할 수는 없다고 설명했다. 실제로 집안 내력 중에는 시나몬 빵을 만드는 고유한 방식이나 유독 스웨덴산 자동차를 좋아하는 성향 등 유전자와 무관한 특성도 아주 많다. 이러한 특성은 전적으로 부모의 압력에 좌우될 수 있다. 그러나 입양아들을 대상으로 한 연구들에서 주로 쓰는 손에 유전학적인 메커니즘이 있다는 꽤 설득력 있는 증거도 나왔다. 입양아들이 주로 사용하는 손은 양부모보다 생물학적인 부모가 주로 사용하는 손과 일치할 확률이 더 높은 것으로 나타났다.[29,30]

고등학교에서 배운 멘델의 유전 법칙을 떠올려 보면 위의 연구에서 나온 비율이 갑자기 낯설게 느껴진다. 생물 기말고사에서 바둑판 모양 표에 채워 넣던 숫자들을 기억하는가? 꼬투리 안에 든 완두콩의 색을 예측할 때나 부모가 낭포성 섬유증 환자일 확률을 계산할 때 그 표 안에 채울 수 있는 확률은 0퍼센트, 25퍼센트, 50퍼센트, 100퍼센트뿐이었다. 이 기준대로라면 왼손잡이가 될 확률로 7퍼센트나 21퍼센트 같은 숫자는 나올 수 없다. 26퍼센트를 애써 25퍼센트와 비슷하다고 억지를 부린다고 하더라도, 양친이 '둘 다' 왼손잡이여야 자녀가 왼손잡이일 비율이 그만큼 높아진다(만일 왼손잡이가 멘델의 열성 유전이 맞다면, 양친이 둘 다 왼손잡이인 경우, 자식은 100% 왼손잡이가 되어야만 한다 – 편집자). 그러므로 왼손잡이가 가족 내력인 것은 사실이지만 단순히 우성 유전자나 열성 유전자 하나에 좌우되는, 쉽게 예측할 수 있는 일은 아닌 것이 분명하다.

이처럼 수학적으로 간단히 계산할 수 있는 일이 아닌데도, 왼손잡이의 유전성에 관한 초창기 이론들 상당수가 왼손잡이는 열성 유전이며 왼손잡이의 비율은 멘델의 유전법칙을 따른다고 주장했다.[31] 그러나 왼손잡이의 유전학적인 패턴은 복잡하며, 멘델의 유전법칙과는 맞아떨어지지 않는다. 왼손잡이와 유전학적인 영향의 관련성에 관한 가장 최근 이론들은 여러 개의 유전자가 관여하는 다중 유전자 모형을 제시하거나, 단일 유전자 모형을 기본으로 두고 "확률"에 영향을 주는 추가적인 요소들을 반영해서 이러한 복잡성을 설명하려고 한다. 예를 들어 크리스 맥마너스Chris McManus와 M.P. 브라이든M.P. Bryden[32]은 오른손잡이로 만드는 대립유전자 D와 오른손잡이가 될 확률에 영향을 주는 대립유전자 C가 동등한 영향을 미친다는 유전학적 이론을 제시했다(염색체는 한 쌍으로 존재하므로 유전자도 한 쌍이다. 대립유전자는 대립 형질을 좌우하는 한 쌍의 유전자를 말한다 – 옮긴이). 이 이론에서는 이 특정 유전자가 주로 사용하는 손을 좌우하며 유전자형이 DD인 사람은 100퍼센트 오른손잡이고 CD이거나 DC인 사람은 75퍼센트가 오른손잡이이며 CC 동형 접합인 사람은 오른손잡이와 왼손잡이 비율이 50퍼센트가 된다고 본다. 실제 조사에서 나온 비율과 완벽하게 일치하지는 않지만, 더 단순한 유전학적 이론보다는 실제 결과와 훨씬 가깝다.

주로 사용하는 손을 좌우하는 유전자가 하나인지 여러 개인지, 그리고 확률에 영향을 주는 요소가 있는지와 별개로, 주로 쓰는 손을 정하는 유전자가 정말로 존재할 가능성은 극히 희박하다. 그보다는 주로 사용하는 손에 영향을 주는 다른 인체의 반응 절차, 또는 반응 기질과 관련된 여러 유전자의 발현 여부가 개개인의 환경에 따라 달라질 수 있다. 어떤 손을 주로 쓰느냐에 유전자가 영향을 주는 것은 분명하지만, 그러한 영향은 간단하게 설명할 수 없으며 개개인이 속한 문화를 포함한 환경과 상호작용할 가능성이 크다는 것 또한 분명하다. 2019년 9월 5일에 BBC 헤드라인을 장식한 "왼손잡이 유전자 발견" 같은 기사 제목을 또 보게 되더라도 이 복잡한 현상을 간단하게 설명할 수 있다고 착각하면 안 된다.

주로 사용하는 손이 집안 내력인 것은 확실하고, 유전자는 그 이유 중 일부에 불과하다는 것도 확실하다. 그렇다면 어떤 요소가 영향을 줄까? 당연히 환경도 포함된다. 유전자는 진공 상태에 존재하는 것이 아니다. 환경에 따라 어떤 유전자가, 어떤 조합으로, 언제, 어떻게 발현될 것인지 결정된다. 환경은 특정한 반응을 촉발할 수도 있고 반응의 범위를 제한하거나 반응을 억제할 수도 있다. 또한 환경은 유전자의 영향을 조절하는 수준을 넘어 더 직접적인 영향을 줄 수도 있다. 사회적 압력과 부모의 압력도 그런 직접적인 영향에 포함된다. 이 두 가지는 특히 생애 초기에 강력한 영향을 준다. 자궁 내 환경이나 태아의 자세 같은 물리적인 요소, 출생 과정에서 받은 스트레스나 호르몬 같은 화학적인 영향도 유전학적 영향을 좌우하는 환경에 포함된다(호르몬도 유전학적인 영향을 받을 가능성이 높지만). 심지어 비정상적인 세포 분열이나 쌍둥이 여부도 포함될 수 있다.

이 가운데 주로 쓰는 손이 집안 내력인 이유를 가장 간단하게 설명하는 요인은 부모의 압력일 것이다. 양친 중에(그리고 친척 중에) 왼손잡이가 많을수록 아이도 왼손잡이가 될 가능성이 높아진다는 것은 이미 입증된 사실이다. '양손잡이 문화 협회'의 창립자이자 명예 간사인 존 잭슨John Jackson은 부모의 압력이 핵심 요소라는 견해를 초기부터 지지한 사람이다.[33] 잭슨은 1905년에 인류 대다수가 오른손잡이인 이유는 부모가 오른손잡이이기 때문이며, 아이들은 환경에 따라 오른손잡이, 왼손잡이 또는 양손잡이가 될 수 있다고 주장했다. 그리고 이러한 유연성이 발휘되려면 아이들이 양손을 번갈아 사용하도록 가르쳐서 양손잡이가 되도록 해야 한다고 제안했다. 1940년대에 뉴욕시 마운트시나이 병원의 아동 정신의학과 과장이던 어브럼 블라우Abram Blau[34]도 아이들이 주로 사용하는 손은 부모의 영향을 받는다고 보았다. 그러나 블라우는 지크문트 프로이트Sigmund Freud가 제시한 정신역동 이론의 영향을 받아 훨씬 부정적인 견해를 제시했다. 왼손잡이가 되는 것은 대부분 어린 시절에 겪은 "정서적 부정성"의 결과이며 주로 사용하는 손을 결정하는 생물학적인 요소는 없다는 주장이었다.

환경의 영향만 강조하는 이러한 설명에는 몇 가지 명백한 오류가 있다. 주로 사용하는 손이 집안 내력인 이유 중 '일부'는 환경의 영향일 가능성이 분명히 있다. 그러나 생물학적인 가족 내에서 주로 쓰는 손은 아이를 실제로 보살피고 키우는 가족이 주로 쓰는 손이나 가정의 환경과 무관하다. 입양 가정을 조사한 여러 연구 결과를 보면, 입양아들이 주로 사용하는 손은 양부모보다는 생물학적 부모가 주로 쓰는 손과 더 밀접한 관련이 있다.[35,36] 또한 앞서도 설명했듯이 인구군 전체 수준에서 왼손잡이의 비율은 50세기 동안 비교적 일정하게 유지됐다.[37] 오로지 환경만이 원인이라면, 왼손잡이에 적대적인(심지어 폭력이 쓰이기도 했다) 환경이 있었음에도 불구하고 어떻게 그토록 오랜 세월 왼손잡이 비율이 일정하게 유지될 수 있었을까? 게다가 일란성 쌍둥이처럼 성장 환경과 유전자가 거의 같은데도 주로 사용하는 손은 다른 경우도 많다.[38,39] 또한 아이가 세상에 태어나서 각종 요소에 노출되기 훨씬 전부터, 자궁 안에 있는 태아도 주로 쓰는 손이 있다는 증거도 고려해야 한다.[40]

이런 편향성에 관한 해부학적인 해석도 있다. 우리 몸의 몇 가지 명확하고 확실한 좌우 편향성이 주로 사용하는 손에도 영향을 준다고 보는 견해다. 뇌의 해부학적인 형태에서 나타나는 좌우 비대칭성은 인체에서 나타나는 뚜렷한 해부학적 비대칭성에 비하면 미미한 정도다. 가장 뚜렷하면서도 잘 알려진 인체 비대칭성의 예는 아마도 심장이 몸 왼쪽에 치우쳐 있다는 점일 것이다. 그 외에 폐, 신장, 그리고 난소, 고환 같은 성 기관 등 한 쌍으로 존재하는 다른 인체 기관에서도 해부학적인 비대칭성이 매우 뚜렷하고 확실하게 나타난다.[41] 인체에서 나타나는 이러한 좌우 차이가 인구 전체에서 오른손잡이 비율이 훨씬 많은 것과 관련이 있을까?

이 주장과 관련된 가장 유명한 이론은 창과 방패 이론이다. 영국의 역사가이자 수필가인 토머스 칼라일Thomas Carlyle, 1795-1881이 처음 제기했다고 널리 알려진 이론인데, 로런 해리스Lauren Harris[42]는 의사이자 의과학자인 필립 헨리 파이 스미스Philip Henry Pye-Smith, 1839-1914의 글을 인용하면서 파이 스미스가 칼라일보다 먼저 창과 방패 이론을 제기했다고 주장했다.

> 양손잡이였던 인류의 조상 100명이 방패의 발명이라는 문명에 한 걸음 더 가까워지는 일에 동참했다고 가정해 보자. 그중 절반은 방패를 오른손에 들고 왼팔로 싸웠을 것이고 나머지 절반은 방패를 왼손에 들고 오른팔로 싸웠을 것이라고 가정할 수 있다. 오랜 세월에 걸쳐 후자가 전자보다 치명상을 피하는 확률이 높았고, 그 결과 자연 선택의 과정에 따라 오른팔로 싸우는 사람들이 점차 더 발전했을 것이다.[43]

찰스 다윈Charles Darwin의 진화론이 막 알려진 시기인 빅토리아 시대의 이 과학자들은 주로 사용하는 손에 관한 고찰에서도 진화론부터 떠올렸을 것이다. 창과 방패 이론은 독창적이고 단순해서 큰 호응을 얻었지만, 창과 방패가 최초로 등장한 뒤인 청동기 '이후'에만 해당하는 설명이라는 한계가 있다. 동굴 벽화[44]나 선사시대 도구[45]를 통해 그보다 훨씬 전부터 오른손잡이가 더 많았다는 사실이 밝혀졌기 때문이다. 게다가 창과 방패 이론에 언급된 초기 전투원들은 주로 남성이므로 이 이론이 사실이라면 특정 성별에만 선택압이 작용해서 남성의 왼손잡이 비율은 여성보다 '낮아야' 한다. 하지만, 실제로는 여성 왼손잡이와 남성 왼손잡이의 비율이 4 : 5로[46] 차이가 크지는 않아도 왼손잡이 남성이 더 많은 경향이 매우 뚜렷하다. 마지막으로, 심장과 체내 다른 기관들의 좌우 비대칭성 방향이 정반대인 역위(좌우바뀜증)라는 극히 희귀한 사례가 있는데[47,48] 역위인 사람 중 왼손잡이 비율은 이 희귀한 현상이 없는 사람들과 다르지 않다. 역위인 사람 160명을 조사한 한 연구에서 왼손잡이 비율은 겨우 6.9퍼센트였다.[49]

인체의 좌우 비대칭성과 주로 사용하는 손의 연관성에 관한 또 한 가지 이론은 "심장" 이론이다. 5장에서 부모가 아기를 안는 모습이 담긴 사진과 그림들을 상세히 살펴보기로 하고, 일단 이 이론의 핵심 주장만 요약하면 부모는 아기를 왼팔로(심장 쪽으로) 안는 경향이 있으며 이런 자세로 안으면 아기가 부모의 심장 뛰는 소리를 들을 수 있어서 아기를 진정시키는 데 도움이 되고 부모는 아기를 안은 채로 능숙한 기술이 필요한 일이나 복잡한 작업을 오른손으로 수행할 수 있다는 것이다.[50] 수 세기 전에 그려진 부모와 아이의 모습이 담긴 그림부터 조금 전 게시된 인스타그램 사진에 이르기까지, 어디에서나 이 이론을 뒷받침하는 증거를 쉽게 찾을 수 있다. 부모들이 아기를 주로 왼팔로 안는다는 것은 분명한 사실이다.[51] 아기 안는 방향의 편향성을 설명하는 이 심장 이론에 따르면 남성보다 여성이 오른손잡이 비율이 더 클 것으로 예측할 수 있는데, 실제로 그렇다. 전통적으로 거의 모든 문화권에서 자녀 양육의 의무는 여성에게 부여됐다는 점을 생각하면 아기를 왼팔로 안는 편향성이 오른손잡이로 만드는 압력으로 작용한 경우 여성이 더 큰 영향을 받았을 것이다.

그러나 심장 이론이 주로 사용하는 손을 결정한다고 하기에는 몇 가지 중요한 한계점이 있다. 가장 명백한 문제는 이 이론이 아기가 아니라 부모의 손 사용에 중점을 둔다는 점이다. 인간이 아이를 키우거나 어린아이를 직접 안을 수 있는 나이가 됐을 때는 이미 주로 쓰는 손이 확고하게 정해진 후다. 그러므로 아기를 왼팔로 더 많이 안는 경향은 부모보다는 안겨 있는 아기가 주로 쓰는 손의 발달에 더 큰 영향을 준다고 볼 수 있다. 부모의 왼팔에 안긴 아기는 오른손이 부모의 몸과 붙어 있어서 "고정"되고 왼손은 비교적 자유롭게 다른 곳으로 뻗고 무언가를 붙잡을 수 있다. 따라서 아기를 안는 방향이 개개인이 주로 사용하는 손에 영향을 준다면, 그것은 안겨 있는 아기를 왼손잡이로 만드는 영향이라고 보는 것이 더 정확하다. 아이를 안는 방향은 아이가 어느 쪽 손을 주로 사용하는지 설명하는 데에는 별로 탁월한 증거가 되지 못한다. 하지만 아기를 안는 자세의 편향성은 성별이나 시대, 지리, 생물 종까지 뛰어넘으며 일관되게 나타나는 현상이다(5장에서 다시 이야기하겠다).

주로 사용하는 손이 어떻게 발달하는지에 관한 여러 이론 중에는 논란의 여지가 많고 굉장히 당황스러운 내용도 있다. 가장 극단적인 것은 출생 과정에서 일어난 뇌 손상 등 발달 과정에서 문제가 생기면 왼손잡이가 된다는 견해다. 왼손잡이를 일종의 "증후군"으로 여기는 이런 관점[52]은 꽤 많은 주목을 받았다. 예를 들어 1980년대 말에는 신경학자인 노먼 게슈윈드Norman Geschwind와 앨버트 갈라버다Albert Galaburda가 제시한 설명이 사람들의 이목을 끌었다.[53] 두 사람은 "삼원론"이라고 칭했지만[54] 태아 테스토스테론 이론으로 더 많이 알려진 이 이론의 내용은 태아 시기에 체내 테스토스테론 농도가 증가하면 뇌의 "정상적인 우성 패턴"에서 벗어나게 된다는 것이다. 태아 테스토스테론 이론이 호응을 얻은 이유는 여러 가지다. 게슈윈드가 뛰어난 설득력과 카리스마를 발휘해서 이 이론을 수립하고 발전시켰기 때문이기도 하고, 이 이론이 제시하는 메커니즘이 단순하고 명쾌했기 때문이기도 하다. 그러나 태아 테스토스테론 이론이 큰 호응을 얻은 가장 큰 이유는 이전까지 누구도 연관 지어 보거나 밝혀내지 못했던 수많은 상관관계를 밝혀낸 것처럼 보였기 때문이다.

태아 테스토스테론 이론이 설명한 가장 명확한 상관관계는 주로 사용하는 손의 비율이 성별에 따라 다르다는 점이다. 왼손잡이는 실제로 남성에서 더 흔하므로 테스토스테론 농도의 증가가 영향을 준다는 이 이론의 주장은 직관적으로 타당하게 들린다. 남성의 자가면역 질환과 언어 장애 유병률이 더 높은 이유, 남성과 여성이 성인으로 발달하는 속도가 다른 이유도 테스토스테론 이론의 내용과 일치한다. 왼손잡이와 알레르기, 자가면역 질환, 뇌성마비, 크론병, 난독증, 습진, 레트 증후군(생후 18개월 이후 나타나는 신경 발달 장애. X 염색체 우성 유전질환으로 여아에서만 나타난다 – 옮긴이), 조현병, 갑상샘 질환의 연관성도 모두 이 이론으로 설명할 수 있다.[55] 출생 전 체내 테스토스테론의 농도 증가가 이 모든 상관관계를 설명할 수 있는 이유는 테스토스테론이 인체 여러 조직의 성장에 영향을 주고 갑상샘 등 면역 체계를 구성하는 요소의 성장을 저해할 수 있기 때문이다. 또한 테스토스테론은 뇌 시상하부, 변연계의 특정 핵을 비롯한 일부 뇌 구조의 발달에도 영향을 준다.

솔깃할 만큼 간단하면서도 왼손잡이와 몇 가지 질병 사이의 수수께끼 같은 관계도 잘 설명할 수 있는 이론이지만, 태아 시기에 테스토스테론 농도가 높으면 왼손잡이가 된다는 주장은 의문을 해소하기보다는 새로운 의문을 낳는다. 그게 사실이라면, 테스토스테론이 태아의 뇌 좌반구만 선택적으로 성장이 느려지게 만드는 이유는 무엇일까? 출생 전 양수의 테스토스테론 농도와 출생 후 10~15년간 어느 쪽 손을 주로 사용하게 되는지를 추적 조사한 연구에서는 양수의 테스토스테론 농도가 높을수록 왼손잡이가 아니라 오른손잡이가 될 확률이 더 높았는데, 이 결과는 어떻게 설명할 수 있을까?[56] 왼손잡이와 질병의 연관성에 관한 주장의 일부는 연구마다 결과가 다르게 나오는 것으로 밝혀졌다.

왼손잡이를 병으로 여기는 것은 새삼스러운 일이 아니다. 어브럼 블라우의 정서적 부정성 이론도 그랬고, 이후에도 논란의 여지가 있는 주장들이 다양한 버전으로 제기됐다. 블라우 이후에 나온 주장 중에는 태어날 때 뇌에 가해진 스트레스가 왼손잡이가 되는 일반적인 원인이라는 내용도 있다.[57] 그보다 덜 극단적인 주장으로는 왼손잡이가 '때때로' 병의 결과로 발생한다거나[58] 다른 병을 나타내는 지표일 수 있다는 내용이 있다. 이러한 주장의 근거로는 왼손잡이와 앞서 언급한 여러 질병 그리고 궤양성 대장염, 말을 더듬는 것, 골격계 기형, 정신 이상, 외상 후 스트레스 장애, 중증 근무력증, 편두통, 간질, 청력 상실, 관상동맥 질환과의 연관성이 제시된다.[59] 왼손잡이를 병리학적으로 해석하는 주장들이 근거로 가장 많이 제시하는 것은 왼손잡이와 출생 직후 아프가Apgar 점수로 평가된 출생 스트레스의 연관성이다.[60] (아프가 점수는 신생아의 호흡과 심박, 근육의 힘, 반사 행동, 피부색을 토대로 건강과 전체적인 상태를 10점 만점으로 평가한다.) 왼손잡이는 조산[61]이나 출생 시 저체중[62]과 연관성이 있다고도 알려져 있다. 조산과 저체중 모두 태아가 쌍둥이일 때 발생 빈도가 더 높고 왼손잡이도 쌍둥이일 때 더 많다. 실제로 쌍둥이라는 요인을 제외하고 나면 왼손잡이와의 연관성이 일부 사라진다는 분석 결과도 있다.[63]

왼손잡이가 출생 시 스트레스나 다른 병의 결과라는 견해에는 다른 문제도 있다. 전반적인 의료 기술이 크게 발전하고 출산 과정을 돕는 기술이 발전한 후에도 왼손잡이 비율은 감소하지 않았다. 엄밀히 따지면 왼손잡이는 오히려 점차 더 늘어나고 있다. 왼손잡이를 병리학적 결과로 보는 이론에서는 의료 체계가 허술한 국가일수록 왼손잡이 발생률이 더 높다고 주장하지만, 이를 뒷받침하는 근거는 없다. 의학적으로 특정 질병에 취약한 집단에서 왼손잡이의 비율이 더 높을 수는 있다. 하지만 지능지수IQ가 매우 높은 집단, 전문가의 자녀들, 음악가, 건축가, 법률가, 시각예술 전공자, 지적 발달이 빠른 아이들 등 소위 "영재" 집단에서도 왼손잡이 비율은 높다.[64] 심지어 교육 수준이 비슷한 남성들을 비교하면 왼손잡이가 오른손잡이보다 돈을 더 많이 번다는 연구 결과도 있다.[65]

왼손잡이가 되는 원인에 관한 논의에서 절대 빼놓을 수 없는 이론이 하나 있다. 충격적이라 한 번 들으면 잊기 힘든 "쌍둥이 소실" 이론이다. "위장 쌍둥이" 이론이라는 조금 덜 당혹스러운 명칭으로도 불리지만 내용은 같다. 주로 사용하는 손이 가족 내력이며 쌍둥이 출생도 가족 내력이라는 것, 왼손잡이가 쌍둥이 중에 더 많다는 것은 이미 입증된 사실이다. 하지만 그게 끝이 아니다. 일란성 쌍둥이 중에는 아주 큰 비율은 아니지만(15~22퍼센트) 머리카락의 가마, 지문, 모반 등 신체 여러 특징이 "거울상"으로 나타나는 사람들이 있다. 이 현상은 대부분 신체 특징에 한정되며, 특히 치아에서 뚜렷하다. 극히 드물게 서로 역위(좌우바뀜증)로 태어나서 몸 전체가 '완전한' 거울상을 이루는 일란성 쌍둥이도 있다.[66] 이번 장의 주제가 주로 사용하는 손인 만큼 일란성 쌍둥이의 신체에서 나타나는 이러한 거울상 현상이 주로 쓰는 손에서도 나타난다고 해도 별로 놀랍지는 않을 것이다. 쌍둥이 중 한 명이 오른손잡이면 다른 한 명은 왼손잡이인 경우가 있다는 뜻이다.

왼손잡이가 쌍둥이 중에 더 많고 일부 쌍둥이는 신체 특징이 거울상을 이루며 주로 쓰는 손도 그런 현상에 포함될 수 있다는 것까지는 충분히 이해했을 것이다. 그런데 쌍둥이가 '소실'된다는 건 무슨 말일까? 임신 후 초음파 검사에서는 다태임신으로 확인됐다가 여러 명의 태아 중 한 명(또는 여러 명)이 끝까지 생존하지 못하는 경우가 있다. 꽤 오래전인 1976년에 살바토르 레비Salvator Levi는 임신 초기 초음파 검사에서 다태임신이 관찰된 사례 중 무려 71퍼센트에서 '사라지는' 태아가 생겨서 최종적으로 태어나는 아기는 한 명이라는 연구 결과를 발표했다.[67] 이후 다른 연구진들도 같은 연구를 수행했고 태아가 사라지는 비율은 43퍼센트에서 78퍼센트로 보고됐다.[68] 이런 사실을 처음 접하면 대다수는 큰 충격을 받지만, 생식 분야의 과학자들은 그다지 놀라지 않는다. C.E. 보클리지C.E. Boklage는 이렇게 설명했다. "쌍둥이 중 한 명이 소실되는 현상은 인간의 생식이 생물학적으로 매우 불완전하다는 사실로 설명할 수 있다. 인체의 임신은 대부분 출생까지 이르지 못한다. 쌍둥이도 예외가 아니며 특별히 더 신기한 일이라고 할 수 없다."[69] 하지만 신기하다고 할 수밖에 없는 부분이 있다. 쌍둥이 소실 이론에서는 왼손잡이의 경우 대부분, 오른손잡이는 약 10퍼센트가 태아일 때 사라진 쌍둥이가 있었다고 추정한다. 마음이 굉장히 찜찜해지는 대목이다. 왼손잡이만이 아니라 우리 중 상당수는 쌍둥이였고 그중 살아남은 쪽인지도 모른다는 소리다.

하지만 이 이론으로는 왼손잡이가 되는 이유를 완전하게는커녕 일부도 설명하기 힘들다. 쌍둥이 소실 이론이 주장하는 기본적인 메커니즘이 존재한다고 가정해도 실제 결과와 차이가 있다. 왼손잡이인 태아와 오른손잡이인 태아의 생존 가능성이 같다고 가정한다면, 오른손잡이였던 쌍둥이가 있었지만 사라지고 혼자 태어난 왼손잡이와 왼손잡이였던 쌍둥이가 사라지고 혼자 태어난 오른손잡이의 수가 같아야 한다. 북미 대륙의 전체 인구 중 왼손잡이는 약 10퍼센트다. 모든 일란성 쌍둥이에서 신체가 거울상인 특징이 나타난다고 가정하더라도 전체 인구의 10퍼센트가 왼손잡이가 되려면 전체 임신의 20퍼센트가 임신 기간 중 어느 시점에 다태임신이어야 하는데(또한 20퍼센트 중 10퍼센트는 왼손잡이, 10퍼센트는 오른손잡이여야 한다), 실제 다태임신의 비율은 약 3퍼센트다. 게다가 임신 기간을 다 채우고 태어나는 쌍둥이 중 신체 특징이 서로 거울상인 경우는 15퍼센트에 불과하다. 이런 실제 수치가 나오려면 왼손잡이로 태어난 사람의 다태임신 비율이 100퍼센트 이상이어야 한다.

마지막으로, 왼손잡이와 출생 시점의 관계도 살펴보자. 왼손잡이의 출생률이 유독 높은 계절이 있다는 놀라운 사실이 많은 연구로 밝혀졌다. 4만 명 가까운 사람들을 조사한 연구에서[70] 3월부터 7월 사이에 왼손잡이가 더 많이 태어나는 경향이 있으며 이런 경향은 북반구에서 태어난 남성에서만 나타난다는 것이 확인됐다. 남반구에서는 정반대의 결과가 나왔다. 하지만 다른 대규모 연구에서는 같은 결과가 나오지 않거나[71,72] 오히려 가을과 겨울에 왼손잡이 남성이 더 많이 태어나는 경향이 있다는 연구 결과도 있다.[73] 11월부터 1월 사이에 왼손잡이의 출생률이 가장 높다는 결과도 있다.[74] 영국 바이오뱅크가 50만 명의 데이터를 분석한 결과에서는 남성 인구는 왼손잡이가 특정 시기에 더 많이 태어나는 경향이 나타나지 않았으나 왼손잡이 여성의 출생 빈도는 여름에 아주 조금 증가하는 추세가 나타났다.[75] 종합하자면, 연구마다 결과가 제각각으로 나왔으며 상당한 규모의 표본을 대상으로 한 조사에서도 출생 시점이 왼손잡이가 되는 데에 주는 영향은 극히 적거나 아예 없다는 결론이 나왔다. 계절의 영향이 있다고 해도 특정 지역(계절마다 기후 차이가 큰 곳들), 특히 여름 기온이 다른 지역보다 높은 곳들로 한정될 가능성이 있다.[76]

소비자가 주로 사용하는 손의 비율은 공산품, 특히 각종 도구와 기구를 제작하는 데에도 편향되게 반영된다. 왼손잡이들에게 이는 새삼스럽지도 않은 현실이다. 왼손잡이들은 오른손잡이 위주의 세상에서 살고 있다. 전체 인구에서 90대 10으로 이미 크게 기울어진 오른손잡이와 왼손잡이의 비율이 공산품에서 더더욱 기울어져 있다는 것은 공공연한 사실이다. 가위가 대표적인 예인데, 그나마 가위는 종이나 천을 자르는 용도라면 왼손잡이용 제품을 비교적 쉽게 구할 수 있다. 하지만 가죽, 금속, 가지치기, 미용 가위처럼 전문적인 용도의 가위는 구하기가 훨씬 어렵다. 캔 따개와 병따개, 국자, 채소 껍질 깎는 기구들, 계량컵 등 주방용품도 거의 다 오른손잡이용으로 설계된다. 왼손잡이가 오른손잡이용으로 만들어진 제품을 사용할 수는 있다. 그렇지만 사용하기 위해 불편함과 어색함을 감수해야 하며 그러다가 경미한 부상이 발생하기도 한다. 더 나쁜 결과가 초래될 때도 있다. 산업용 공구도 오른손잡이용으로 설계되는 경우가 많고, 왼손잡이가 그렇게 만들어진 드릴프레스나 띠톱, 테이블톱, 대패를 사용하면 굉장히 위험할 수 있다. 그러니 오른손잡이보다 왼손잡이의 사고율이 높고, 많은 경우 오른손잡이용으로 만들어진 도구가 그 원인인 것도 놀랍지 않다.[77]

핵심 요약

전체 인구 중에 오른손잡이의 비율이 훨씬 큰 것은 새로운 현상이 아니다. 인류 역사를 통틀어 전 세계적으로 오른손잡이가 일반적이었다는 것은 분명한 사실이다. 오른손잡이의 상대적인 비율에는 당연히 변화가 있었지만, 과거 어느 때도, 어디에서도 왼손잡이가 오른손잡이보다 많았던 시기나 지역은 없었다. 주로 사용하는 손은 가족 내력인 부분이 분명히 있다. 그러나 왼손잡이가 되는 이유를 단순히 유전학적으로만 설명할 수는 없다. 발달 과정, 환경과 관련된 메커니즘도 주로 사용하는 손에 영향을 준다. 특정 집단에서 왼손잡이가 유독 더 많은 이유도 그러한 영향으로 설명할 수 있다. 젊은 사람들보다 노년층의 왼손잡이 비율이 낮은 것을 두고 왼손잡이의 수명이 오른손잡이보다 짧다는 결론을 내리고 싶을 수도 있으나 사회적인 압력이 이러한 격차에 영향을 주었을 가능성이 있다. 뒤에 이어질 인간의 다른 여러 좌우 편향성 중 많은 부분이 주로 사용하는 손에 영향을 받는다. 그러나 그러한 현상들이 전부 주로 사용하는 손에만 좌우되는 것은 아니다.

2장

발, 눈, 귀, 코의 편향성

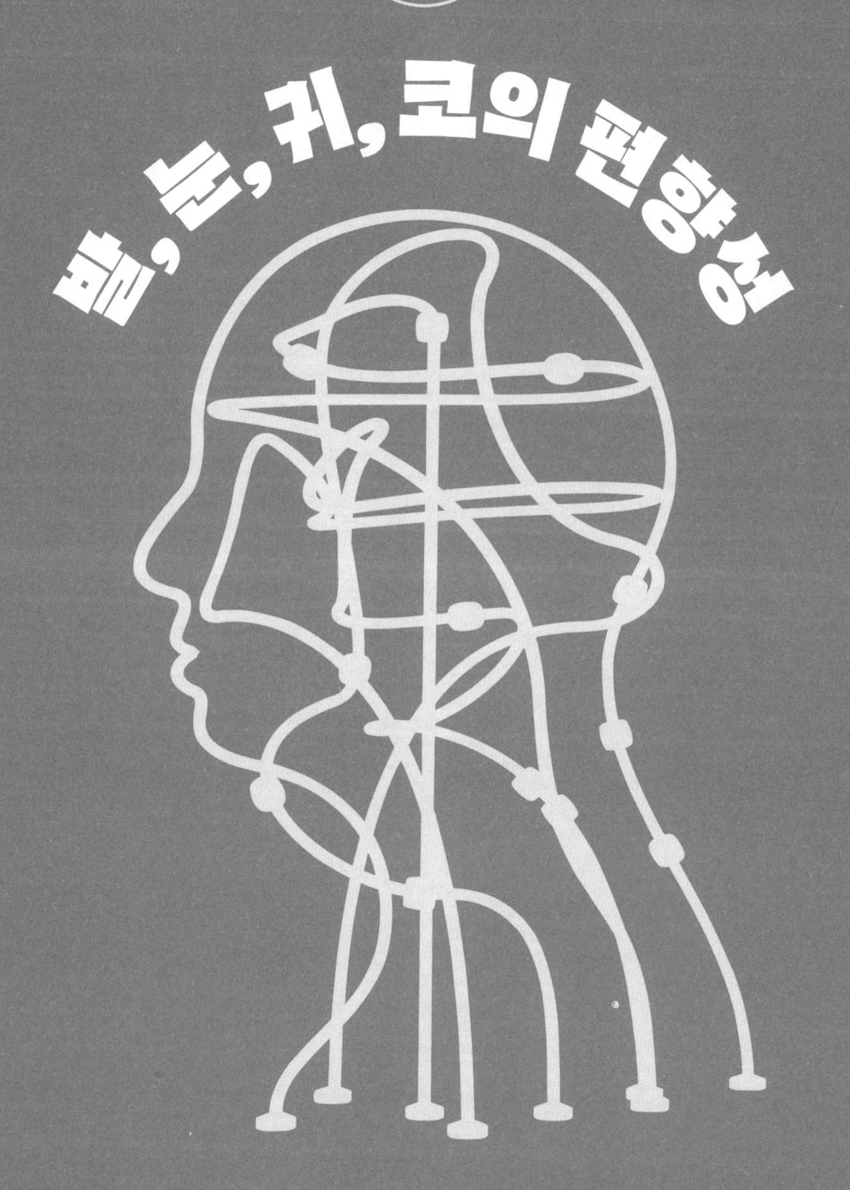

똑같이 생겼는데 왜 한쪽을 더 많이 사용할까?

발도 손만큼 다양한 표현을 한다.

작가 니콜라 샹포르Nicolas Chamfort

편측성을 오해하면 안 된다. 우리가 대부분의 일에 주로 몸의 좌우 중 한쪽만 쓴다는 건 전혀 사실이 아니다. 예를 들어 왼손잡이는 발도 눈도 귀도 주로 왼쪽을 쓸 거라고 생각하는 것 말이다. 몸의 한쪽만 쓰는 경향이 나타나는 사람들도 있지만 극소수에 불과하고, 그런 극단적이고 일관된 편측성은 발달 장애나 후천적으로 생긴 병의 결과일 수 있다. 지나치게 몸의 한쪽만 쓰는 것은 어딘가 잘못됐다는 신호일 수 있다는 뜻이다. 일반적으로는 몸의 양쪽을 "섞어서 쓴다." 1장에서 전체 인구의 약 90퍼센트가 오른손잡이라고 설명했는데, 주로 사용하는 손을 제외한 다른 편측성은 '거의 다' 그렇게까지 한쪽으로 치우치지 않는다. 주로 사용하는 발이 오른발인 사람은 전체의 4분의 3에서 5분의 4 정도다. 귀와 눈은 전체의 약 3분의 2가 오른쪽을 더 많이 쓴다. 오른손잡이는 전체의 90퍼센트고 오른발을 주로 사용하는 사람은 80퍼센트, 오른쪽 눈을 주로 사용하는 사람은 66퍼센트라는 것만 놓고 보더라도 이 세 부위 모두 주로 오른쪽만 쓰는 사람은 최대 3분의 2 정도다. 그러므로 간단한 산수만으로도 신체 기관 별로 주로 쓰는 쪽이 다른 사람이 많다는 사실을 쉽게 알 수 있다. 편측성은 뇌 기능에서 나타나는 편향성(언어 능력의 경우 뇌 한쪽이 더 우세한 것과 같은)의 단서일 수도 있지만, 신체 어느 한 부분에 우측 편향성이 있다고 해서 몸 전체가 그런 것은 아니다.

1장에서 살펴보았듯이 주로 사용하는 손은 여러 요소에 영향을 받을 수 있고 생물학적인 요소는 그중 한 가지일 뿐이다. 유전자의 영향이 있다는 증거나 출생 '전'부터 주로 사용하는 손이 정해진다는 증거가 엄청나게 많기는 하다. 그렇지만, 문화를 포함한 환경도 주로 쓰는 손에 강력하고 영구적인 영향을 줄 수 있다. 문화적인 관습에 따라 "깨끗한" 일과 "더러운" 일을 할 때 각각 사용하는 손이 정해지기도 한다. 그러나 문화가 손을 제외한 신체의 편측성에 주는 영향은 파악하기가 매우 어렵다. 종교 분야의 자료까지 샅샅이 뒤져도, 특정 상황에서 사용해야 하는 눈이나 귀, 콧구멍에 대한 규범은 거의 찾을 수 없다. 왼손잡이들이 글을 쓸 때나 식사할 때 오른손을 쓰라는 구슬림이나 강요를 겪는 사례들은 쉽게 찾을 수 있지만 발이나 눈, 귀는 그런 사례가 극히 드물다. 그렇다면 손을 제외한 다른 부위의 편측성은 반드시 어느 한쪽을 써야 한다는 간섭이 없으니 더 "순수하게" 보존될까? 즉 문화의 영향이 끼어들지 않은 개개인의 선천적인 선호도가 반영된다고 볼 수 있을까?

주로 사용하는 발

양쪽 발 중에 한쪽을 더 선호하는 경향도 꽤 강한 편이다. 이 선호도를 두고 주로 사용하는 손만큼 강하지는 않다고 하는 건 불공정하다. 보통 하루에 발로 물건을 다룰 일이 얼마나 되는가? 발로 물건을 집거나 엄지발가락으로 모래에 이름을 쓰며 보내는 시간은 길지 않다. 진정한 "발기술"은 운전, 축구 같은 스포츠에서 발휘된다. 그나마도 손이 더 많이 쓰이는 미식축구는 제외다. 우리가 하루 동안 손으로 물건을 집거나 옮기는 횟수를 생각하면 그 편향의 정도가 발과는 비교가 안 되는 것도 그리 놀랍지 않다.

하지만 전체의 약 80퍼센트는 오른발을 더 많이 쓴다.[1] 이 비율은 여러 가지 방법으로 파악할 수 있다. 나는 대학원 때 사람들이 더 많이 쓰는 발을 조사하기 위해 간단한 설문지를 만들었다(그림 5 참고). 질문은 크게 두 종류로 나뉜다. 하나는 발로 물건을 다루는 것에 관한 것이고(공차기, 구슬 집기, 해변에서 모래 평평하게 고르기), 다른 하나는 발로 자세를 유지하거나 몸을 지탱하는 것에 관한 것이다.

| 그림 5 | 주로 사용하는 발에 관한 설문지

설명: 다음 활동을 할 때 어느 쪽 발을 쓰는지 알맞은 답에 동그라미로 표시해 주세요. 해당 활동을 수행할 때 **항상**(95퍼센트 이상) 한쪽 발만 쓴다면 Ra, 또는 La에 표시하세요(각각 항상 오른발, 항상 왼발). **대체로**(75퍼센트 정도) 한쪽 발을 쓴다면 Ru 또는 Lu에 표시합니다. 대부분 양쪽 발을 **같은 비율**로 사용한다면(양발을 거의 50퍼센트씩 쓰는 경우) Eq에 표시하세요. 모든 질문에 같은 답을 선택하지 말고, 각 활동을 실제로 어떻게 수행하는지 떠올려 보고 적절한 답에 표시해 주세요.

1. 멈춰 있는 공을 차서 정면에 있는 표적을 맞힐 때 어느 발을 사용하나요?	La Lu Eq Ru Ra
2. 한 발로 서야 할 때 어느 발로 서나요?	La Lu Eq Ru Ra
3. 해변에서 모래를 평평하게 고를 때 어느 발을 사용하나요?	La Lu Eq Ru Ra
4. 의자 위에 올라갈 때 어느 발부터 딛나요?	La Lu Eq Ru Ra
5. 재빨리 움직이는 벌레를 밟아서 잡을 때 어느 발을 사용하나요?	La Lu Eq Ru Ra
6. 철로 위에 한 발로 균형을 잡고 설 때 어느 발로 서나요?	La Lu Eq Ru Ra
7. 발가락으로 구슬 한 알을 집으려고 할 때 어느 발을 사용하나요?	La Lu Eq Ru Ra
8. 한 발로 깡충깡충 뛸 때 어느 발로 뛰나요?	La Lu Eq Ru Ra
9. 땅에 삽을 꽂고 발로 밀어 넣을 때 어느 발을 사용하나요?	La Lu Eq Ru Ra

10. 편안하게 서 있을 때 대다수는 한쪽 다리를 곧게 펴서 몸을 지탱하고 다른 쪽 다리는 살짝 구부립니다. 곧게 펴는 다리는 어느 쪽인가요?	La Lu Eq Ru Ra
11. 특별한 이유가 생겨서(부상 등) 위의 활동에 주로 사용하는 발을 바꿔야 했던 적이 있나요?	Yes No
12. 특정 활동을 위해 특정한 발을 더 많이 쓰도록 훈련받거나 그러라는 권고를 받은 적이 있나요?	Yes No

13. 11번, 12번 질문에 '그렇다'로 답한 경우, 자세히 설명해 주십시오.

주로 쓰는 손의 편향성은 그에 관한 데이터가 자주 수집되는 야구, 크리켓 등 스포츠팀의 자료로 많은 사실이 밝혀졌다. 주로 쓰는 발의 편향성 역시 스포츠, 특히 축구에서 수집한 데이터를 통해 많은 연구가 이루어졌다. 하지만 축구 선수들은 아주 어릴 때부터 양쪽 발을 가능한 한 고르게 쓰도록 훈련받으므로 이들의 데이터는 해석하기 까다롭다.[2] 실제로 한쪽 발만 많이 사용하는 선수는 훈련을 잘못 받았다는 소리를 듣는 경우가 많다.

일반인을 대상으로 한 대부분의 조사에서는 약 80퍼센트가 오른발을 주로 쓴다고 추정됐다.[3,4,5,6,7] 주로 사용하는 손에 관한 데이터와의 공통점은 왼발을 주로 사용하는 사람의 비율이 나이가 어릴수록 높다는 것이다. 60세 이상이 되면 오른발을 주로 쓰는 사람의 비율이 크게 높아진다. 주로 사용하는 발은 손만큼 문화적인 압력이 가해지지 않으므로, 이러한 결과는 발의 편측성을 "있는 그대로" 보여준다고 할 수 있다. 실제로 내가 직접 수행한 연구에서나 다른 몇 건의 연구에서, 개개인의 뇌 편측성은 주로 쓰는 손보다 주로 쓰는 발에서 더 정확하게 나타난다는 결과가 나왔다.[8,9] 주로 쓰는 손이 아니라 주로 사용하는 발로 양쪽 뇌 중 언어 처리가 더 우세한 쪽을 더 정확하게 예측할 수 있다는 의미다. 놀랍고도 직관적인 생각과 어긋나는 결과다. 의사소통 방식인 글쓰기와 말할 때 사용하는 제스처에 모두 항상 손이 사용된다는 사실을 생각하면 더욱 그렇다(9장에서 제스처에 관해 자세히 설명한다).

주로 사용하는 눈

우리 중 다수는 운 좋게도 두 눈이 모두 온전하게 기능한다. 핼러윈을 맞아 재미로 해적처럼 한쪽 눈을 안대로 가릴 때 빼고는 보통 두 눈으로 세상을 본다. 각각의 눈에 보이는, 매우 비슷하면서도 다른 광경을 동시에 보는 것이다. 두 눈동자는 사이에 작은 간격(5~7센티미터 정도)이 있어서 양쪽 눈에 보이는 3차원 세상은 약간 차이가 난다. 인체의 시각 체계에는 두 눈으로 얻는 이 두 가지 다른 광경의 차이를 토대로 입체감을 인식하는 영리한 기능이 있다. 뇌는 양쪽 눈으로 보는 이미지의 차이, '양안 시차'라고 불리는 이 현상으로 깊이에 관한 단서를 얻는다. 양쪽 눈에 보이는 이미지의 차이가

| 그림 6 | 양쪽 눈은 사이에 간격이 있어서 각각의 눈이 처리하는 이미지에 조금씩 차이가 생긴다. 프란시스퀴스 아길론Franciscus Aguilon의 저서 《Opticorum》(1613)에 나오는 페테르 파울 루벤스Peter Paul Rubens의 그림은 그러한 차이를 확인하는 방법을 보여준다.

클수록 물체가 더 가까이에 있다고 인식하게 된다(그림 6 참고).

평소에 우리는 대부분 양쪽 눈으로 보는 세상을 받아들인다. 그러나 한쪽 눈이 시각을 지배하는 경우가 있다. 망원경을 볼 때, 열쇠 구멍을 들여다볼 때, 렌즈가 하나인 현미경으로 시료를 관찰할 때, 라이플총으로 표적을 조준할 때는 한쪽 눈을 사용한다. 전체 인구의 3분의 2는 이런 상황에서 오른쪽 눈을 사용한다. 전체의 거의 90퍼센트가 오른손잡이라는 사실과 큰 차이가 있다. 오른손잡이 대부분이 한쪽 눈을 써야 할 때 오른쪽 눈을 주로 사용하고, 왼손잡이도 대부분 오른쪽 눈을 사용한다.

| 그림 7 | 양손을 기도하듯 모으고 손바닥 사이 작은 구멍을 통해 정면에 있는 사람의 코를 보라고 하면 주로 사용하는 눈이 어느 쪽인지 확인할 수 있다. 이렇게 양손을 동시에 똑같이 사용하게 하면, 주로 사용하는 손과 같은 쪽 눈을 무심코 사용하지 않도록 통제할 수 있다.

이탈리아의 박학다식한 학자 잠바티스타 델라 포르타Giambattista della Porta가 1593년에 쓴 글을 필두로, 과학자들은 최소 400년 전부터 주로 사용하는 눈을 탐구한 글을 써 왔다.[10] 그러나 주로 사용하는 손에 비해 알려진 것이 턱없이 부족하다. 사람들이 어느 쪽 눈을 주로 사용하는지 확인하는 방법은 망원경을 볼 때 어느 쪽 눈을 사용하는지 직접 묻는 것부터 한쪽 눈만 사용하는 특정한 과제를 주고 수행하도록 하는 방법까지 25가지가 넘는다. 나는 주로 쓰는 눈을 조사할 때 사람들에게 두 손을 기도하듯 모으고 서로 맞댄 손바닥 사이 작은 구멍으로 정면에 있는 내 얼굴의 코를 보라고 한 후 어느 쪽 눈으로 구멍을 들여다보는지 확인한다(그림 7 참고).

연구 참가자 총 5만 4,087명에서 나온 결과를 종합한 초대형 메타 분석에서[11], 거의 정확히 3분의 2가 오른쪽 눈을 주로 사용하는 것으로 나타났다. 과제 수행없이 설문으로만 진행된 연구에서는 주로 사용하는 손과 같은 쪽 눈을 주로 사용한다는 응답이 많았는데, 이는 설문조사라는 방식의 문제로 인해 "오염된" 결과일 가능성이 있다. 설문지를 작성할 때 모든 질문에 같은 답을 찍는 사람들도 있기 때문이다(예를 들어 그림 5의 설문지에서도 각 질문에 제시된 상황을 하나하나 적극적으로 떠올리지 않고 모든 질문에서 "항상 오른발" 또는 "대체로 오른발"에 표시하는 사람들이 있다).

위의 대규모 메타 분석에서는 주로 사용하는 눈에 관한 특별한 사실도 밝혀졌다. 사람들이 주로 쓰는 눈이 주로 사용하는 손과 어느 정도 연관성이 있다는 점도 흥미로웠지만 그보다 더 흥미로운 사실은 주로 사용하는 눈에 성별에 따른 차이가 없었다는 것이다. 대부분의 편측성 행동은 여성보다 남성에서 더 두드러지거나 더 높은 빈도로 관찰된다. 왼손잡이도 여성보다 남성이 더 많다. 그런데 표본의 규모가 5만 5천여 명에 달하는 이 분석에서는 남성과 여성의 차이가 나타나지 않았다. 정말 희한한 일이다.

주로 사용하는 눈도 손처럼 가족 내력인 부분이 있는 것으로 보인다. 부모 두 사람 중 왼쪽 눈을 주로 사용하는 사람이 많을수록 자녀도 왼쪽 눈을 주로 사용하는 비율이 높다. 그러나 이러한 유전성의 패턴은 멘델 우성 유전의 법칙을 정확히 따르지 않는다.[12] 또한 주로 사용하는 손만큼 유전성이 강하지 않다.

주로 사용하는 귀

주로 사용하는 귀는 주로 사용하는 눈과 공통점이 많다. 대다수는 양쪽 귀가 모두 기능하는 혜택을 누리고, 뇌는 양쪽 귀로 각각 들리는 소리의 크기 차이와 소리가 양쪽 귀에 닿는 시간차를 활용해서 소리가 발생한 곳의 위치를 인식한다. 방 안의 대화를 엿들으려고 문에 한쪽 귀를 대거나 수화기를 한쪽 귀에 댈 때처럼 귀도 한쪽만 쓰는 경우가 있는데, 주로 사용하는 눈과 비슷하게 전체 인구의 3분의 2가 그럴 때 오른쪽 귀를 사용하며 주로 사용하는 손과 직접적인 관련은 없다.[13,14] 오른손잡이는 대부분 오른쪽 귀를 주로 사용하고, 왼손잡이도 대부분 오른쪽 귀를 주로 사용한다.

(주로 사용하는?) 콧구멍

손이나 발 같은 경우는 주로 어느 쪽을 사용하는지가 행동에 어떤 영향을 줄 수 있는지 쉽게 상상할 수 있다. 서명할 때나 공을 찰 때는 어쨌든 양쪽 팔다리 중에 한쪽만 사용한다. 양쪽 팔과 다리는 왼쪽, 오른쪽으로 각각 구분하기도 쉽다. 운동선수와 음악가들은 양쪽을 동시에 사용하면서도 독자적으로 움직이는 아주 특별한 기술을 익히기도 한다. 이와 달리 눈과 귀는 주로 사용하는 쪽에 관해 설명하기가 좀 쉽지 않다. 움직임이 아닌 감각에 집중해야 하기 때문이기도 하지만, 평상시에 눈과 귀는 대체로 양쪽을 모두 사용하기 때문이다. 그래서 주로 사용하는 눈과 귀를 제대로 설명하려면 망원경을 볼 때처럼 한쪽 눈만 쓰거나 수화기를 귀에 대는 것처럼 한쪽 귀만 쓰는 특수한 상황을 떠올려야 한다. 코도 눈, 귀와 같이 한 쌍으로 존재하는 인체의 감각 기관이다. 대부분 콧구멍이 두 개고, 세상의 여러 놀라운 냄새와 별로 놀랍지 않은 냄새들 모두 양쪽 콧구멍으로 거의 동시에, 같은 강도로 침투한다.

하지만 양쪽 콧구멍에는 뇌와 연결된 고유한 감각 경로가 각각 따로 존재한다.[15] 또한 뇌와 좌우가 반대로 연결되는 눈이나 귀와 달리(대측성) 콧구멍은 같은 방향의 뇌와 연결된다(동측성). 왼쪽 콧구멍에 발생한 자극은 주로 좌반구에 영향을 주고, 오른쪽 콧구멍으로 느낀 자극은 우반구에 영향을 준다는 뜻이다.[16] 정말 희한한 현상이다. 손, 발, 눈, 그 외에 신체 대부분에서 발생하는 감각은 자극이 처음 발생한 쪽과 반대쪽 뇌로 투사되어 처리되는데 코는 그렇지 않다. 이런 전달 경로를 생각하면, 양쪽 콧구멍의 기능 또는 민감성이 다를 수도 있지 않을까? 콧구멍에도 다른 감각 기관처럼 양쪽 중에 체계적으로 더 많이 쓰는 쪽이 있을 수도 있지 않을까?

좌우 콧구멍에서 발생하는 감각의 차이를 조사하는 방법은 몇 가지가 있다. 첫 번째 방법은 특정한 냄새를 감지할 때 양쪽 콧구멍이 얼마나 민감하게 반응하는지 확인해 보는 것이다. 주방에서 가스 냄새가 나는 것 같아 가스레인지 부근의 냄새를 맡아볼 때, 또는 음료에 알코올이 들어 있는지 냄새를 맡아볼 때처럼. 사실 우리는 평소에 늘 그렇게 하고 있다. 특정한 냄새를 얼마나 민감하게 감지하는지를 확인하는 것이 이 방법의 핵심이다. 냄새가 나는가, 나지 않는가? 두 번째 방법은 어떤 냄새를 다른 냄새와 구분할 수 있는지를 확인하는 것이다. 우리가 다양한 향수를 비교할 때, 꽃다발에 들어갈 꽃을 고를 때 활용하는 기능이기도 하다. 아주 독특한 세 번째 방법은 콧구멍을 오가는 공기 흐름이 어떻게 바뀌는지 확인하고 그 흐름에 따라 기분과 생각이 어떻게 변화하는지 살펴보는 것이다. 첫 번째와 두 번째 방법은 많이들 경험해 봤겠지만, 세 번째 방법은 좀 생소할 것이다.

먼저 콧구멍의 민감성을 확인하는 첫 번째 방법부터 자세히 살펴보자. 이 방법으로 후각을 연구한 사례는 많지 않고, 결과도 다소 엇갈린다. 조향사들은 경험상 한쪽 콧구멍이 다른 쪽보다 더 민감하다고 이야기하는 경우가 많다.[17] 조향사가 아닌 평범한 남성 19명을 대상으로, n-부탄올(강하게 톡 쏘는 냄새가 나는 알코올) 냄새를 얼마나 민감하게 감지하는지 조사한 연구에서 오른손잡이는 오른쪽 콧구멍이 더 민감하게 반응하고 왼손잡이는 왼쪽 콧구멍이 더 민감하게 반응하는 것으로 나타났다.[18] 그러나 왼손잡이의 오른쪽 콧구멍의 반응성이 더 높았던 연구도 있고,[19] 양손 중 주로 사용하는 손과 양쪽 콧구멍의 후각 민감도에 아무 연관성이 없는 것으로 나타난 연구도 있다.[20] 두 번째, 냄새를 얼마나 잘 구분하는지(한 가지 냄새를 다른 냄새와 구분하는 것) 조사하는 방식의 연구들에서도 크게 엇갈리는 결과가 나왔다. 로버트 J. 자토레Robert J. Zatorre와 매릴린 존스 고트먼Marilyn Jones-Gotman의 연구에서는[21] 오른손잡이와 왼손잡이 모두 오른쪽 콧구멍으로 냄새를 더 잘 구분한다는 결과가 나왔고, 토머스 험멜Thomas Hummel 연구진은 오른손잡이의 경우 오른쪽 콧구멍으로, 왼손잡이는 왼쪽 콧구멍으로 냄새를 더 효과적으로 구분한다는 관찰 결과를 발표했다.[22]

이제 좀 더 복잡한 세 번째 방법을 살펴보자. 일반적으로 양쪽 콧구멍에서는 번갈아 막히고 뚫리는 자연적인 상호작용이 일어난다. 코에 아무 이상이 없어도(즉 감기에 걸리지 않아도) 뚫린 쪽과 막힌 쪽이 번갈아 바뀌는 이 현상은 100년도 더 전에 처음 발견되어 기록으로도 남아 있다.[23] 한쪽 콧구멍이 팽창하면 다른 쪽은 수축하는 이 현상은 이제 '비주기(코주기)'라는 용어로 불린다.[24] 전체 인구의 70~80퍼센트가 이 규칙적인 비주기를 경험한다. 열선 풍속계를 이용하면 양쪽 콧구멍의 상대적인 공기 흐름을 측정할 수 있다. 앨런 설먼Alan Searleman 연구진이 바로 그 방식으로[25] 사람들에게 양쪽 중 어느 쪽 콧구멍의 공기 흐름이 더 많다고 느껴지는지 조사한 결과, 실제 공기 흐름을 정확히 감지하지 못하는 경우가 많았다. 왼손잡이는 측정된 공기 흐름이 왼쪽 콧구멍에서 더 많았고 오른손잡이는 오른쪽 콧구멍의 공기 흐름이 더 많았다.

코의 공기 흐름에 이와 같은 주기적인 패턴이 나타난다면, 공기가 더 많이 유입되는 쪽의 뇌가 더 크게 활성화될 가능성이 있다. 실제로 몇 건의 연구에서 비주기로 인해 공기 흐름이 더 많은 쪽이 생기고, 그에 따라 좌뇌의 언어 정보 처리 기능과 우뇌의 공간 정보 처

리 기능이 각각 증대된다는 사실이 확인됐다.[26,27]

나는 사람들에게 강제로 한쪽 콧구멍으로만 숨을 쉬도록 했을 때 인지 기능에 발생하는 영향을 조사한 적이 있다. 내가 직접 수행한 다양한 연구 중에서 가장 독특했던 실험으로,[28] 먼저 연구 참가자들이 호흡할 때 "주로 사용하는" 콧구멍이 어느 쪽인지 거울을 활용해서 확인했다. 거울을 앞에 놓고 호흡하면 공기 흐름이 더 많은 콧구멍 쪽에 "뿌연 김"이 더 크게 서릴 것이므로 그쪽을 주로 사용하는 콧구멍으로 기록했다. 그런 다음, 참가자들에게 듣기 과제를 주고 과제를 해결하는 동안 한쪽으로만 호흡하도록 했다. 듣기 과제는 보워(bower), 도워(dower), 파워(power), 타워(tower)처럼 리듬감이 느껴지는 여러 개의 영어 단어를 각각 즐거움, 슬픔, 분노가 느껴지는 목소리 톤이나 아무 감정이 담기지 않은 톤으로 연달아 들려주고 목소리에서 어떤 감정을 느껴지는지 답하도록 하는 것이었다. 그 결과, 오른쪽 콧구멍을 주로 사용하는 참가자들은 그쪽(오른쪽) 콧구멍으로만 호흡할 때 감정을 포착하는 우반구(왼쪽 귀와 연결된 뇌)의 기능이 증대됐다. 한쪽 콧구멍으로만 호흡할 때 과제 수행에 필요한 우반구 기능이 강화된 것이다. 다음에 드넓은 옥수수밭에 만들어진 미로에서 출구로 가는 길을 기억해야 하거나 작곡 등 우반구 기능이 크게 발휘되어야 하는 일을 할 때는 일부러 오른쪽 콧구멍으로만 호흡하는 것이 도움이 될 수도 있다.

그런 목적에 활용할 수도 있지만, 번갈아 한쪽 콧구멍으로만 호흡하는 것은 요가 수행자들이 많이 활용하는 수련법이기도 하다.

최초의 기록은 약 5,000년 전으로 거슬러 올라간다. 요가는 기억력에 영향을 준다는 사실이 입증됐고, 양쪽 콧구멍을 한 쪽씩 번갈아가며 호흡하면 숫자나 공간 위치 기억과 같은 비언어적 기억이 강화된다는 연구 결과도 있다.[29]

핵심 요약

우리의 강력한 편측성은 손에만 한정되지 않는다. 발, 눈, 귀, 심지어 콧구멍에서도 강력하고 명확한 편측성이 나타난다. 하지만 인체 모든 부위에서 이러한 경향이 "같은 비율"로 나타나지는 않는다. 전체 인구 중 왼손을 주로 쓰는 사람은 10퍼센트지만 왼쪽 눈을 더 많이 쓰는 사람은 33퍼센트이며 왼쪽 눈을 주로 사용하는 사람들 대부분이 오른손잡이다. 몸 전체에서 왼쪽이나 오른쪽 편측성이 강하게 나타나는 경우는 드물며, 이는 발달 장애나 후천적으로 생긴 장애의 징후일 수 있다. 발달 장애나 후천적으로 생긴 장애의 징후일 수 있다. 발, 눈, 귀, 콧구멍에서 나타나는 편측성은 전반적으로 전부 같은 쪽만 쓰는 일관성은 없으나 우리의 지각과 행동에 변화를 줄 수 있고 일부 경우(한쪽 콧구멍으로만 호흡하는 것) 유리하게 활용할 수도 있다.

3장

의미의 편향성

왼쪽은 나쁘고 오른쪽은 좋은 방향일까?

> 오른쪽에는 명예와 아첨하는 듯한 명칭, 특권이 부여된다. 행하고, 지시하고, 갖는 쪽은 다 오른쪽이다. 왼쪽은 그와 달리 멸시받고 보잘것없는 부속물로 격하된다. 홀로 할 수 있는 것은 아무것도 없고 그저 도와주고, 보조하고, 붙잡는다.
>
> **사회학자 로베르 에르츠Robert Hertz**[1]

살면서 "아니, 그쪽 말고 반대쪽"이라는 말을 얼마나 많이 들었는지 생각해 보라. 특별한 이유 없이 왼쪽과 오른쪽이 헷갈릴 때가 있다. 좌우를 헷갈릴 가능성을 생각하면서 이런 책을 쓰고 있자니 꼭 지뢰밭을 지나는 기분이다. 그래서 나는 이 책에서 다루는 주제마다 왼쪽과 오른쪽을 맞게 썼는지 이중, 삼중으로 확인하고 있다. 혹여 실수로 중요한 문단에서 좌우를 잘못 말하는 바람에 엉뚱한 소리를 늘어놓으면 어쩌나 진심으로 두렵지만, 잘 이겨내고 있다. 이번 장에서는 왼쪽과 오른쪽에 관한 긍정적인 편견과 부정적인 편견을 간단히 살펴보기로 하자.

나는 사람들에게 손가락을 활용해서 왼쪽과 오른쪽을 정확히 구분하는 법을 가르쳐주곤 한다. 양손 모두 주먹을 쥐고 앞으로 내민 상태로 엄지와 검지만 쭉 펴면 왼손만 알파벳 엘(L)자 형태가 올바르게 나온다. 그 손이 왼손(left)이다. 오른손은 알파벳 엘이 뒤집힌 모양이 된다. 물론, 글자를 좌우 반전으로 인식하는 문제가 있는 사람들에게는 도움이 되지 않을 방법이다. 또는 그림 8처럼 손에 문신으로 좌우 방향을 새겨넣으면 왼쪽과 오른쪽이 헷갈리는 문제를 영구적으로 해결할 수 있다.

의료 분야에서는 좌우가 헷갈리는 실수가 심각한 문제로 이어질 수 있다. 유명한 텔레비전 의학 드라마인 〈닥터 하우스House, M.D.〉에는 수술을 앞두고 혹여 엉뚱한 쪽 팔이나 다리가 희생되지 않도록 수술할 필요가 없는 쪽에 미리 직접 글씨를 써두는 환자들이 나온 적이 있다. 최근에 우리 아들은 세 번째 발 수술을 받았는데, 담당 집도의는 마취 전 상담에서 수술해야 하는 오른발에 미리 표시해

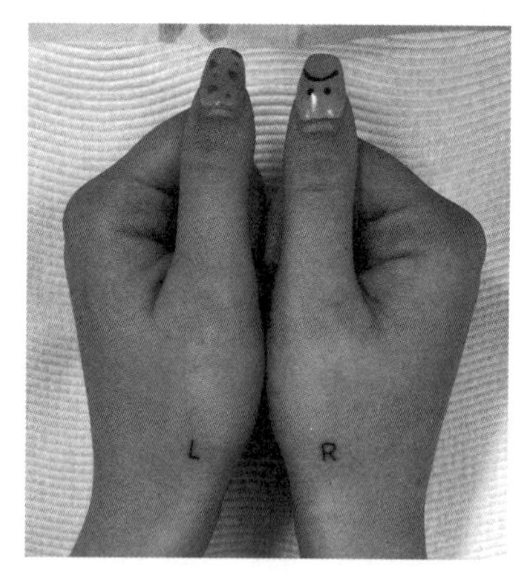

| 그림 8 | 호주의 문신 전문가 로런 윈저Lauren Winzer가 게시한 사진. 고객이 좌우를 구분하기 쉽도록 이런 문신을 요청했다고 한다. 왼손과 오른손을 확실하게 구분할 수 있는 영구적인 방법이다.

두는 세심함을 발휘했다. 혹시 모를 실수를 방지하기 위해서였다.

우리가 경험하는 비대칭 중에서도 왼쪽과 오른쪽의 차이는 위와 아래, 앞과 뒤보다 덜 분명할 때가 많다. 7장에서 살펴보겠지만, 우리는 빛이 있으면 위에서 비친다고 강하게 추측하면서도, 왼쪽에서 비칠 가능성은 낮게 보는 경향이 있다. 네덜란드 암스테르담의 브리예대학교에서 언어 사용과 인지 기능을 가르치는 앨런 시엔키Alan Cienki 교수는 다음과 같이 설명한다. "인체와 의식적으로 하는 일상적인 기능에서 공간의 좌우 축은 양극화가 매우 약한 편이다. 상하 축, 전후 축에 비하면 훨씬 약하다."[2,3] 우리가 어릴 때 위아래나 앞뒤는 금방 깨우치면서도(각각 두 살, 네 살쯤) 왼쪽과 오른쪽은 어른이 되고 시간이 한참 흘러도 헷갈리는 경우가 많은 건 그래서인지도 모른다.[4]

지금도 왼쪽과 오른쪽이 계속 헷갈린다면, 당신만 그런 게 아니다. 신경학적으로 전형적인(이 책에 자주 등장하는 표현으로, 뇌의 사고, 인지, 정보 처리 방식이 대다수와 비슷하다는 뜻이다. 자폐 스펙트럼 장애와 같은 신경 질환의 특징이 없다는 의미로도 쓰인다 – 옮긴이) 인구 다섯 명 중 거의 한 명이 좌우를 '자주' 혼동한다고 이야기한다. 여성은 남성보다 그런 경우가 두 배 이상 더 많은 것으로 알려졌다. 여기서 말하는 혼동은 차를 몰고 마트에 장 보러 가는 길에 어디서 좌회전해야 하고 어디서 우회전해야 하는지를 기억하지 못하거나 주방 전등을 켤 때, 또는 싱크대에 설치된 음식물 쓰레기 처리기를 작동시킬 때 스위치를 어느 쪽으로 돌려야 하는지 헷갈리는 것 같은 일들을 말하는 게 아니다. 그런 상황에서 왼쪽과 오른쪽을 매번 딱딱 정확하게 아는 사람이 있을까? 여기서 말하는 혼동은 왼쪽과 오른쪽을 올바르게 '구분'하지 못한다는 뜻이다.

다른 일들은 아주 똑똑하게 처리하면서도 왼쪽과 오른쪽은 잘 구분하지 못하는 사람들이 많다. 이 현상을 조사한 가장 유명한 연구 사례 중 하나는 두렵게도 의대생들이 조사 대상이었고, 조사한 의대생의 15퍼센트 이상이 왼쪽과 오른쪽을 잘 구분하지 못하는 것으로 나타났다. 이 15퍼센트가 부디 외과 의사의 길을 택하지 않았기를 바라는 마음이다. "수술 부위 오류"로 엉뚱한 장기를 제거하거나 엉뚱한 쪽 팔다리를 치료하는 것은 가장 많이 알려진 의료 과실이기도 하다. 의사 두 명이 실수로 우측 신장이 아닌 유일하게 정상적으로 기능하던 왼쪽 신장을 제거한 바람에 환자가 사망에 이른 사례도 있다.[5]

그림 9와 같은 그림을 보여주고 왼손이나 오른손을 구분하도록 한 연구에서는 500여 명의 참가자 중 15퍼센트가 오답을 말했고 거의 절반이 자기 손을 그림대로 해보고서야(직접 그림의 동작을 따라 했다는 뜻이다) 답을 찾았다.[6] 그런 모습이 좀 우스꽝스럽게 보일 수도 있지만, 좌우가 헷갈리는 것은 결코 웃을 일만은 아니다. 좌우를 헷갈리면 길을 헤매거나 교통사고가 날 수 있고, 의료 과실, 부정확한 표지판이나 광고 등이 나올 수도 있다. 심지어 이 책 같은 자료에서 좌우를 잘못 쓰면 틀린 정보를 제공하게 된다.

자, 이제 이런 상황을 더 복잡하게 만드는 문제로 들어가 보자.

| 그림 9 | 좌우 방향 구분 검사. 그림에서 색칠된 손이 오른손인지 왼손인지 구분해서 답하는 방식이다. 손자 오프테Sonja Ofte와 테네스 허그달Kenneth Hughdahl의 연구(3장 미주 5번 자료 참고)를 참고해서 그렸다.

지금까지는 좌우 혼동에 관해 설명하면서 오른쪽(우), 왼쪽(좌)이라는 표현만 사용했다. 그러나 영어와 다른 여러 언어에는 왼쪽과 오른쪽을 뜻하는 아주 다양한 표현들이 있고, 그중 상당수에는 특정한 가치가 반영되어 있다. 곧 알게 되겠지만 이런 다양한 표현들을 보면, 왼쪽과 오른쪽을 공평하게 대하려는 노력이 별로 느껴지지 않는다. 왼쪽을 의미하는 표현들에는 부정적인, 심지어 경멸의 의미까지 담기지만, 오른쪽을 뜻하는 표현은 대부분 긍정적이다.

단어마다 감정가(valence: 긍정적인 감정, 또는 부정적인 감정의 수준, 정도를 의미한다 – 옮긴이)가 다르고 그건 왼쪽과 오른쪽도 마찬가지다. '거리', '숟가락'처럼 감정가가 비교적 중립인 단어도 있지만 '우웩', '와우'처럼 감정이 담긴 감탄사에는 특정한 정서가 뚜렷하게 드러난다. '거미', '파티'처럼 감정가가 미묘하고 암묵적인 단어도 있다.[7] '왼쪽'과 '오른쪽'은 감정가가 중립이라고 주장하는 사람들도 있지만, 이번 장을 다 읽고 나면 모국어나 문화권과 상관없이 "왼쪽"의 암묵적인 감정가는 대체로 상당히 부정적이고 "오른쪽"의 경우는 대체로 긍정적이라는 확신이 들 것이다.

심지어 좌우 방향의 움직임에도 이러한 편향적인 의미가 담겨 있다. 뉴질랜드 마오리족의 경우 오른쪽은 생명과 힘이고 왼쪽은 죽음과 약함을 뜻한다. 일부 북미 원주민들은 오른손은 '나', 왼손은 '다른 사람'으로 여기며 오른손을 드는 행동은 "용기, 힘, 정력"을 상징하고 오른손이 왼쪽을 향하게 한 후 왼손 아래에 두는 동작은 상황에 따라 죽음, 파괴, 또는 매장을 의미한다.[8] 많은 종교가 기분 좋은 장소는 반드시 오른발부터 걸어 들어가야 하고 신에게 무언가를 바치는 행위는 오른손으로 해야 한다고 여긴다. 죄를 지어 교회에서 쫓겨나는 사람은 왼쪽 문으로 나간다. 장례 예식이나 귀신을 쫓기 위한 의식은 일반적인 의식과 반대 방향으로 진행된다(즉 시계 방향이 아닌 반시계 방향).

전 세계 다양한 종교의식에서 왼손은 주로 경멸의 대상으로 여겨지고 심지어 굴욕적인 취급도 받는다. 양손에 특별한 능력이 부여된다고 믿는 경우도 "왼손에는 항상 초자연적이고 적법하지 않은 능력, 공포와 반감을 일으킬 수 있는 능력이 생긴다고 묘사된다."[9]

나이지리아 남부의 일부 부족은 여성들이 요리할 때 왼손을 사용하지 못하게 한다. 프랑스 출신 사회학자 로베르 에르츠Robert Hertz, 1881-1915에 따르면 부족 사람들이 마술사가 마술을 부릴 때나 음식에 독을 탈 때 왼손을 사용한다고 인식하기 때문에 생겨난 관

| 그림 10 | 마야족 통치자(다이아몬드의 왕자)를 묘사한 작은 조각상. 오른손에 물고기를 들고 있다.

습이라고 한다.[10] 아랍 문화권에서 왼쪽과 오른쪽은 위생과도 관련이 있다. 오른손은 먹고 마시고 요리할 때 사용하고 왼손은 용변을 본 후 뒤처리할 때 사용한다.[11,12]

종교에서 오른쪽과 왼쪽에 부여하는 상징적인 의미는 종교적 상상에서도 드러난다. 서양 예술에서 이브가 악마가 건넨 선악과를 받고 천국에서 쫓겨난 이야기를 묘사한 그림을 보면 이브는 왼손으로 그 과일을 받는다. 마야족 통치자들은 물건을 오른손에 들고 있고 그들에게 속한 아랫사람들은 모두 왼손에 물건을 든 모습으로 묘사되어 있다. 이들이 무찌른 적들도 마찬가지로 왼손잡이로 그려져 있다.

사도 신경과 같은 기독교 글에서 예수는 하나님의 오른쪽에 앉아 있다고 나온다. 불교에서 깨달음을 얻는 길은 크게 두 가지로 나뉘는데, 오른쪽 길은 사회적인 관습과 윤리 규범을 준수하는 사람들이 가는 길이고 왼쪽 길은 금기를 깨고 도덕을 포기하는 사람들이 가는 길로 묘사된다.[13]

왼쪽과 오른쪽을 뜻하는 단어들에도 그와 같이 왼쪽을 대하는 편견이 내포되어 있다. 인도유럽어족, 그 외의 언어에서도 오른쪽과 왼쪽을 뜻하는 단어의 어원은 곧다/구부러지다, 강하다/약하다, 깨끗하다/더럽다, 남성/여성, 높다/낮다, 노인/청소년, 이끄는 자/따르는 자, 빛/어둠처럼 정반대의 의미가 있다.[14]

이런 이분법적인 구분에 따라 왼쪽을 지칭하는 부정적인 의미의 표현들이 줄줄이 나왔다. 예를 들어 고대 영어에서 왼쪽을 뜻하는 단어 lyft는 원래 "서투르다", "약하다"는 의미가 있었고 게일어에서 왼쪽을 의미하는 cli는 "불편하다", "비실용적이다"라는 부정적인 뜻이 있다. 아프리카 반투어에서 왼쪽을 의미하는 일부 단어는 "잊다, 고갈되다"라는 뜻이 있고 심지어 "비뚤어지다, 뿔이 나다"라는 의미와도 관련이 있다.

왼쪽과 오른쪽에 성별이 반영된 흥미로운 사례도 있다. 바콩고족의 언어에서 오른손을 뜻하는 kooko kwalubakala는 "남자들의 손"이라는 뜻이고 왼손을 가리키는 kooko kwalukento는 반대로 "여자들의 손"이라는 뜻이다. 뉴기니어로 오른쪽을 뜻하는 sidik tam에는 "좋은", "적절한"이라는 의미가 있고 왼쪽을 뜻하는 kwanim tam은 "굴리다"라는 동사 kwanib에서 유래했다. 뉴기니 여성들이 일상적으로 하는 일 중 하나가 나무의 섬유를 돌돌 말아서 가방을 만드는 것이고, 이 작업은 보통 재료를 자신의 왼쪽 허벅지에 올려놓고 왼손으로 굴리면서 오른손으로는 새로운 섬유를 계속 추가하는 방식으로 이루어진다.[15]

동서남북 방향을 가리키는 말에서 왼쪽과 오른쪽을 뜻하는 단어가 생긴 언어도 있다. 산스크리트어로 dakhsina는 "오른쪽"이라는 뜻과 함께 "남쪽"이라는 뜻이 있다. 아랍어에서도 shamaal이라는 단어가 "북쪽"과 "왼쪽"을 모두 뜻한다. 성서 히브리어와 고대 아랍어에서도 "남쪽"과 "오른쪽"을 뜻하는 단어가 모두 yamiin이다.[16]

영어에서 오른쪽을 뜻하는 표현들에는 '올바르다, 진실하다, 능동적이다'라는 편향된 의미가 뚜렷하게 담겨 있다. 러시아어로 오른쪽을 뜻하는 단어들은 "곧다", "올바르다"와 같은 뜻이다. 일반적으로 오른쪽을 긍정적으로 여기는 사회 규범이 언어에도 반영된 것이다. 의학 인류학자 불프 시펜회벨Wulf Schiefenhövel은 50개 언어에서 왼쪽과 오른쪽을 뜻하는 표현을 모아서 어원을 분석한 결과[17] 오른쪽을 뜻하는 단어의 기원은 '곧다, 강하다, 깨끗하다, 더 높다, 지도자, 빛'과 같은 긍정적인 의미가 있고 왼쪽을 뜻하는 단어는 이와 대조적으로 '구부러지다, 약하다, 더럽다, 추종자, 어둠'과 같은 의미가 있다고 밝혔다.

언어에서 왼쪽과 오른쪽을 대하는 편향된 시각은 이처럼 "문자 그대로" 나타나기도 하지만 우리가 사용하는 표현에 비유적으로 반영되기도 한다. 영어에서 "left-handed opinion(직역하면 왼편의 의견)"은 의견이 약하거나 틀렸다는 뜻이고 유부남의 정부는 "left-handed wife(왼편의 아내)"라고 표현한다. 악몽도 "left-handed dream(왼편의 꿈)"으로 표현하고, 칭찬을 뜻하는 compliment도 왼편이라는 표현이 추가된 "left-handed compliment(왼편의 칭찬)"는 모욕한다는 의미로 바뀐다. 네덜란드어에서 무시한다는 의미가 있는 iemand/iets links laten liggen이라는 표현은 직역하면 "왼쪽에 내버려 두다"라는 뜻이다.

왼손잡이를 가리키는 표현에도 언어마다 이와 비슷한 부정적인 편견이 담긴 경우가 많다. 왼손잡이라는 뜻의 로마니어 bongo("비틀리다", "사악한"), 영국 영어의 cack-handed("대변을 처리하는 손"), 포르투갈어의 canhoto("약하다", "말썽을 부리다"), 프랑스어 gauche("어색한", "굼뜬"), 또 다른 프랑스어 maladroit("무력하다", "어설픈"), 스코틀랜드 영어의 gawk-handed(gawk은 바보라는 뜻이다), 덴마크어 kejthandet("고양이 손"), 이탈리아어 mancini("구부러진"), 호주 영어의 molly-dooker(molly는 사내답지 못한 남자를 뜻하고 duke는 "손"을 뜻하는 은어다), 스페인어 zurdo(스페인어에서 azurdas는 "잘못된 방향으로 가다"라는 뜻이다) 모두 그런 예다.[18] 영어는 이 방면에 특출난 재능이 있는 듯하다. 왼손잡이를 가리키는 표현만 back-handed(뒤집힌 손), bang-handed(때리는 손), clickey-handed(편협한 손), coochy-handed(coochy는 여성의 질을 가리키는 은어다 – 옮긴이), cow-pawed(소 발바닥), dollock-handed, gammy-handed(불구인 손), kay-fisted(영국 랭커셔 지역에서 14세기부터 쓰이던 옛 표현 – 옮긴이), Kerr-handed(어색하다는 뜻의 게일어 'caerr'에서 기원한 표현 – 옮긴이), kitty-wesy, scoochy-handed, scrammy, skiffle-handed, skivvy-handed(허드렛일하는 손), watty-handed가 있고 그 외에도 훨씬 더 많으니 말이다.[19] 미국에서 왼손을 가리키는 말로 쓰이는 southpaw(직역하면 남쪽 손바닥)이라는 덜 모욕적인 표현의 경우, 저술가 리 W. 러틀리지Leigh W. Rutledge와 작가 리처드 돈리Richard Donley에 따르면 시카고의 스포츠 기자 찰스 시모어Charles Seymour가 처음 만들었다고 한다.[20] 과거에 지어진 야구장은 보통 투수 자리가 서쪽을 향하도록 설계되어 투수의 왼손이 야구장 남쪽을 향하게 된다는 것이 반영된 표현이다.

왼손잡이를 가리키는 단어는 이렇게 경멸의 의미가 담긴 경우가 많지만, 이례적으로 칭찬이 담긴 표현도 있다. 잉카인들은 왼손잡이를 iloq'e(잉카 공용어인 케추아어로는 illuq'i)라고 불렀는데, 이 표현에는 왼손잡이에게는 특별한 정신과 의학적인 능력이 있다고 믿었던 안데스산맥 사람들의 긍정적인 평가가 담겨 있다. 러시아어로 왼손잡이를 의미하는 단어 중에 levsha는 니콜라이 레스코프Nikoli Leskov가 1881년에 발표한 소설의 제목이자 등장인물의 이름인 레브샤levsha에서 나온 표현으로 "숙련된 기술자"라는 의미가 있다.

이렇게까지 극단적으로 왼쪽은 악마화하고 오른쪽은 칭찬하는 것이 억지스럽다고 느낄 수도 있다. 하지만 이런 편견이 실제로 우리의 일상에 얼마나 큰 영향을 주는지 알면 아마 깜짝 놀랄 것이다. 코넬대학교의 심리학자 대니얼 카사산토Daniel Casasanto가 수행한 연구에서도 그러한 사실이 드러났다.[21] 모든 자격이 동일한 구직자들 명단을 종이에 왼쪽과 오른쪽 두 줄로 정리하고 심사자들에게 후보를 선택하도록 하자, 오른손잡이인 "심사자"는 종이에서 좌측보다 우측에 나열된 지원자를 더 많이 선택했다. 이와 비슷한 다른 실험에서 여러 동물을 각각 "좋은" 동물과 "나쁜" 동물로 나누어서 상자 A(왼쪽)와 상자 B(오른쪽)에 담아보라고 했을 때 사람들은 대체로 "나쁜" 동물은 왼쪽에 있는 상자(A)에 넣고 "좋은" 동물은 오른쪽에 있는 상자(B)에 넣는 것으로 나타났다.

정치 연설에서 나타나는 제스처에서도 이런 식의 좌우 구분을 쉽게 볼 수 있다. 2004년과 2008년 미국 대통령 선거에는 오른손잡이 후보 존 케리John Kerry, 조지 W. 부시George W. Bush와 왼손잡이 후보 버락 오바마Barack Obama, 존 매케인John McCain이 나왔다. 선거 기간에 이들이 유세에 나서서 연설할 때 나타난 제스처를 분석한 결과, 오른손잡이 후보들은 긍정적인 의견을 표출할 때 오른손을 많이 사용하고 부정적인 생각을 말할 때는 왼손을 사용하는 경향이 나타났다. 흥미로운 사실은 왼손잡이 후보들의 경우 그러한 패턴이 정반대로 나타났다는 것이다. 즉 긍정적인 생각을 말할 때는 자신이 주로 사용하는 손(왼손)을 쓰고, 부정적인 생각을 말할 때는 평소에 주로 사용하지 않는 손을 사용했다.[22]

정치 이야기가 나왔으니 말인데, 왼쪽과 오른쪽은 이 분야에서 굉장히 명확한 의미가 있다. 물론 어느 쪽이 좋은 쪽이고 어느 쪽이 나쁜 쪽인지는 개개인의 정치 성향에 따라 확연히 다를 것이다! 정치 성향을 왼쪽과 오른쪽을 뜻하는 좌익과 우익으로 구분하게 된 것은 프랑스 혁명 시기였던 1789년에 제헌 국회 회의장의 참석자들이 착석한 방향에서 유래했다고 여겨진다.[23] 당시 프랑스 제헌 국회는 왕이 거부권을 가져야 하는지를 투표로 결정하기로 했고, 찬성하는 쪽(귀족들)은 회의장 우측에, 왕의 거부권을 제한해야 한다는 의견을 가진 사람들은 회의장 좌측에 앉았다. 그때부터 국회 회의장의 우측은 왕의 권력을 보존해야 한다는 의견을 가진 사람들이 앉는 자리, 좌측은 왕의 권력을 제한해야 한다고 생각하는 사람들이 앉는 자리라는 정치적으로 상징적인 의미가 생겼다. 프랑스 혁명 기간에 시작된 이 좌우 구분은 프랑스의 정치적 분열을 기술하는 글에 계속 사용됐고 시간이 흐르면서 우익은 절대왕정을 지지하는 사람들, 좌익은 입헌군주제를 지지하는 사람들을 지칭하는 표현으로 자리를 잡았다. 그리고 1930년대에 들어서자 프랑스 좌익은 사회주의를 옹호하는 쪽, 우익은 경제 자유화를 지지하는 쪽을 의미하게 되었다. 뒤에서 다시 설명하겠지만 정치적 성향을 이처럼 왼쪽과 오른쪽으로 구분하는 방식은 현대의 야심 찬 정치인들이 선거용 사진에서 취하는 포즈에도 영향을 주고, 이들의 포즈는 유권자들이 각 후보에게 느끼는 인상에 영향을 준다.

핵심 요약

왼쪽과 오른쪽을 정확하게 구분하는 것이 극히 중요한 일들이 있다. 그저 길을 조금 헤매거나 글에 오류가 생기는 정도에 그칠 때도 있지만, 최악의 경우 좌우를 혼동하는 바람에 중대한 의료 과실이 발생할 수 있다. 왼쪽과 오른쪽을 지칭하는 표현에는 다양한 가치가 담긴 경우가 많다. 왼쪽을 뜻하는 표현은 거의 다 굉장히 부정적이고 심한 경우 경멸의 의미를 갖기도 하는 반면 오른쪽과 관련된 표현은 대부분 긍정적이다. 이러한 편향성은 문화나 시대와 상관없이 매우 일관되게 나타난다. 이 일반적인 규칙이 적용되지 않는 예외가 정치다. 프랑스 혁명 이후 왼쪽과 오른쪽은 정치적으로 아주 독특한 의미를 갖게 되었다. 좌익과 우익 중 어느 쪽이 긍정적이고 어느 쪽이 부정적인지는 대체로 개개인의 정치 성향에 따라 다르다.

4장

키스의 편향성

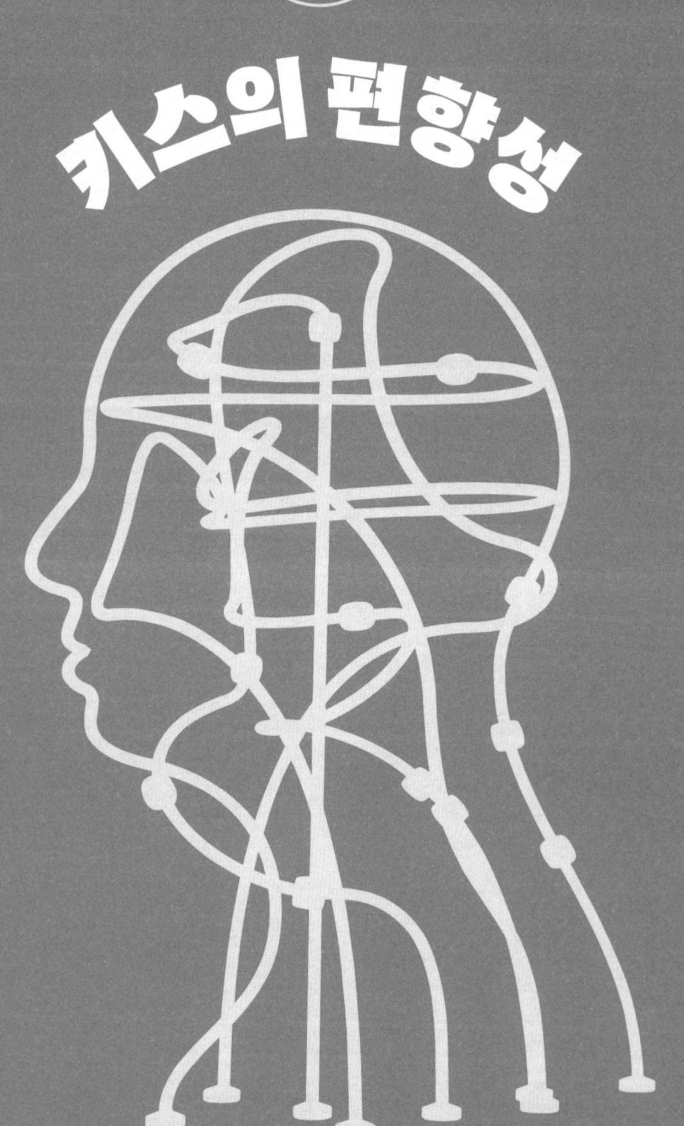

한쪽으로만 키스하는 사람들

이거 키스 책인가요?

영화 〈프린세스 브라이드The Princess Bride, 1987〉

혹시 첫 키스가 기억나지 않는다면, 아직 제대로 된 키스는 못 해본 걸지도 모른다. 키스는 정말 중요한 사건이다. 정해진 절차와 상징이 차고 넘친다. 한 번의 키스가 평생의 짝과 만나게도 하고 헤어지게도 한다. 시, 노래, 그림, 인스타그램 게시물까지 인간이라는 종족이 예술성을 발휘해 만든 결과물들을 조사해 보면 누구든 인간에게 있어 키스가 얼마나 중요한 일인지 금세 알게 될 것이다. 은하계 머나먼 곳에서 지구를 발견한 외계인들이라고 할지라도 말이다.

하지만 그 외계인들이 예술 분야가 아닌 인간의 '과학'적인 탐구를 살펴본다면 아마도 전혀 다른 결론을 내릴 것이다. 과학은 키스에 별로 관심이 없다. 예를 들어 심리학 연구자들은 사람들에게 '녹색'이라는 글자를 붉은색으로 써서 보여주고 글자 색을 말해보라고 하면 대부분 금방 답하지 못하는 현상에 관해서는 술술 설명한다.

'스트루프 효과[1]'라는 현상인데, 연구자들은 글자 색이 이런 반응에 어떻게, 왜, 언제 영향을 주는지는 물론, 이 현상이 뇌가 언어를 해독하는 방식에 관해 어떤 점들을 알려주는지도 상세히 설명할 수 있다. 그러나 똑같은 심리학 연구자들에게 키스에 관해 물어보면, 옥시토신[2] 같은 호르몬이나 도파민[3] 같은 신경전달물질을 주절주절 장황하게 늘어놓는다. 키스를 더 잘하고 싶은 사람이라면 그런 대화는 피하는 편이 훨씬 유익하다. 그런 소리를 듣고 있다가는 키스에 대한 흥미가 싹 가실 테니까!

그래도 다행히 키스에 관한 과학계의 연구는 빠르게 발전하고 있다.[4] 다른 장에서 소개될 행동들과 마찬가지로 키스도 대체로 한 방향으로 치우치는 경향이 있다. 우리에겐 코가 있으니 그럴 수밖에! 다른 행동들과 차이가 있다면, 키스는 보통 두 사람이 함께해야 하므로(이 점에 관해서는 뒤에서 다시 설명한다) 설명하기가 더욱 까다롭다는 것이다. 연인과 키스할 때는 둘 다 고개를 자신의 오른쪽으로 기울이는 경향이 있다(세상에서 가장 유명한 키스 사진인 그림 11 참고).

키스할 때 나타나는 이러한 편향성을 처음 대규모로 조사한 사람은 독일 학자 오누르 귄투르쿤Onur Güntürkün이다. 그의 연구 결과[5]는 2003년에 세계에서 가장 명망 있는 과학 학술지 중 하나인 〈네이처Nature〉에 실렸다. 이런 학술 논문들은 여러 항목으로 구성된다. 그중에서도 연구 방법 항목은 보통 가장 지루한 부분으로 꼽힌다. 데이터를 어떻게, 어떤 도구로 수집했고 실험 조건을 어떤 방식으로 엄격히 통제했는지 상세히 기술된 부분이기 때문이다. 하지

| 그림 11 | 1945년 8월 14일, 2차대전 전승 기념일에 뉴욕 타임스퀘어에서 미 해군 사진사 빅터 요르겐센Victor Jorgensen이 촬영한 사진. 키스할 때 고개를 오른쪽으로 기울이는 편향성을 볼 수 있다. (이 키스 장면을 다른 각도에서 촬영한 사진이 잡지 <라이프Life>에 처음 실렸다.)

만 이 논문은 달랐다. 귄투르쿤은 미국, 독일, 터키의 다양한 공공장소(국제공항, 대형 기차역, 해변, 공원)에서 키스하는 사람들을 관찰하는 방식으로 연구했다.[6] 〈네이처〉에 실리는 연구들은 대부분 연구 장소가 실험실로 크게 제한적이다. 그런데, 귄투르쿤의 연구 방법을 읽고 있자니 스토킹 사실을 실토하는 글을 읽는 기분마저 들었다. 귄투르쿤이 관찰한 124쌍 중 65퍼센트가 키스할 때 고개를 오른쪽으로 기울였고 왼쪽으로 머리를 기울이고 키스한 쌍은 35퍼센트에 불과했다. 이 결과가 발표된 후 우리 연구진과 다른 몇몇 연구

진이 같은 연구를 진행했고 이 흥미로운 결과가 사실임을 확인했다.[7,8,9,10,11,12]

앞서 머리말에서 왼손잡이와 오른손잡이는 다양한 차이점이 있다고 설명했는데, 그렇다면 왼손잡이도 키스할 때 고개를 오른쪽으로 기울일까? 물론이다. 한 연구진은 북아일랜드 벨파스트에서 귄투르쿤의 연구 방법을 더 확장한 흥미로운 연구를 진행했다. 125쌍(귄투르쿤이 관찰한 사람들보다 한 쌍이 더 많다)이 키스하는 모습을 관찰하고, 이어서 연구 자원자를 모집해서 좌우가 대칭인 사람 인형과 키스하도록 한 것이다.[13] 첫 단계인 관찰 조사에서는 귄투르쿤의 연구와 거의 비슷한 결과가 나왔다. 전체의 80퍼센트가 키스할 때 머리를 오른쪽으로 기울였다. 키스는 두 사람이 함께하는 협응 행동인데, 키스하는 사람이 한 명이라면 어떻게 될까? 머리를 오른쪽으로 기울이는 편향성은 두 사람 사이에서 일어나는 협응의 결과일까? 학생 자원자 240명에게 좌우가 대칭인 사람 인형과 키스하도록 한(부디 이 참가자들이 학점을 잘 받았기를 바란다) 조사에서도 77퍼센트가 머리를 오른쪽으로 기울였다. 그러므로 꼭 두 사람이 키스해야만 고개를 오른쪽으로 기울이는 것은 아닌 듯하다. 인형과 키스한 240명은 어느 쪽 손을 주로 사용하는지 확인하는 검사도 받았는데, 왼손잡이인지 오른손잡이인지는 키스할 때 머리를 기울이는 방향에 영향을 주지 않는 것으로 나타났다. 그렇다면 왜 우리는 키스를 오른쪽으로 할까?

귄투르쿤은 아주 간단하고 직관적이지만 최종적으로는 틀린 결론을 내렸다. 인간을 포함한 동물의 모든 행동 중 3분의 2에서 몸이 오른쪽으로 향하는 편향성이 나타나므로 연인과의 키스에서 나타나는 우측 편향성도 이러한 특성에서 기인했다는 것이 그의 결론이었다. 다른 장에서도 설명하겠지만, 우리 몸이 오른쪽으로 더 많이 향하는 편향성은 출생 이전부터 나타나므로[14] 학습된 결과라거나 문화의 영향이라고 할 수 없다. 이런 경향성은 우리가 공간에서 이동하는 방식과 차량을 운전하는 방식, 교실과 비행기, 영화관에서 자리를 선택하는 방식 등 수많은 편향성에도 영향을 줄 가능성이 있다. 하지만 키스할 때 고개를 오른쪽으로 돌리는 이유는 아니다. 왜 그럴까? 키스하는 방향은 입을 맞추는 '대상'에 좌우되기 때문이다.

연인과 서로 입을 맞추는 것은 매우 친밀한 애정 표현이다. 형제, 자매와 입을 맞출 때나 자녀에게 입을 맞출 때의 감정과는 다르다. 가족을 사랑하지 않아서가 아니라, 연인과의 키스와 가족과의 입맞춤은 주관적인 느낌이 전혀 다른 일이다. 연인과의 사랑으로 활성화되는 뇌 부위는 부모와 자식 간의 사랑으로 인해 활성화되는 뇌의 네트워크와 크게 다르다는 연구 결과도 있다.[15,16] 부모와 자식 간의 사랑은 대상회(행동 조절과 관련된 부분)와 선조체(움직임과 관련된 부분)의 활성을 자극하고, 연인과의 사랑은 시상하부(호르몬 조절과 관련된 부분)와 해마(기억과 관련된 부분)를 활성화한다. 그러니 연인과 키스할 때와 자녀에게 입을 맞출 때의 느낌이 전혀 다른 것은 당연한 결과다.

우리 연구진은 연인과의 키스에서 나타나는 우측 편향성이 다른 입맞춤에서도 나타나는 일반적인 현상인지 확인해 보기 위해 먼저 인스타그램, 구글 이미지, 핀터레스트에 게시된 부모와 아이의 입맞춤 사진을 수집했다.[17] '아들에게 뽀뽀하는 엄마', '딸에게 뽀뽀하는 아빠' 같은 검색어와 '#아빠의뽀뽀' 같은 해시태그를 활용해서 우리가 정한 기준에 맞는 529장의 사진을 추렸다(그림 12에 예시가 나와 있다). 분석 결과 연인과의 키스에서 아주 뚜렷했던 우측 편향성은 온데간데없었고 정반대의 결과가 나왔다. 즉 부모와 아이의 입맞춤에서는 두 사람의 성별과 상관없이 머리를 왼쪽으로 기울이는 편향성이 나타났다. 공항이나 기차역에서 사람들을 직접 관찰하지 않고 온라인에서 찾은 이미지를 분석했기 때문에 이런 결과가 나온 걸까? 하지만 같은 방법으로 같은 출처에서 수집한 연인의 키스 사진을 똑같이 분석한 결과에서는 3분의 2가 머리를 오른쪽으로 기울이는 편향성이 나타났으므로 수집 방식의 문제는 분명 아닌 듯하다. 우리는 입을 맞추는 대상이 가족이라는 점이 입 맞추는 방향에 영향을 주며, 입을 맞추는 상대에 따라 키스 방향의 편향성이 달라진다는 결론을 내렸다. 키스를 오른쪽으로 하는 이유가 인간이 몸을 우측으로 돌리는 경향성 때문이라는 주장이 사실이라면 입 맞추는 상대가 누구든 상관없이 그런 편향성이 나타나야 한다.

연인 간의 키스에서 자연스럽게 고개를 오른쪽으로 기울이는 편향성이 가장 뚜렷하게 나타난다면, 고개 방향이 반대일 땐 어떻게 될까? 두 사람이 머리를 오른쪽으로 기울이고 뜨겁게 입을 맞추는

| **그림 12** | 부모와 아이의 입맞춤에서는 연인의 키스에서 일반적으로 뚜렷하게 나타나는 우측 편향성을 볼 수 없다.

| **그림 13** | 연인과의 키스에서는 보통 고개를 우측으로 기울이는 편향성이 나타난다.

모습이 담긴 이미지(예를 들어 오귀스트 로댕Auguste Rodin의 작품 〈입맞춤The Kiss〉처럼)의 키스 방향을 바꾸면 그 이미지에서 느껴지는 사랑과 열정도 약해질까? 우리 연구진은 이 흥미진진한 의문을 몇 가지 방식으로 조사해 보기로 했다. 먼저 머리를 각각 오른쪽과 왼쪽으로 기울이고 키스하는 연인의 이미지를 수집하고, 모두 거울상으로 방향을 뒤집은 버전을 만들어서 사람들에게 각 이미지를 한 쌍으로 보여주었다(그림 14 참고).

한 가지 분명히 해둘 점은, 고개를 우측으로 기울이고 입 맞추는 이미지만 수집해서 방향을 반전시키지는 않았다는 것이다. 고개를 왼쪽으로 기울이는 키스만의 고유한 특징이 있을 수도 있으므로(나중에 자세히 설명한다), 우리는 고개를 오른쪽으로 기울인 키스와 그 이미지의 방향을 반전한 것, 그리고 고개를 왼쪽으로 기울인 키스와 그 이미지를 반전한 것까지 총 네 가지 버전을 준비했다. 총 25장의 키스 사진을 모으고 각각의 반전 이미지를 만들어서 절반은 원본, 나머지 절반은 방향을 반전시킨 이미지인 총 50쌍의 사진

| 그림 14 | 연인이 키스하는 모습을 거울상으로 반전한 이미지 예시

을 마련한 후, 이런 준비 과정을 전혀 모르는 학생들 61명에게 화면으로 보여주고 "가장 뜨거운 열정이 느껴지는 사진을 클릭해서 선택"하도록 했다. 어떤 결과가 나왔을까? 예상대로 사진상에서 고개를 오른쪽으로 기울이고 입을 맞추는 이미지가 "가장 뜨거운 키스"로 선택되는 확률이 더 높았다. 귄투르쿤 연구진은 공항과 기차역에서 키스하는 사람들을 관찰한 후 인간은 대부분 몸이 자연스레 오른쪽으로 향하는 편향성이 있으므로 이런 '움직임의 방향'이 키스 방향에도 영향을 준다고 설명했다. 그러나 사람들이 몸을 '주로 움직이는 방향'에서 나타나는 편향성이 키스 방향의 이유라는 이 설명으로는 왜 입을 맞추는 방향에 따라 그것을 보는 사람들이 '느끼는' 열정에 차이가 생기는지는 설명하지 못한다.

우리 연구진은 부모와 자녀의 입맞춤에 관해서도 같은 방식으로 후속 연구를 진행하기로 했다. 부모와 자녀의 입맞춤 방향을 조사할 때 사용했던 각 이미지를 거울상으로 반전시켜서 대학생 113명에게 화면으로 보여주고 "'애정'이 가장 듬뿍 느껴지는 사진을 클릭해서 선택"하도록 했다. 그 결과 부모와 아이가 입 맞출 때 나타나는 "자연스러운" 방향을 조사했을 때와 마찬가지로, 이번에도 연인 간의 키스에서 나타났던 우측 편향성이 사라졌다.[18]

광고도 입맞춤의 편향성을 연구할 수 있는 흥미로운 분야 중 하나다. 잡지, 대형 광고판, 영상 광고, 온라인 배너 광고 등 광고에는 연인이 키스하는 모습이 많이 등장한다. 광고하려는 제품이 사랑과 조금이라도 관련이 있으면 더더욱 그렇다. 손해보험 광고에 키스 장면이 나오는 경우는 드물지만 향수 광고에서는 연인이 서로 끈적하게 입을 맞추는 이미지를 자주 볼 수 있다. 광고 만드는 사람들은 제품의 용도를 가장 잘 드러낼 수 있는 방법을 찾게 마련이다.

미국 브리검영대학교 매리엇 경영대학원의 라이언 엘더Ryan Elder와 아라나 크리쉬나Aradhna Krishna[19]는 사람들이 광고에 등장하는 제품의 사용 방식에 쉽게 공감할수록 광고에 대한 호감도가 높아지는지 조사했다. 예를 들어 광고에 햄버거를 쥔 손이 나오는 경우, 각각 왼손과 오른손으로 햄버거를 쥔 이미지를 보여주고 사람들이 자신이 평소에 주로 사용하는 손으로 햄버거를 쥐고 있는 광고를 더 선호하는지 확인했다. 총 다섯 차례에 걸쳐 이 방식으로 조사한 결과, 소비자는 자신이 주로 사용하는 손으로 제품을 다루는 모습이 나오는 광고를 더 선호하는 것으로 나타났다.

우리 연구진은 키스에도 같은 방식을 적용해 보기로 했다. 광고에 연인이 키스하는 모습이 나올 때, 소비자들은 머리를 오른쪽으로 기울이고 키스하는 광고를 더 선호할까? 그러한 선호도는 광고하려는 브랜드의 이미지나 광고하는 제품의 구매 의향에 영향을 줄까? 우리는 이 의문을 풀기 위해 "키스가 나오는 광고"를 모아서 각각 방향을 반전시킨 이미지를 만들었다. 앞서 연인 간의 키스나 부모와 아이가 입 맞추는 모습을 인스타그램 게시물 등에서 수집했을 때보다는 좀 더 복잡한 작업이 필요했다. 광고에는 그러한 자료에 없는 '글자'가 들어가기 때문이다. 광고에 들어간 텍스트까지 사진과 함께 거꾸로 뒤집히면 안 되므로, 텍스트만 따로 분리한 다음 원본 사진의 방향을 반전시키고 거기에 다시 원래 텍스트를 입혀서 각종 인쇄물에 맨 처음 게시된 광고가 어느 쪽인지 구분하지 못하도록 만들었다. 이렇게 마련한 두 이미지가 잠재적인 소비자들에게 어떤 영향을 주는지 조사한 결과, 예상대로 오른쪽으로 키스하는 이미지가 활용된 광고의 선호도 점수와 브랜드 인식 점수가 더 높았다. 제품 구매 의향 점수 역시 더 높게 나왔다.

여기까지는 서로 잘 아는, 대체로 서로 사랑하는 사이에서 입을 맞출 때 나타나는 현상이다. 그렇다면 낯선 사람과 입을 맞출 때는 어떨까? 걱정 마라. 심리학 연구에 필요하다는 이유로 무슨 실험이든 다 할 수 있는 건 아니다. 새로운 연구를 계획할 때는 반드시 연구 방법과 연구 절차, 목표, 잠재적 연구 참가자를 소상히 밝힌 제안서를 작성해서 연구 윤리위원회에 제출해야 하고 윤리위원회는 연구가 윤리, 법률, 도덕적인 기준에 부합하는지 샅샅이 따져본다. 만약 어떤 연구자가 처음 만난 두 사람에게 키스하라고 하고 그 모습을 사진으로 기록하겠다는 연구 계획서를 제출한다면, 윤리위원회는 아마 박장대소하며 당장 나가라고 할 것이다.

그런데 유튜브에 "첫 키스"라는 제목의 영상이 공개되어 소셜 미디어에서 큰 화제가 된 적이 있다.[20] 소셜 미디어 게시물은 연구 윤리위원회가 정한 기준에 부합하지 않아도 된다. 그런 기준이 있었다면 "타이드 팟 먹어보기 도전(2017년 말부터 2018년 초까지 10대들 사이에서 사탕처럼 생긴 캡슐 형태의 액상 세탁 세제 제품 타이드 팟Tide Pod을 실제로 사탕 먹듯이 먹어보는 모습을 촬영해서 소셜 미디어에 게시하는 것이 유행했다. 우려가 커지자, 각 소셜 미디어에서 자체적으로 그러한 게시물을 삭제했다 – 옮긴이)" 같은 어리석은 유행이 인터넷을 뜨겁게 달구며 감수성 예민한 청소년들의 사고방식과 몸에 악영향을 주는 사태도 없었을 것이다. 하지만 온라인 세상에서 시작되는 유행이 유용한 자료가 되기도 한다. 2014년에 뉴욕의 의류 업체 렌Wren은 탈리아 플레바Talia Plleva가 제작한 〈첫 키스First Kiss〉라는 제목의 짧은 영상을 공개했다. 서로 처음 만난 20명의 참가자가 사전 동의하에 무작위로 정해진 상대방과 입을 맞추는 모습을 촬영한 영상이었다. 사실 보고 있기 힘든 모습도 있었다. 어색한 몸짓이며 입 맞추기를 주저하는 기색이 고스란히 드러난 사람들도 있었기 때문이다. 그와 달리 서로 자연스럽게 다가가서 입을 맞추거나, 심지어 열정적으로 키스하는 사람들도 있었다. 이 영상이 공개되자 온라인상에서 일어날 법한 반응이 나왔다. 다른 사람들도 그 영상처럼 자신만의 첫 만남 키스 영상을 찍어서 유튜브에 공개한 것이다. 우리로서는 특별한 기회였다. 수백 명을 모집해서 무작위로 짝을 짓고 서로 키스하게 한다는 연구 계획을 승인할 대학 연구 윤리위원회는 한 군데도 없을 텐데, 이런 유행 덕분에 갑자기 분석할 자료들이 생긴 것이다!

우리는 이러한 영상에 등장하는 226쌍이 처음 만나 입을 맞출 때 머리 방향에 어떤 편향성이 나타나는지 분석했다. 처음 만난 사람들도 키스를 오른쪽으로 했을까? 그렇지 않았다! 머리를 왼쪽으로 기울인 사람들과 오른쪽으로 기울인 사람들의 비율이 거의 정확히 반반으로 나뉘었고(각각 48.2퍼센트와 50.9퍼센트), 나머지 0.9퍼센트는 어느 쪽으로도 머리가 기울어지지 않았다(머리를 정면으로 맞대고 입을 맞췄다는 뜻이다). 여기서도 입 맞추는 상대가 결과에 영향을 준 것이다. 연인들은 키스할 때 고개를 오른쪽으로 기울인다. 부모와 자녀의 입 맞춤에서는 이러한 편향성이 나타나지 않고 오히려 왼쪽으로 고개를 기울이는 편향성이 약하게 나타난다. 그리고 무작위로 만난 성인들끼리 입을 맞출 때는 어느 쪽으로도 편향성이 나타나지 않는다. 그런데도 입 맞출 때 고개를 기울인 방향이 인간의 자연스러운 움직임에서 나타나는 편향성 때문이라고 할 수 있을까? 절대 아니다.

키스할 때 고개를 기울이는 방향에 대한 단서는 서구권 밖에서도 찾을 수 있다. 이 책은 영어로 쓰였고 여러분은 각 페이지의 글을 왼쪽에서 오른쪽으로 읽고 있다. 유럽, 북미와 남미, 인도, 동남아시아의 현대어는 대부분 이렇게 글을 왼쪽부터 시작해서 오른쪽으로 가면서 쓴다. 반대로 아랍어, 아람어, 히브리어, 페르시아어, 우르두어 등 많이 쓰이는 다른 언어 중에는 오른쪽에서 왼쪽으로 읽고 쓰는 종류도 있다. 그렇다면 모국어를 읽고 쓰는 방향이 오른쪽에서 왼쪽인 사람들과 글을 왼쪽에서 오른쪽으로 읽고 쓰는 서구인들은 키스하는 방향이 다를까? 앞서 소개한 키스 관련 연구들은 다 독일, 영국, 캐나다 등 서구 문화권 사람들이 연구 대상자였다는 사실을 기억하자.

인지 심리학자 새뮤얼 샤키Samuel Shaki[21]는 2013년에 이 흥미로운 의문을 두 가지 방식으로 조사했다. 모두 앞서 소개한 연구들에서도 활용된 익숙한 방식으로, 샤키는 우선 오누르 귄투르쿤의 연구처럼 공공장소에서 사람들이 키스하는 모습을 관찰하고 기록했다. 관찰 장소만 이탈리아, 러시아, 캐나다, 이스라엘, 팔레스타인의 공공장소로 바꿔서 사람들이 자연스럽게 키스할 때 고개를 어느 쪽으로 기울이는지 분석했다. 그 결과 서구 지역의 표본은 서구권에서 진행된 다른 연구들처럼 3분의 2(67퍼센트)가 키스할 때 고개를 오른쪽으로 기울이는 편향성을 보였으나, 중동 지역 표본은 78퍼센트가 머리를 왼쪽으로 기울이고 키스하는 것으로 나타났다!

샤키는 이 결과를 토대로 연구를 확대해 보기로 했다. 높이를 조절할 수 있는 삼각대에 실제 사람 크기의 좌우 대칭인 플라스틱 마네킹의 머리를 고정하고, 별 특징 없는 배경 중앙에 배치한 후 연구에 자원한 학생들에게 마네킹과 정면으로 마주 서서 입술에 입을 맞추도록 했다(연구 방법에 언급은 없었지만, 참가자가 바뀔 때마다 마네킹을 깨끗이 닦았으리라고 믿는다! 이런 점에서는 연구 윤리위원회의 존재가 얼마나 다행인지 모른다). 샤키의 이 두 번째 연구에서는 실제 연인 간의 "진짜" 키스에서 나타난 것과 같은 결과가 나왔다. 즉 서구 지역(글을 왼쪽에서 오른쪽으로 읽고 쓰는 언어권) 학생들은 머리를 오른쪽으로 기울이고 마네킹에게 입을 맞추는 경향이 있었고 아랍어와 히브리어권 학생들은 머리를 왼쪽으로 기울이고 입을 맞추는 경향이 나타났다. 종합하면, 이러한 결과는 키스하는 방향에서 나타나는 편측성이 입을 맞추는 사람들의 관계 특성에만 좌우되는 것이 아니라 키스하는 사람의 시각 탐색 방향이 왼쪽에서 오른쪽인지, 아니면 오른쪽에서 왼쪽인지에 따라서도 좌우된다는 것을 보여준다.

아직 이번 장에서 거론하지 않은 입맞춤의 유형이 하나 더 남았다. 바로 프렌치 키스다. 지금 뭔가가 떠올랐다면, '그런 키스'를 말하는 게 아니다. 내가 말하는 프렌치 키스는 프랑스를 포함한 일부 국가에서 '안녕하세요' 또는 '잘 가요' 같은 인사의 의미로 상대방의 볼에 입을 맞추는 행위다(하와이에서 '알로하'가 모든 인사를 대체하듯이). 이런 볼 키스는 꼭 서로 사랑하는 사이가 아니라도 친한 사람들끼리도 주고받고 처음 만난 사람과도 한다. 그렇다고 모든 관계에서 하는 행동은 아니다. 인사 목적의 이런 볼 키스는 성인 남성과 여성, 성인 여성들 사이에서는 흔해도 성인 남성끼리나 아이들 사이에서는 드물다. 구글이나 유튜브에서 프랑스에 갔을 때 인사로 나누는 볼 키스를 어떻게 해야 하는지 검색해 보면, 상대방의 오른쪽 볼(입을 맞추려는 사람 기준에서는 왼쪽에 보이는 볼)에 입을 맞추라는 조언을 듣게 된다. 마찬가지로 상대방이 내게 인사로 볼 키스를 하려고 다가오면 자동으로 오른쪽 뺨을 내밀어야 한다고 한다. 곧 자세히 설명하겠지만, 이 조언은 지역에 따라 맞을 수도 있고 틀릴 수도 있다.

인사로 나누는 볼 키스는 한 번으로 끝나기보다 세밀한 체계에 따라 서로의 뺨에 번갈아서 여러 번 연이어 키스하는 경우가 많다. 그래서 자칫 동작이 엉킬 가능성이 매우 크다. 총 세 번에 걸쳐 볼에 키스하며 인사하는 관습이 있는 지역에서는 먼저 서로의 오른쪽 빰에 입을 맞추고, 왼쪽 빰에 입을 맞추고, 다시 오른쪽 빰에 한 번 더 입을 맞춘다. 따라서 처음에 방향이 잘못되면 머리를 부딪히고 당황해서 얼른 뒤로 물러나는 어색한 상황이 벌어져서, "일상화된 신기한 사회적 협응 행동"[22]과는 거리가 먼 광경이 펼쳐진다.

이런 종류의 키스에서 편측성을 연구하기란 상당히 복잡하리라는 것을 아마 충분히 예상할 수 있을 것이다. 특정 지역에서 양쪽 빰에 번갈아 입을 맞추는 관습이 있다면 어느 쪽이 더 중요할까? 처음 입 맞추는 쪽일까? 아니면 마지막으로 입 맞추는 쪽일까? 인사로 볼 키스를 총 세 번 나누는 것이 문화적 규범이라면 오른쪽, 왼쪽, 오른쪽 순으로 한다는 걸까? 그렇다면 오른쪽 빰에 입을 두 번 맞춘 것으로 계산해야 할까? 2015년에 아망딘 샤플랭Amandine Chapelain 연구진은 프랑스에서 매우 철저한 방식으로 이 복잡한 현상을 연구했다.[23] 자연 관찰 방식(공공장소에서 자연스럽게 일어나는 실제 입맞춤을 관찰하고 기록하는 방식)과 설문조사를 포함한 여러 방식을 조합해서 조사한 결과, 프랑스 대부분의 지역에서 다른 나라들처럼 우측 편향성이 나타났다.[24] 즉 인사로 나누는 볼 키스에서 처음 입을 맞추는 빰이 다른 나라들과 마찬가지로 오른쪽 빰부터 시작하는 경향이 있었다. 그러나 이 관습은 지역마다 크게 달랐다. 인사할 때 왼쪽 빰부터 입을 맞추는 "지역"(프랑스 내 특정 구역을 말한다) 사람들은 그 지역의 관습을 일관되게 지켰다. 정리하면, 대부분의 서구 사회에서 키스할 때 나타나는 우측 편향성은 사회적 압력과 지역 관습의 영향으로 조정되거나 심지어 반대로 바뀔 수도 있다.

프랑스에서 인사로 나누는 볼 키스의 편측성은 지역별로 비교적 일정한 경향성이 나타난다. 이런 인사가 혼란스러울 수밖에 없는 여행자들에게는 다행스러운 일이다. 여행자들을 위해 프랑스 특정 지역마다 보통 인사할 때 볼 키스를 몇 번씩 나누고 어느 쪽 뺨부터 입을 맞추면 되는지 알려주는 '콤비엥데비스(combien de bises, "입맞춤 횟수"라는 뜻)'라는 웹 사이트도 있다(combiendebises.com).

지금까지 다양한 키스를 살펴보면서 여러 가지 의문을 해소했지만, 한 가지 새로운 의문도 생겼다. 서구 지역에서 키스할 때 우측 편향성이 나타나는 이유는 무엇일까? 입 맞추는 상대에 따라 편향성이 달라지는 것을 보면, 단순히 인간이 몸을 돌리는 방향에서 나타나는 전반적인 편향성 때문만은 아니다. 연인 간의 키스는 우측으로 하는 경향이 있지만 가족끼리 나누는 입맞춤은 그렇지 않다. 주로 사용하는 손과 관련이 있을까? 그것도 분명 아니다. 모국어를 읽고 쓰는 방향은 키스 방향에 영향을 줄 가능성이 있다. 마찬가지로 프랑스 각 지역에서 인사로 나누는 볼 키스의 방향은 지역별 사회 관습과 사회적 압력에 따라 달라질 수 있다.

우리 연구진이 가족 간의 입맞춤 방향을 조사한 결과를 발표하자, 여러 언론에서 굉장히 재밌긴 해도 직관적으로 잘못 이해한 해석을 많이 내놓았다. 〈코스모폴리탄Cosmopolitan〉이나 〈맥심Maxim〉 같은 곳에서는 우측 편향성을 연인 간의 키스가 얼마나 로맨틱한지 평가하는 도구로 활용하려는 열의를 보였을 뿐만 아니라 심지어 커플의 운명이 어디로 흘러갈지 예측할 수 있는 지표로 여기기까지

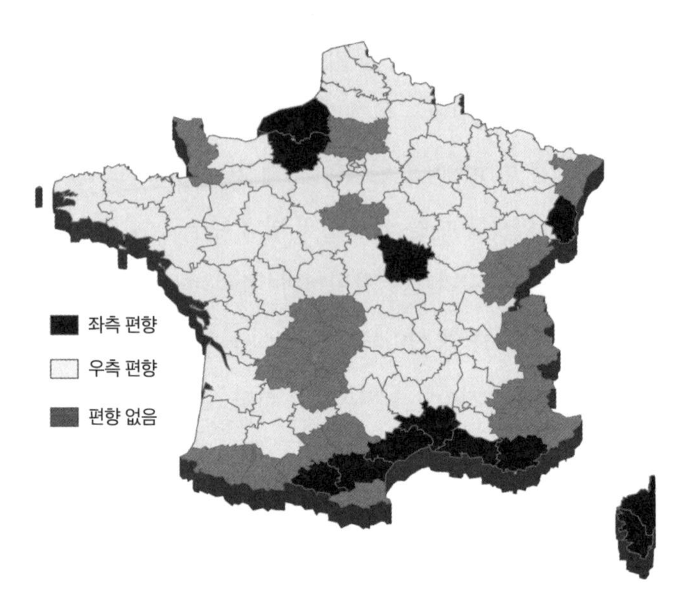

| 그림 15 | 프랑스에서 볼 키스하는 방향의 편향성을 관찰한 결과 대부분 우측 편향성이 있고(흰색) 남부의 소수 지역에서는(검은색) 왼쪽 편향성이 나타났다.

했다. 키스할 때 상대방이 고개를 오른쪽으로 돌린다면 걱정할 것 없고, 왼쪽으로 돌리면 자신을 연인보다 친구로 여길 가능성이 있다고 해석하는 식이었다! 이런 주장은 너그럽게 말하면 근거가 없고, 노골적으로 말하자면 완전히 틀린 소리다. 어떤 논리로 그렇게 추정하는지는 잘 알겠고 정말로 그런지를 어떤 방식으로 검증할 수 있는지도 머릿속에 다 그려지지만, 실제 연구로 결과가 확인되기 전까지 그렇게 추측하는 것은 지나치게 성급한 반응이다.

핵심 요약

매년 7월 6일은 국제 키스의 날이다. 이 뜻깊은 날을 어떻게 준비하면 좋을까? 내가 해줄 수 있는 실용적인 조언은 이렇다. 앞서 살펴보았듯이 고개를 오른쪽으로 기울이는 키스가 왼쪽으로 기울이는 키스보다 더 로맨틱하다고 여겨지는 경향이 있으므로, 연인과 키스할 때는 머리를 오른쪽으로 기울여라. 그러나 키스하는 두 사람의 모국어가 글을 오른쪽에서 왼쪽으로 읽고 쓰는 언어라면, 이 조언은 못 들은 걸로 해라. 프랑스나 그 밖에 인사의 의미로 볼 키스를 나누는 나라에 가게 된다면 무작정 덤비지 말고 각 지역의 올바른 볼 키스 방법을 찾아보자. 잘 모르면 최소한 상대방이 먼저 움직이도록 가만히 있어야 한다. 그래야 괜히 덤비다가 박치기하거나 상대방을 의도치 않게 들이박는 부적절한 사태가 벌어지지 않는다. 스웨덴 출신 배우 잉그리드 버그먼Ingrid Bergman은 이런 말을 한 적이 있다. "키스란 말이 필요 없어졌을 때 말을 멈추게 하려고 자연이 만들어낸 사랑스러운 속임수다."

5장

아기를 안는 방향의 편향성

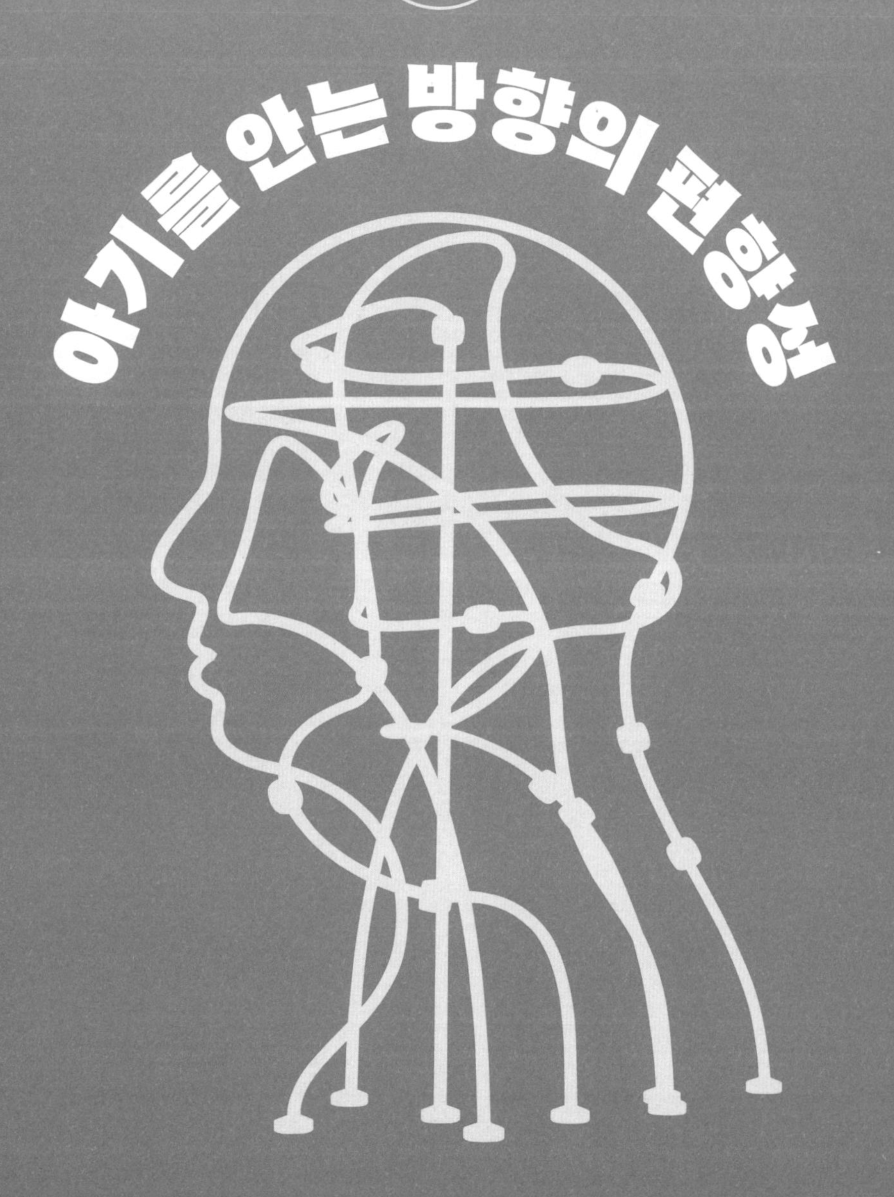

아기를 한쪽으로만 안아 드는 이유

사랑이 자라나는 곳은 어디인가.
가슴속? 아니면 머릿속?

윌리엄 셰익스피어William Shakespeare,
《베니스의 상인The Merchant of Venice》 3막 2장

아기를 안는 방향은 아마 이 책의 내용 중에서도 가장 역사가 깊은 편향성일 것이다. 아기를 주로 왼쪽으로 안는 이 오래된 경향성에는 몇 가지 흥미로운 점이 있다. 우리의 행동에서 나타나는 편측성은 많은 경우 다른 동물들에서는 나타나지 않는, 인간의 고유한 특징이다. 다른 동물들에게서 예술이나 자리 선택, 제스처, 정치, 소셜 미디어 등에서의 편향성이 드러나지 않는 건 어쩌면 당연한 일이다. 하지만 그보다 단순하고 뚜렷한 경우에서도 편향성이 드러나지 않는 경우가 많다. 주로 사용하는 손도 그렇다. 강아지도 악수할 때 주로 내미는 앞발이 있을 수 있고, 고양이도 할머니 집 선반 위 가보로 고이 모셔둔 꽃병을 밀어버릴 때 주로 사용하는 앞발이 있을 수 있다. 하지만 어떤 동물도 전체의 90퍼센트가 오른손잡이인 인간처럼 극단적인 편향성이 나타나지는 않는다. 고양이나 개의 행동

| 그림 16 | 성모 마리아가 아기 예수를 왼팔로 안고 있는 석상. 현대인도 대부분 아기를 안을 때 이와 같은 편향성이 나타난다.

에서 나타나는 편향성은 개체 단위에서도 비교적 약한 수준이고 종 또는 품종 전체 단위로 보면 더더욱 약하다.

하지만 아기를 안는 방향은 예외다. 가까운 동물원에 가서 잘 살펴보라. 원숭이, 침팬지, 그 외에 많은 동물이 새끼를 왼쪽으로 안는 모습을 분명하게 볼 수 있다. 이처럼 종의 경계를 넘어 공통적으로 나타나는 행동은 과학자들에게 큰 흥미를 자아낸다. '적응 행동'일 가능성, 즉 그 행동이 동물의 생존과 번식에 유리하게 작용한 특별한 이유가 있을 수도 있기 때문이다. 인류가 처음 지구에 나타나 세상을 온통 엉망으로 만들기 전, 이미 수십만 년 먼저 지구를 어슬렁대며 돌아다니던 동물들에게도 인간과 똑같이 새끼를 왼쪽으로 안는 편향성이 있었다(그림 16에 왼쪽으로 안는 편향성의 사례가 나와 있다). 이 편향성은 그만큼 오랜 현상이다.

아기 안는 방향의 편향성에 관한 연구도 그만큼 역사가 매우 깊다. 플라톤의 저서 《법률Laws》이 이 현상을 최초로 기록한 자료라는 견해도 있는데,[1] 플라톤은 주로 사용하는 손에 관한 설명 중에 아기 안는 방향에서 나타나는 편향성을 언급한다. 책의 다른 내용들로 짐작할 때, 플라톤은 아이가 커서 한쪽 손을 주로 사용하게 되는 것은 "유모와 엄마가 어리석은" 탓으로 여겼다고 해석할 수 있다. 아기 안는 방향의 편향성은 그러한 주장의 예시로 나온다(즉 "어리석음"을 보여주는 예시로).[2,3] 플라톤은 유모가 아기를 "신전, 시골, 친척 집에 데리고 다녀야" 하며 "아기가 아주 어릴 때는 유모의 몸에 기대는 자세로 인해 아기의 팔다리가 비틀리지 않도록 주의해야 한다"는 의견을 제시했다.[4] 내 개인적인 생각으로는, 아기 안는 방향의 편향성을 최초로 기술한 사람은 플라톤이 아니다.

이 편향성을 더 명확히 밝힌 다른 오랜 기록들이 있다. 예를 들어 네덜란드에서 일반의이자 외과 의사로 활동한 펠릭스 부르츠Felix Würtz의 저서 《어린이에 관한 책The Children's Book》(1656)에는 아이를 항상 한쪽으로만 안는 것은 "힘든 일이며 아이에게도 해가 될 수 있다"는 설명이 나온다.[5] 유럽의 또 다른 외과 의사도 아기가 나중에 한쪽 손을 주로 사용하게 되는 것은 유모와 엄마가 아기를 한쪽으로만 안기 때문이라고 주장하며 그들의 "잘못"이라고 비난했다. 니콜라 안드리Nicolas Andry라는 이 프랑스 의사는 1741년에 나온 저서 《정형외과학L'Orthopédie》에서 아이가 왼손잡이가 되는 것은 "유모 때문인 경우가 많다"고 하면서 다음과 같이 덧붙였다. "일부 유모는 아기를 항상 왼팔로 안는데, 그렇게 안으면 (아기는) 왼손이 자유로워서 모든 일에 왼손을 사용하게 되고, 그 결과 왼손이 더 강해지고 오른손은 약해진다."[6] 철학자 장 자크 루소Jean-Jacques Rousseau(1762)[7], 조지프 콩테Joseph Comte(1828) 등 18세기와 19세기에 활동한 다른 학자들도 사람들이 아기를 안는 행동이 편향되는 현상에 주목하고 아기가 주로 사용하게 되는 손에 영향을 줄 수 있다고 꾸짖었다. 그러나 아기 안는 행동에서 나타나는 편향성에 관한 본격적인 연구가 시작되어 수십 년간 이어진 것은 지금으로부터 50여 년 전, 아동 심리학자인 리 소크Lee Salk가 뉴욕시 센트럴파크 동물원에 다녀온 이후부터였다.

소크는 붉은털원숭이가 갓 태어난 새끼를 안고 있는 모습을 보다가, 새끼를 왼쪽으로 안는 "뚜렷한 경향"이 있음을 알아챘다. 이후 몇 주에 걸쳐 추가 관찰을 진행한 그는 어미가 새끼를 왼쪽으로 안는 횟수는 39회고 오른쪽으로 안는 건 단 두 번임을 확인했다(왼쪽 편향성이 95퍼센트). 흥미를 느낀 소크는 사람에게도 이 같은 편향성이 있는지 궁금했다. 그래서 엄마들이 "실제 상황에서" 아기를 어떻게 안는지 관찰하는 대신 한 가지 실험을 고안했다. 대상은 가까운 지역 병원의 산부인과에서 출산한 지 4일 이내인 산모들로 정했다.[8] 이들이 낳은 아기를 소크가 직접 양손으로 안고 엄마의 몸 정중앙을 향해 내밀었을 때 엄마가 아기를 받아서 안는 방향을 기록한 것이다. 그 결과 오른손잡이인 엄마의 83퍼센트가 아기를 왼쪽으로 안았다. 왼손잡이인 엄마들도 아기를 왼쪽으로 안는 경우가 많았으나 오른손잡이인 엄마들보다는 편향성이 조금 약했다(78퍼센트).

소크가 엄마들에게 왜 아기를 왼쪽으로 안느냐고 묻자, 주로 사용하는 손에 따라 다양한 대답이 돌아왔다. 왼손잡이인 엄마들은 "제가 왼손잡이라 왼팔로 안기가 더 편해서요"라고 했고 오른손잡이인 엄마들은 "제가 오른손잡이라 아기를 왼팔에 안으면 오른손으로 다른 일들을 할 수 있어요"라고 답했다.[9] 소크는 각기 다른 이유로 같은 행동을 보인다는 결론을 내리는 것으로 끝내지 않고, 엄마들의 이러한 설명은 행동을 합리화하기 위한 자동 반응이며 아기 안는 방향의 편향성은 엄마가 어느 쪽 손을 주로 사용하는지와는 무관한 현상이라고 보았다. 다른 연구들에서도 그의 생각을 대체로 뒷받침하는 결과가 나왔다. 엄마가 주로 사용하는 손은 아기 안는 방향의 편향성과는 무관하거나 영향이 있더라도 미미하다. 이 내용은 이번 장 뒷부분에서 다시 설명하겠다.

소크는 이어 회화나 조각 작품에서 엄마가 아이를 안은 모습이 어떻게 묘사되는지 조사하기 시작했다. 성모 마리아와 어린 예수를 그린 르네상스 시대 회화 작품부터 엄마와 아이의 모습을 묘사한 입체 조각상까지 466점의 예술품을 관찰한 결과, 예술품의 유형이나 주제와 상관없이 전체의 80퍼센트에서 엄마가 아이를 왼쪽으로 안은 것으로 나타났다.[10] 현대의 엄마들이 실제로 아기를 안을 때

| 그림 17 | 마야 여성이 아기를 왼쪽으로 안고 있는 조각상.

나타나는 편향성의 비율과 거의 비슷하다. 초기 기독교 예술, 인상주의 작품들, 후기 인상파 회화에서도 이처럼 아기를 왼쪽으로 안는 편향성이 뚜렷하게 나타난다.[11] 그러나 남성이 아기를 안은 모습이 담긴 작품에서는 그러한 편향성이 약하거나 아예 없다. 콜럼버스가 미대륙을 발견하기 전 아메리카 대륙에서 만들어진 예술품을 조사한 연구에서[12] 기원전 300년이라는 먼 옛날의 예술품에서도 아기를 왼쪽으로 안는 편향성이 나타났다(그림 17 참고).

이쯤 되면 정말 궁금해진다. 왜 이런 편향성이 나타날까? 소크도 첫 연구에서 이 의문을 해소해 보려고 했지만, 그가 얻은 결과는 이유를 밝히기에는 충분치 않았다. 소크의 첫 논문이 나온 후 50건이 넘는 후속 연구들이 이어졌고 아기를 왼쪽으로 안는 편향성이 나타난다는 사실이 계속해서 확인됐다.[13] 산부인과 병동, 공원, 예술 작품은 물론 가정에서도, 심지어 인스타그램 게시물에서도 볼 수 있는 현상이다. 새로운 연구들이 이어지면서 새로운 의문도 나왔다. 아이를 왼쪽으로 안는 경향성은 아이가 어릴수록 강하게 나타나고 아이가 서너 살이 되면 아예 사라지거나 오히려 반대로 바뀌는 것으로 밝혀졌다. 아이를 안는 사람이 남성이든 여성이든 모두 이런 편향성을 보이며 여성에게서 더 강하게 나타난다는 것, 마다가스카르 등 아기를 왼쪽으로 안는 편향성이 나타나지 않는 곳도 있으나 아메리카 대륙, 유럽, 아프리카, 중국을 포함한 전 세계 거의 어디에서나 나타나는 현상이라는 사실도 밝혀졌다.[14] 따라서 아기 안는 방향에 이런 다양성이 나타나는 이유도 함께 설명할 수 있어야 정확한 설명이 될 수 있을 것이다.

아기를 왼쪽으로 안는 편향성이 나타나는 이유에 관해 지금까지 나온 설명 중에 가장 명확한 내용부터 살펴보자. 이번 장 서두에 나온 윌리엄 셰익스피어의 글과도 관련이 있다. "사랑이 자라나는 곳은 어디인가, 가슴속? 아니면 머릿속?"은 《베니스의 상인》에서 주인공 포르티아Portia의 하녀 중 하나가 부르는 노래의 가사로, 현대 심리학자들이 '심장 중심 가설'이라고 부르는 이론과 일치한다. 지성과 감정은 뇌가 아니라 심장에서 생긴다는 이 심장 중심 이론은 아리스토텔레스도 지지했다고 널리 인정(또는 비난)받는다. 하지만 아리스토텔레스가 심장에 혈액을 뿜어내는 기능과 무관한 더 고도의 기능이 있다는 사실을 최초로 혹은 확실하게 밝힌 건 아니었다.[15]

그는 사람이 죽으면 몸이 차갑게 식는 이유는 심장이 몸에서 나는 열의 근원이기 때문이며, 뇌는 반대로 몸을 차갑게 만든다고 주장했다. 엠페도클레스Empedocles를 비롯해 아리스토텔레스와 동시대를 살았던 많은 이들이 이 심장 중심 가설을 지지했다. 그러나 플라톤, 데모크리토스Democritus, 나중에는 갈레노스Galen도 "사랑이 자라나는 곳"이자 지성과 감정을 통제하는 중추는 뇌라고 주장했다.[16]

심장 중심 가설은 이미 수 세기 전에 힘을 잃었으나 그 영향은 지금까지도 남아서 우리가 쓰는 일상적인 언어나 상징, 특히 감정 표현에서 지배적인 힘을 발휘하고 있다. 우리는 연인에게 "내 심장을 다 바쳐서 사랑해"라고 이야기하고 자신에게 친절을 베풀거나 선물을 준 사람에게는 "진심으로 고맙습니다"라고 인사한다. 연인과 헤어진 후 느끼는 절망은 "상심"이라고 표현하고 감정이 없는 것처럼 행동하는 사람을 보면 "심장이 돌처럼 굳은 것 같다"고 한다. 개인적으로 큰 의미가 있는 말을 할 때는 "심장에서 우러난 말"이라고 한다. 감정 표현뿐만이 아니다. 우리는 어떤 노래나 셰익스피어 희곡의 유명한 대사가 너무 좋은 나머지 달달 외우게 되면 "심장으로 배웠다"고 이야기한다. 게다가 심장의 형태는 사랑과 애정을 나타내는 상징으로 쓰인다. 뇌가 그려진 밸런타인데이 카드를 본 적이 있는가?

다시 리 소크가 1950년대 말 뉴욕에서 했던 연구로 돌아가 보자. 소크도 위와 같은 차이, 즉 과학계는 인간의 감정과 관련된 기능을 당연히 뇌가 담당한다고 여기는데(특히 당시에는 시상하부가 주인공이었다) 사람들이 일상적으로 쓰는 감정 표현에서는 심장이 핵심인 것을 의아하게 여겼다. 무엇보다 소크는 "심장에 가깝다(close to heart)"는 영어 표현에 소중하다는 의미가 있는 것은 그저 비유가 아니라 사람과 원숭이에서 똑같이 나타나는, 아기 안는 방향의 편향성 같은 특정한 행동의 기반일 수도 있다고 보았다.

아주 희귀한 역위증(좌우바뀜증)이 있는 사람이 아닌 이상(그림 18 참고)[17] 인간의 심장은 보통 몸 왼쪽에 있다. 따라서 아기를 왼쪽으로 안으면 위의 표현 그대로 아기가 엄마 "심장 가까이"에 오게 된다. 아기는 엄마 자궁 속에서 지내는 내내 엄마의 심장 소리를 들으면서 자라므로, 소크는 일반적으로 아이들은 심장 소리를 들으면

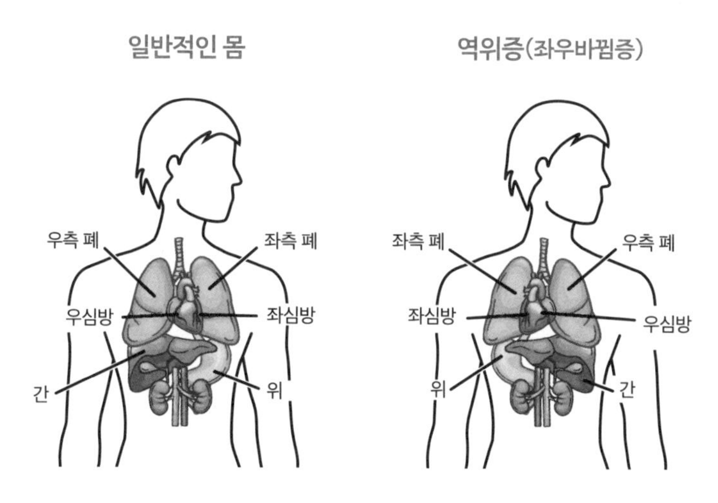

| 그림 18 | 역위증이라는 희귀한 질환(1만 명당 한 명꼴)은 체내 장기가 일반적인 대칭 구도와는 반대의 구도로 자리하며 심장도 오른쪽에 있다. 이례적인 질환이지만 대부분 평생 아무 문제 없이 살아간다.

안전하고 스트레스가 덜한 환경으로 느낀다고 주장했다. 갓 태어난 아기를 심장 가까이에 안으면 아기를 안심시키고 달래는 데 도움이 된다는 의미였다. 소크는 이 생각을 다양한 버전으로 주장했는데, 다음과 같이 아주 대담하고 광범위한 내용도 있다. "원시 부족 대부분이 사용한 북소리, 모차르트와 베토벤의 교향곡에도 인간의 심장 리듬과 비슷한 부분이 있다."[18]

엄마의 심장 박동이 아이 안는 방향에서 나타나는 편향성의 이유라는 주장은 직관적으로 이해하기는 쉬워도 근거는 약하다. 심장이 왼쪽이 아닌 오른쪽에 있는 우심증 여성도 아이를 왼쪽으로 안는다.[19] 게다가 "심장이 올바른 위치에 있는" 엄마들이 아기가 심장 박동을 가장 또렷하게 들을 수 있는 위치에 오도록 안지는 않는다. 소크는 심장 뛰는 소리가 아기를 달래는 효과에 관한 놀라운 주장을 제기하는 등 아기 안는 방향의 편향성에 관한 여러 초기 연구를 수행했지만, 그의 연구에서 나온 결과들은 재현성이 없었다.[20]

심장 박동 이론을 시험해 볼 수 있는 아주 간단한 방법도 있다. 사람들이 아기가 아닌 다른 것은 어떤 방식으로 안거나 드는지 확인하는 것이다. 예를 들어 상점에서 물건을 사고 크기와 형태가 아기와 비슷한 꾸러미를 받아 들 때는 어떨까? 서던캘리포니아대학교의 I. 하이먼 웨일랜드I. Hyman Weiland는 "아기만 한" 꾸러미를 들고 건물 출입구의 자동문으로 나오는(문을 열기 위해 손을 비우지 않아도 되는 상황) 쇼핑객들을 관찰했다. 438명의 성인 쇼핑객을 관찰한 결과, 정확히 절반이 꾸러미를 몸 왼쪽으로 안았고 나머지 절반은 오른쪽으로 안았다.[21] 대학생 수백 명을 대상으로 꽃병이나 책 한 권 또는 그 책을 종이봉투에 담은 것, 가루 설탕이 가득 담긴 상자를 들고 갈 때 어떻게 들지 상상해서 답하도록 한 연구에서도 이와 비슷하게 어느 쪽으로도 편측성이 나타나지 않았다.[22]

왼쪽으로 안는 편향성은 꼭 아기가 아니라도 유발될 수 있는 것으로 확인됐다. 인형을 안을 때도 같은 경향이 나타난 것이다. 진짜 인형을 안는 실험이 아니라 인형을 안는다고 상상만 하는 경우에도 같은 결과가 나왔다. 대학생들에게 아기나 인형을 어떻게 안을지 상상해서 답하도록 한 조사의 응답 결과에서도 왼쪽으로 안을 것이라는 경향이 나타난다.[23] 성인 여성 여러 명에게 베개를 가슴에 꼭 껴안아 보라고 하면 어느 쪽으로도 편측성이 나타나지 않지만, 같은 여성들에게 베개를 "위험에 처한 아기"라고 상상하도록 하면 왼쪽으로 안는 편향성이 나타난다.[24]

최근 들어 반려동물을 '털 달린 아기furbaby'라고 표현하거나 (영어에서는 #furbaby라는 해시태그도 쓰인다) 자신을 반려동물의 '부모'라고 칭하는 사람들이 많다. 이들에게 털 달린 아기라는 표현은 단순히 반려동물의 동의어가 아니다. 반려동물의 부모를 자처하는 사람들은 자녀가 없고 여러 면에서 동물을 진짜 자식처럼 대하는 경향이 있다. 베개를 아기라고 상상해 보라고만 해도 왼쪽으로 안는 편향성이 나타난다면 이들이 반려동물을 안을 때는 어떨까? "진짜" 아기를 안을 때와 같은 편향성이 나타날까? 물론이다! 반려견을 키우는 유명 인사와 "일반인"이 반려견을 안고 있는 사진을 찾아서 조

| 그림 19 | 슈퍼모델 미란다 커Miranda Kerr가 로스앤젤레스 공항에서 반려동물을 몸 왼쪽에 안고 있는 모습.

사한 결과, 여성 견주 62퍼센트가 자신이 키우는 개를 왼쪽으로 안았다.[25] 우리 연구진도 부모가 자녀를 안고 있는 사진과 반려동물을 안고 있는 일반인(유명 인사가 아닌) 사진을 1,000장 이상 분석하여 유명 인사들뿐만 아니라 일반인들도 반려동물을 왼쪽으로 안는 경향이 있음을 확인했다.

지금까지는 아기 안는 방향의 편향성이 누구에게나 적용되고 시간이 흘러도 계속 유지되는 특성인 것처럼 설명했지만, 실제로는 그렇지 않다. 아기를 늘 오른쪽으로만 안거나(또는 왼쪽으로만 안지는 않거나) 왼쪽으로만 안는 사람도 시간이 지나 아이가 자라면 대체로 그러한 편향성에 변화가 생긴다. 왼쪽으로 안는 편향성은 아이가 신생아이거나 아주 어릴 때 가장 두드러지고[26] 아이가 자라서 몸집이 더 커지고 무거워지면 그런 경향이 줄어들거나 반대로 바뀐다.[27] 신생아와 서너 살짜리 아이는 안는 방식에 영향을 줄 수 있는 여러 차이점이 있으므로, 이런 변화가 일어나는 이유를 해석하기는 쉽지 않다. 신생아는 작고, 가볍고, 연약하며 힘도 약하다. 목도 반드시 받쳐줘야 한다. 반면에 서너 살짜리 아이는 몸무게가 신생아의 4배에서 6배에 이르므로 부모가 아이를 계속 안고 있으려면 피로감 때문에라도 팔을 수시로 바꿔야 한다.

아기를 안는 방향에서 나타나는 편향성의 강도와 방향에 영향을 주는 다른 요소들도 있다. 엄마가 병이 있거나 아이가 조산아로 태어나서, 출산 후 아기와 떨어져 지낸 엄마들은 출산 과정이 비교적 수월했던(과연 출산을 수월하다고 할 수 있는지는 모르겠지만) 엄마들보다 아이를 왼쪽으로 안는 편향성이 덜하다.[28] 아기를 안는 방향에 따라 출산 후 엄마의 경험에서도 질적으로 몇 가지 흥미로운 차이가 나타난다. 갓 태어난 아기를 왼쪽으로 안는 엄마들은 아기에게 더 깊은 "친밀감"을 느낀다고 이야기하며[29] 출산 전에 아기를 맞이할 준비를 더 철저히 하는 것으로 나타났다.[30]

이런 결과들을 보면 아기를 오른쪽으로 안는 엄마들은 출산을 힘겨워하는 듯한 인상을 받게 되는데, 실제로도 그렇다는 증거가 많다. 예를 들어 산후 우울증은 아기를 오른쪽으로 안는 행동과 관련이 있다.[31] 우울증 평가법 중에는 21개의 짧은 문항으로 기분, 수면 습관, 식습관 변화 등 우울감을 대하는 태도와 우울증 증상을 확인하는 벡 우울 척도BDI, Beck Depression Inventory라는 것이 있다.[32] 심리학자인 로빈 웨더릴Robin Weatherill은 자녀가 있는 여성 중 우울증 고위험군 177명을 이 척도로 평가했다.[33] 이 연구에서 평가한 여성의 절반은 연인이나 배우자에게 가정 폭력을 당한 경험이 있었다. 평가 결과 우울증이 없는 엄마들은 아이를 왼쪽으로 안는 강한 편향성을 보였고, 우울증 고위험군인 엄마들은 그러한 편향성이 없거나 심지어 오른쪽으로 안는 경향이 조금 더 강했다. 이런 결과를 보면 당연히 "닭이 먼저냐, 달걀이 먼저냐"는 의문이 생긴다. 피터 드 샤토Peter de Château 연구진은 아기를 왼쪽으로 안는 엄마들이 아이에게 느끼는 "친밀감"이 더 크다고 밝혔는데,[34] 이 감정이 우울증으로 이어질 수도 있고 반대로 우울증이 아기를 안는 방향에 영향을 줄 가능성도 있다.

우울증이 있는 여성들에서 아기를 왼쪽으로 안는 편향성이 나타나지 않는 것은 이전부터 알려진 우울증의 병인론과도 잘 맞아떨어진다. 일반적으로 우울증이 있는 사람은 우반구의 전체적인 활성이 떨어진다.[35] 우반구로 유입되는 시각 자극에 대한 지각 반응, 우반구로 유입되는 정서적인 내용에 대한 반응성이 감소하고 우반구에 발생하는 긍정적인 정서 자극에도 반응이 떨어지는 등 우반구에 기능 이상이 나타난다. 아기를 왼쪽으로 안는 편향성이 나타나지 않는 것과도 일치하는 변화다.

자폐 스펙트럼 장애가 있는 사람들도 아기를 안는 방향에 편향성이 없는 것으로 보인다. 이 장애가 있는 아이들은 사람들과 친해지지 못하는 경우가 많고, 남들과 정서적 관계를 맺는 방식이 신경학적으로 전형적인 아이들과 차이가 있다. 최근에 한 연구진은 자폐 스펙트럼 장애가 있는 어린이 20명과 신경학적으로 전형적인 어린이 20명이 "상황극 놀이"를 하는 방식을 비교했다.[36] 연구진은 모든 아이에게 인형을 하나 주고('수지'라는 이름이 있는 인형) "수지를 재울 때 어떻게 안아줄 것 같아?"라고 물었을 때 아이들이 인형을 안는 방향을 기록했다. 신경학적으로 전형적인 어린이의 90퍼센트는 예상대로 인형을 왼쪽으로 안는 편향성이 나타났으나 자폐 스펙트럼 장애가 있는 아이들은 그러한 경향성 없이 절반은 왼쪽으로, 나머지 절반은 오른쪽으로 인형을 안았다.

아기를 왼쪽으로 안는 편향성은 개개인이 주로 사용하는 손이나 문화, 인종과는 무관하게 나타나는 현상인 것 같다. 그런데 아이의 인종이 자신과 다르다면 어떨까? 이탈리아의 한 연구진은 아주 영리하면서도 당황스러운 연구를 설계했다. 백인 여성들에게 백인 인형과 흑인 인형을 안아보도록 하고 흑인에게 느끼는 편견을 평가한 것이다.[37] 그 결과, 흑인에 대한 편견이 심한 사람일수록 인형을 왼쪽으로 안는 일반적인 편향성이 약하게 나타났고 인종 편견이 덜한 사람들은 인형을 왼쪽으로 안는 편향성이 더 강하게 나타났다. 이 모든 결과를 종합하면, 아기를 왼쪽으로 안는 것은 아기와 부모 사이에 형성된 애착과 긍정적인 관계의 수준을 알 수 있는 자연적인 지표임을 알 수 있다.

대다수가 실제 아기, 상상 속 아기, 심지어 "털 달린 아기"까지 왼쪽으로 안는 경향이 있다면, 인간이 아닌 다른 동물들은 어떨까? 동물들이 새끼를 돌보는 행동에서도 이와 같은 편향성이 나타날까? 리 소크가 50여 년 전에 시작한 유명한 연구에서 뉴욕시 센트럴파크 동물원의 붉은털원숭이는 새끼를 안을 때 왼쪽으로 안는 횟수가 전체 횟수의 95퍼센트였다. 이는 동물원에 붙잡힌 원숭이 한 마리를 관찰한 결과였고, 이후 야생 환경과 포획된 환경에서 다양한 동물을 대상으로 새끼를 안는 방향의 경향성을 조사한 여러 후속 연구에서 소크가 얻은 것과 일치하는 결과가 나왔다.

새끼를 왼쪽으로 안는 경향성이 가장 강하게 나타나는 동물은 침팬지로 추정된다. 침팬지가 새끼를 왼쪽으로 안는 횟수는 전체 횟수 중 평균 약 75퍼센트다.[38] 고릴라도 그와 거의 비슷하고 (74%). 긴팔원숭이와 오랑우탄, 개코원숭이는 이런 경향성이 약하거나 아예 나타나지 않는다. 원숭이를 대상으로 한 연구는 전체적으로 결과가 천차만별이다. 소크는 포획되어 동물원에서 사는 원숭이 한 마리를 관찰한 결과 새끼를 왼쪽으로 안는 편향성이 강하게 나타났다고 보고했고, 이후에 실시된 일부 후속 연구들에서도 새끼를 안거나[39] 엄마가 놀라서 새끼를 들어 올릴 때[40] 왼쪽으로 안는 편향성이 있는 것으로 나타났다. 원숭이 개체별로는 그런 특징이 있어도 집단적으로 일정한 동향이 관찰되지는 않았다는 연구 결과도 있다.[41] 후속 연구로 나온 결과 중에 소크의 연구만큼 강한 편향성이 확인된 사례는 없었다. 그러나 인간을 포함한 유인원은 전반

| 그림 20 | 침팬지 암컷은 새끼를 안는 전체 횟수의 75퍼센트를 왼쪽으로 안는다. 인간과 거의 비슷한 수준이다.

적으로 새끼를 왼쪽으로 안는 것으로 보인다.

털이 보송보송하고 서로를 귀엽게 꼭 껴안는 동물들만 새끼를 왼쪽으로 안는 건 아니다. 과일박쥐(그림 21 참고) 같은 동물에서도 어미가 새끼를 왼쪽으로 안는 편향성이 강하게 나타난다. 새끼 박쥐는 젖을 먹을 때나 먹지 않을 때나 하루 대부분을 엄마의 왼쪽 젖꼭지에 붙어 있다. 인간과 마찬가지로, 박쥐도 새끼가 어미 왼쪽에 안겨 있으면 서로가 자신의 왼쪽 시야에 있으므로 우반구의 활성이 촉진된다.

다른 동물들은 어떨까? 다른 동물도 암컷이 자기 새끼를 안을 때 이런 왼쪽 편향성이 나타날까? 새끼를 안지 않는 동물들은? 야생마는 이례적인 예다. 최근에 실시된 몇몇 연구에서, 가축화된 말

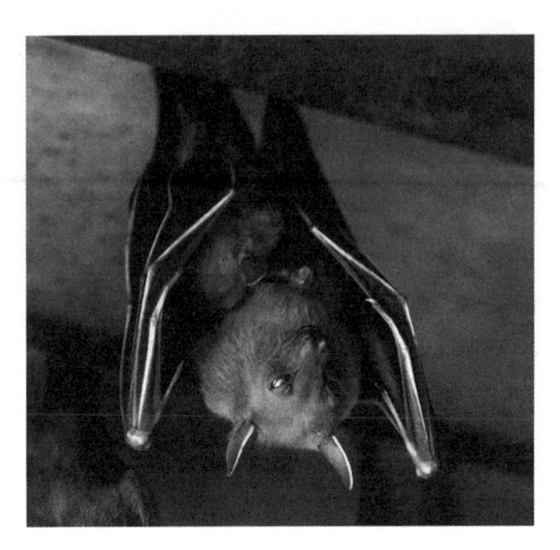

| 그림 21 | 인도 날여우박쥐 새끼가 엄마의 왼쪽 젖꼭지 쪽에 붙어 있는 모습.

은 암컷과 그 새끼의 행동에서 편측성이 강하게 나타나는 것으로 밝혀졌다. 암말과 망아지가 서로 떨어져 있다가 다시 만나면, 망아지는 자신의 왼쪽 시야 안에 어미가 들어오도록 하려는 경향이 강하게 나타난다. 암말도 새끼를 자기 왼쪽 시야 안에 두려고 하는데, 암말의 경우 위험한 상황을 감지하고 달아나야 하는 경우에만 이런 경향이 나타난다.[42] 즉 특정한 상황에서 우뇌가 통제하는 왼쪽 시야 안에 새끼를 두려고 하는 것이다. 말의 우반구는 유대감 형성 등 말의 다양한 사회적 행동에 핵심적인 역할을 한다. 또한 공간 정보를 처리하고 자신의 위치와 사물의 위치, 물체와 자신의 상대적인 위치 인식에도 중요한 기능을 한다. 그러므로 새끼의 위치를 계속 추적하려면 우반구를 적극 활용하는 것이 가장 이상적인 방법이다!

하지만 모든 동물이 새끼를 왼쪽으로 안는 건 아니다. 왼쪽으로 안는 편향성은 영장류 대부분과 일부 박쥐, 말, 남방긴수염고래, 순록에서 나타나는 특징이다. 바다코끼리는 개체군 전체로 보면 새끼를 왼쪽으로 안는 것처럼 보이지만 실제로는 안는 방향에 편향성이 없다. 영양, 벨루가, 동부회색캥거루, 사향소도 마찬가지다. 아르갈리, 붉은캥거루 등 오히려 새끼를 오른쪽으로 안는 편향성이 나타나는 동물들도 있다.[43,44,45,46]

이번 장에서 살펴본 다양한 연구 결과를 통해, 아기나 새끼를 왼쪽으로 안는 편향성이 개개인의 문화적 배경은 물론 종의 경계를 넘어서 나타나는 현상이라는 사실이 잘 전달되었기를 바란다. 더욱 놀라운 사실은 이것이 학습되는 행동은 아닌 듯하다는 것이다. 태어나 평생 아기를 한 번도 안아본 적이 없는 남자 청소년도 갓 태어난 아기를 안을 때 왼쪽으로 안을 확률이 높다. 왜 그런지는 큰 수수께끼로 남아 있다. 소크는 엄마가 아기를 자기 심장과 가까운 쪽에 안으려고 하기 때문이라는 이론을 처음 제시했다. 이 설명은 단순해서 더 솔깃하게 들린다. 하지만 그가 동물원에서 이 편향성을 관찰했던 최초의 연구 이후, 50건이 넘는 후속 연구들로 축적된 결과들은 그 이론을 별로 뒷받침하지 않는다.

아기를 왼쪽으로 안으면 부모와 아기 사이에 친밀감과 애착이 더 커질 가능성도 있다. 부모가 아기를 왼쪽 공간, 즉 자신의 왼쪽 시야에 두면 아기를 돌볼 때 필요한 우반구의 기능이 더 많이 활성화될 수 있다. 6장에서 설명하겠지만 몸이 왼쪽을 향하는 자세일 때 오른쪽을 향한 자세일 때보다 감정이 더 풍부하게 발휘된다. 이 가능성에 관한 연구들 상당수에서 심장 박동 이론을 조사한 연구보다 더 확실한 결과가 나왔다. 암말이 새끼를 보호할 때 특히 위협을 느끼는 상황일 때 자기 왼쪽에 새끼를 두려는 이유, 우울증이 있는 엄마들은 아기를 왼쪽으로 안는 경향성이 약한 이유, 그리고 자폐 스펙트럼 장애로 아기와의 신체 접촉을 통해 느끼는 친근감과 애정이 덜할 수 있는 사람들도 아기를 왼쪽으로 안을 가능성이 적은 이유도 이 가설로 더 정확하게 설명할 수 있다.

핵심 요약

사람과 동물들이 아기나 새끼를 안는 행동의 패턴을 살펴보면, 이 편향성이 인간만의 고유한 특징이 아님을 알 수 있다. 다른 영장류와 포유동물에서도 이러한 특성이 광범위하게 나타나며, 지각과 정서적인 측면에서 어미와 새끼 모두에게 유익한 점이 있기 때문으로 추정된다. 아기는 어떻게 안아야 할까? 보통은 왼쪽이다.

6장

사진 포즈의 편향성

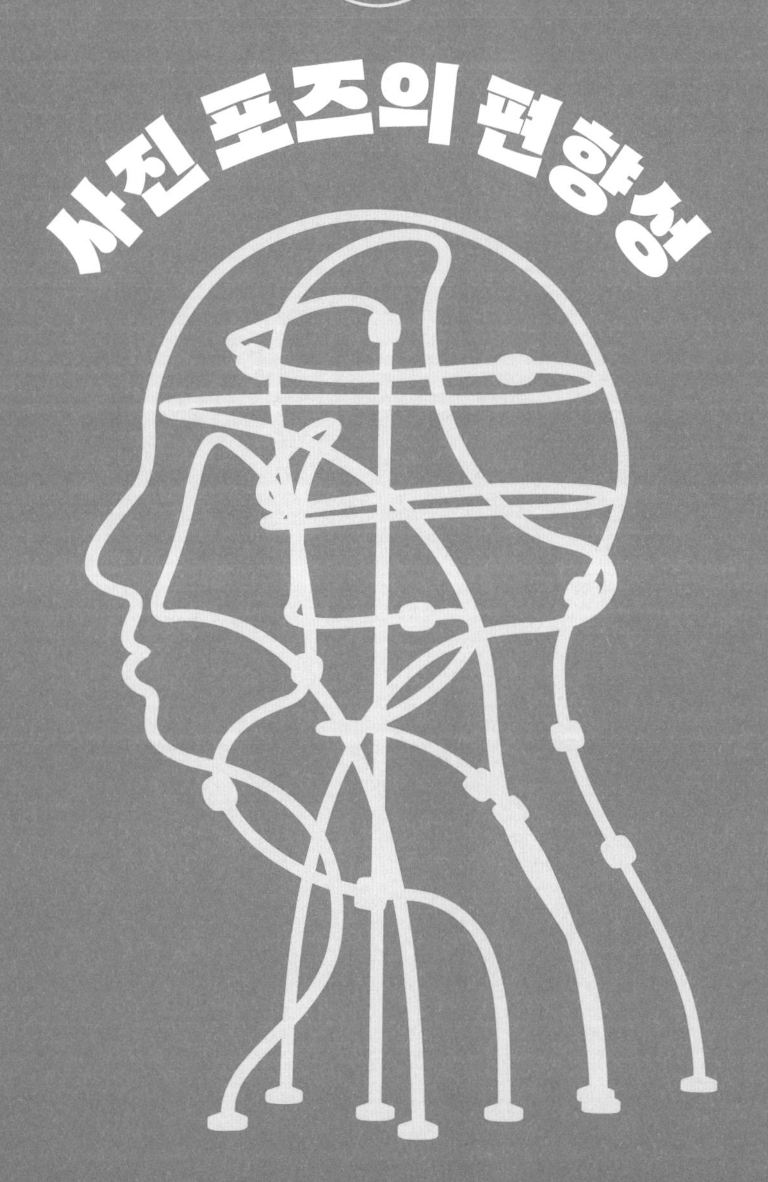

왜 매번 똑같은 방향으로 찍을까?

사람의 얼굴을 정확하게 보는 건 누구일까?
사진작가? 거울? 화가?

파블로 피카소Pablo Picasso

"상태가 여권 사진과 비슷해지기 시작했다면 집에 갈 때가 된 것이다"라는 해묵은 농담이 있다.[1] 시간이 흐르면서 뒷부분은 "여행 갈 때가 된 것이다" 또는 "여행을 지겹도록 한 것이다" 등으로 다양하게 변형되기도 했다. 결국 여권 사진이 그만큼 끔찍하다는 의미다. 여권 사진이 최악이라는 사실은 만국공통일 것이다. 모자든 안경이든 아무튼 얼굴을 가릴 수 있는 건 다 벗어두고, 미소 한 점 없이, 카메라를 정면으로 응시한 채 찰칵! 찍혀야 한다. 그리고 그 결과물을 우리는 몇 년씩 갖고 다녀야 한다. 운전면허증 사진이나 회사 출입증에 들어가는 사진들도 비슷하다. 카메라를 똑바로 응시하는 인물 사진은 전혀 매력적이지 않다.

페이스북 프로필 사진이나 데이트 상대를 찾는 애플리케이션에 프로필로 등록된 사진들은 대부분 카메라를 정면으로 똑바로 보고 찍은 사진이 아니다. 우리는 사진을 찍을 때 대부분 몸을 한쪽으로 돌린다. 사진 촬영에 익숙한 유명 인사들은 몸을 측면으로 돌리는 포즈를 다소 과장되게 취할 때가 많다. 유튜브에서 최근 열린 시상식의 영상을 아무거나 찾아 레드카펫 입장 장면을 틀어보기만 해도 알 수 있다. 얼굴을 측면으로 돌린 채 포즈를 잡는 사람들의 모습이 인위적으로 태운 가무잡잡한 피부나 인위적인 미소만큼이나 두드러진다.

이 책에서 다루는 인간의 다른 여러 편향된 행동들과 마찬가지로, 사진 찍는 포즈 역시 오른쪽과 왼쪽의 비율이 같지 않다. 포즈의 방향이 무작위라면, 카메라를 정면으로 응시하지 않은 셀피와 프로필 사진의 절반은 오른쪽 뺨을 더 앞으로 내민 것이고 나머지 절반은 왼쪽 뺨을 더 앞으로 내민 사진일 것이다. 하지만 실제로는 그렇지 않다. 사람의 얼굴이 나온 사진과 그림에서는 대부분 왼쪽 뺨이 더 앞으로 나오도록 얼굴을 돌린 편향성이 나타난다. 세상에서 가장 유명한 초상화인 〈모나리자Mona Lisa〉(그림 22 참고)처럼 수백 년 전의 초상화부터 요즘 10대들이 쇼핑몰에서 즉흥적으로 찍어서 소셜 미디어에 게시한 셀피까지 모두 그렇다. 사람이 직접 그린 얼굴, 전문 사진작가가 찍은 사진, 휴대전화로 찍은 사진 전부 마찬가지다. 심지어 동전에 나오는 얼굴도 왼쪽 뺨이 앞을 향한 모습이 더 많다. 에드워드 8세는 영국 왕립 조폐국이 동전에 그의 오른쪽 얼굴을 새겨 디자인한 것을 보여주자 승인하지 않았다. 스스로 왼쪽 얼굴이 더 월등하다고 생각했기 때문이다.[2] 반대로 일부러

| 그림 22 | 레오나르도 다빈치Leonardo da Vinci의 <모나리자>에서도 왼쪽 뺨을 더 앞으로 내미는 자세의 편향성이 나타난다.

오른쪽 뺨이 앞으로 나오도록 사진을 촬영하는 아주 특수한 상황도 있다. 그 내용은 이번 장 뒷부분에서 살펴보기로 하자. 이런 편향성은 왜 생겼을까? 우리가 초상화나 사진 촬영을 위해 포즈를 취할 때 왼쪽 얼굴을 더 내미는 이유는 무엇일까?

인간이 감정을 드러내는 방식에 왼쪽 편향성이 있다는 사실을 처음으로 기술한 사람 중 하나가 찰스 다윈Charles Darwin이다. 그는 특히 사람들이 화가 나서 으르렁댈 때처럼 공격적인 감정을 표현할 때 주로 왼쪽 송곳니를 드러낸다는 점에 주목했다. 1872년에 나온 저서 《인간과 동물의 감정 표현The Expression of the Emotions in Man and

Animals》[3]은 다윈의 가장 유명한 대표작인 《종의 기원On the Origin of Species》[4]에 많이 가려졌지만, 감정에 관한 그의 연구는 이후 과학계에서 이어진 무수한 연구들의 시초가 되었다. 가장 많이 알려진 후속 연구는 미국의 심리학자 폴 에크먼Paul Ekman이 수행한 연구들이다.[5] 에크먼의 연구가 이루어지기 전까지 과학계에서는 인간이 타인의 몸짓과 말, 표정 등을 통해 의사소통하는 방법을 배운다는 생각이 널리 수용됐다. 그렇기에 문화권에 따라 언어나 표정 등 소통하는 방식에 큰 차이가 있다는 것이다.[6] 우리가 언어와 문화를 학습한다는 것은 분명한 사실이지만, 선천적인 행동도 있다.

파푸아뉴기니에서 고립 생활을 해온 한 부족을 연구한 에크먼은 지리적, 문화적으로 동떨어져 사는 사람들도 다른 지구인들과 거의 같은 표정을 짓는다는 사실을 발견했다. 이 조사 결과를 토대로 에크먼은 행복, 놀라움, 슬픔, 분노, 혐오, 경멸, 공포의 감정과 그 감정

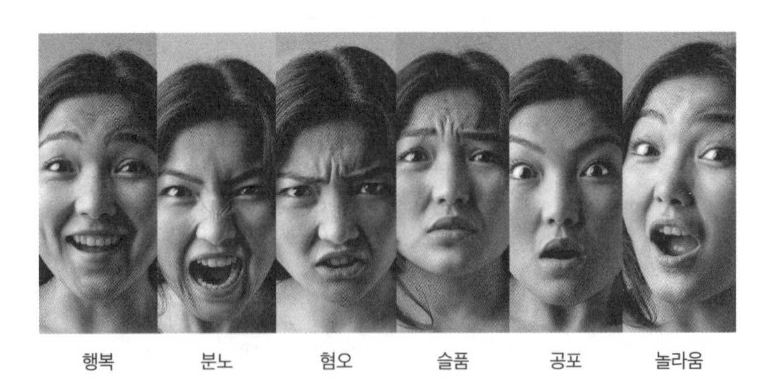

| 그림 23 | 인류학자 폴 에크먼이 설명한 보편적인 여섯 가지 표정

을 느낄 때 나타나는 표정은 보편적이라고 설명했다(그림 23 참고). 이후 지금까지 이 기본적인 감정 표현에 관한 연구가 광범위하게 이루어졌다. 여러 연구진이 수행한 수많은 실험 결과, 오른쪽 얼굴보다 왼쪽 얼굴로 감정이 더 풍부하게 표현된다는 사실이 밝혀졌다.[7,8,9,10,11] 감정 처리는 우반구가 담당하고, 우반구가 통제하는 얼굴 부분도 왼쪽이기 때문이다(얼굴을 위아래로 3등분했을 때 왼쪽의 아래쪽 3분의 2).[12]

영국 케임브리지대학교의 크리스 맥매너스Chris McManus(나의 예전 지도 교수이자 학계 멘토이기도 하다)와 니컬러스 험프리Nicholas Humphrey는 유명한 초상화 속 인물의 포즈에서 나타나는 왼쪽 편향성을 최초로 보고했다.[13] 두 사람은 런던 국립 초상화 미술관과 케임브리

| 그림 24 | 제임스 1세와 엘리자베스 1세의 초상화. 제임스 1세는 오른쪽 뺨이 더 앞으로 나온 자세를, 엘리자베스 1세는 왼쪽 뺨이 더 앞으로 나온 자세를 취하고 있다.

지의 피츠윌리엄 박물관에 전시된 작품들과 여러 초상화 모음집에 실린 작품 중 16세기부터 20세기까지 제작된 공식 초상화 1,473점을 모아서 분석했다(그림 24에 예시가 나와 있다). 그 결과 초상화에 담긴 사람들은 대부분 몸을 우측으로 돌린 자세를 취하며(왼쪽 뺨이 앞으로 나오도록), 이런 특징은 남성보다(전체의 56퍼센트) 여성(68퍼센트)에서 더 두드러졌다. 남성과 여성의 이런 차이에 대해서는 조금 뒤에도 나오고 이번 장 뒷부분에도 나오므로 잘 기억해 두자.

왜 초상화에서는 왼쪽 얼굴이 더 강조되는 경향이 있을까? 먼저 초상화에 담기는 인물이 아닌 화가에 초점을 맞춘 "기계적인" 설명부터 살펴보자. 얀 페르메이르Johannes Vermeer의 작품 중 〈회화의 기술The Art of Painting〉을 보면(그림 25 참고), 오른손잡이인 화가는 작업할 때 보통 모델이 자신의 왼쪽에 오도록 한다는 것을 확인할 수 있다. 그래야 모델이 이젤이나 캔버스에 가려지지 않기 때문이다. 이런 배치에서 화가는 몸을 오른쪽으로 돌려 앉게 되고, 화가를 보는 모델은 그 방향에 맞춰서 왼쪽 뺨이 더 앞으로 나오는 포즈를 취하게 된다.

또 다른 가능성은 화가가 주로 쓰는 손의 영향이다. 가까운 과거에 활동한 유명한 화가 중에는 왼손잡이도 많았지만, 전체적으로는 대다수가 오른손잡이였다. 오른손잡이가 글을 쓸 때 글자를 왼쪽에서 오른쪽으로 쓰는 것이 수월하듯이, 오른손잡이 화가는 모델이 왼쪽 뺨을 더 내민 얼굴을 그리기가 더 수월할 수 있다.

위의 두 가지 이유가 별로 설득력이 없다고 생각된다면 그럴 만

| 그림 25 | 요하네스 페르메이르의 작품 <회화의 기술>에는 오른손잡이인 화가가 초상화를 그릴 때 보통 모델은 화가의 왼쪽에 자리한다는 사실이 잘 묘사되어 있다.

도 하다. 둘 다 포즈에서 나타나는 왼쪽 편향성의 성별 차이, 즉 여성이 왼쪽 얼굴을 내밀 가능성이 더 크다는 점은 설명하지 못한다. 또한 화가가 주로 쓰는 손이 모델의 포즈 방향에서 나타나는 편향성의 원인이라면 반대의 경우 모델의 포즈도 편측성이 반대 방향으로 나타나야 하는데 꼭 그렇지는 않다. 레오나르도 다빈치, 렘브란트Rembrandt, 미켈란젤로Michelangelo, 라파엘Raphael, 한스 홀바인Hans Holbein, M.C. 에스허르M.C. Escher, 빈센트 반 고흐Vincent van Gogh, 페테르 파울 루벤스Peter Paul Rubens 등 많은 유명 화가가 왼손잡이지만[14] 이들이 그린 초상화에서도 마찬가지로 모델의 왼쪽 뺨이 더 앞으로 나온 편향성이 두드러진다. 라파엘의 경우 초상화의 70퍼센트, 홀바인이 그린 초상화 중에는 57퍼센트에서 이러한 왼쪽 편향성이 나타난다. 그러므로 화가가 주로 쓰는 손이 모델의 왼쪽 얼굴이 더 앞을 향하는 편향성의 원인이라고 하기는 어렵다.

오래된 회화 작품이 아닌 다른 상황에서 나타나는 포즈의 편향성을 살펴보면 "기계적인" 설명과 맞지 않는 점들이 드러난다. 바로 카메라로 찍은 인물 사진으로, 전문가용 카메라(보통 양손으로 들고 촬영한다)와 휴대전화(대부분 한 손으로 들고 촬영한다)로 찍은 사진 모두 왼쪽 얼굴이 더 앞으로 나오는 편향성이 나타난다. 사진 촬영은 손으로 직접 곡선을 그릴 일도 없고 이젤의 위치가 영향을 주지도 않는다. 그런데도 여성의 경우 왼쪽 뺨을 더 많이 내미는 편향성이 그림보다 사진에서 '훨씬 더 강하게' 나타나는 것을 보면, 뭔가 다른 요인이 작용한다는 것을 알 수 있다. 무슨 요인일까? 포즈에서 나타나는 왼쪽 편향성이 특정 조건에서 나온 '결과'가 아니라(즉 기계적인 요인에 의한 편향성이 아니라) 특정한 결과를 얻기 위한 '조건'이라면?

그림이나 사진을 '보는' 사람들이 모델의 왼쪽 볼이 강조된 초상화나 사진을 선호하는 걸지도 모른다. 다시 말해, '인식' 차원에서 일어나는 효과 때문일 수 있다. 뇌 우반구에는 얼굴을 알아보고 감정 표현을 알아채는 등 얼굴처럼 보이는 이미지 정보를 처리하는 기능이 특화된 곳으로 추정되는 우측 방추상 얼굴 영역이라는 부위가 있다.[15] 가끔 우리가 하늘에 뜬 구름, 그릴 자국이 남은 치즈 샌드위치, 카페라테 위에 올라간 거품을 보고 사람 얼굴과 비슷한 형상을 발견하는 것도 이 우측 방추상 얼굴 영역이 활성화된 결과다. "얼굴 어디 있어? 혹시 얼굴이야? 얼굴 어딨지?"라고 외치며 온종일 얼굴만 찾아다니는 것이 이 영역이 하는 일이다.[16]

우리가 얼굴을 인식할 때 왼쪽 얼굴에 더 주목하게 된다는 사실은(관찰자의 우측 시야에 들어오는 상대방의 얼굴) 실험으로 쉽게 증명할 수 있다. 그림 26에 두 장의 얼굴 사진을 잘라서 합성한 키메라 얼굴이 나와 있다. 동일 인물이 아닌 서로 다른 두 사람의 얼굴 정면 사진을 잘라서 붙이거나 같은 사람이지만 표정이 다른 정면 사진 두 장을 붙여서 만든 이런 괴상한 합성 사진을 화면에 아주 짧은 시간 띄우고 사람들에게 사진의 정중앙을 정면으로 응시하도록 하면, 보통 관찰자는 자신의 우반구로 투사되는 인물의 왼쪽 얼굴을

| 그림 26 | 키메라 얼굴의 예시. 사람들이 이미지의 중앙부를 볼 때 이 사진을 순간적으로 짧게 보여주면, 대부분 인물의 왼쪽 뺨이 나온 부분을 인식하고 기억한다.

인식한다. 왼쪽 뺨이 더 앞으로 나오는 포즈를 취하면 관찰자의 우반구로 입력되는 얼굴의 특징이 많아지므로 얼굴을 더 수월하게 인식하게 된다.[17] 실제로 사람들은 왼쪽 얼굴이 앞으로 나온 얼굴 사진을 오른쪽 얼굴이 더 앞으로 나온 얼굴 사진보다 더 단시간에 알아본다.[18]

이처럼 왼쪽 얼굴을 내미는 특성이 나타나지 않는 몇 가지 흥미로운 예외가 있다. 하나는 자화상이다. 박물관에 전시된 회화 작품 중 화가가 '자신을 직접 그린' 자화상만 분석해 보면 왼쪽 얼굴이 아닌 오른쪽 얼굴이 더 앞으로 나온 경향이 나타난다(그림 27 참고). 초상화에서 일반적으로 나타나는 편향성과 정반대인 이런 특징은 15세기와 19세기 사이에 그려진 초상화에서 나타나다가[19, 20] 현

| 그림 27 | 파블로 피카소가 15세 때 그린 자화상. 그가 다른 사람을 그린 초상화에서는 인물의 왼쪽 뺨이 더 앞으로 나온 편향성이 나타나는 것과 달리 이 자화상은 오른쪽 뺨을 더 내민 모습이다. 화가가 거울에 비친 자기 모습을 보면서 그리느라 편향성도 반대로 바뀐 걸까?

대 사진술이 등장한 20세기부터 사라진 듯하다. 그렇다면 15세기와 19세기 사이에는 무슨 일이 있었던 걸까? 그 시기에 자화상은 어떻게 그려졌고, 왜 정반대의 경향이 나타날까?

거울에 비친, 좌우가 상반된 자기 얼굴을 보며 그렸다는 게 거의 확실한 이유로 여겨진다. 화가가 거울을 앞에 놓고 "일반적인" 방식대로 왼쪽 뺨이 앞으로 더 나오도록 자세를 취하면 거울 속 화가의 얼굴은 모델이 왼쪽 뺨을 내민 포즈를 취할 때와 반대로 이목구비가 오른쪽으로 더 많이 쏠리고, 화가는 그대로 화폭에 그리는 것이다. 따라서 초기 일부 자화상 작품들에 오른쪽 뺨이 앞으로 나온 얼굴이 더 많은 것은, 거울 앞에서 왼쪽 뺨을 더 앞으로 내미는 편향성이 있었다는 증거인 셈이다. 15세기에는 사진이 없었으므로 화가가 자기 사진을 보면서 자화상을 그릴 수 없었다. 오른손잡이인 화가가 자화상을 그린다면 거울을 왼쪽에 두어야 거울에 비친 모습이 잘 보이면서도 그림 그리는 손에 거울이 가리지 않을 것이다.

자화상의 얼굴 방향이 일반적인 초상화와 반대인 이유에 관한 훨씬 복잡한 설명도 있다. 얼굴에 나타나는 감정 표현은 우반구가 지배하는 기능이므로 왼쪽 얼굴의 감정이 더 풍부할 가능성이 크다. 자화상을 그리는 화가는 거울에 비친 자기 얼굴에서 감정이 더 풍부해 보이는 왼쪽 얼굴을 더 그리려고 했을 텐데, 왼쪽 얼굴을 더 내민 포즈를 거울에 비친 그대로 그리면 오른쪽 얼굴이 더 강조된 자화상이 된다!

이제 자화상은 보기 드물다. 청소년들은 자기 얼굴을 하루 평균

열 장 이상 사진으로 남기고, 우리는 그런 사진을 자화상이 아닌 "셀피(Selfie)"라고 부른다. 인스타그램 등에 게시된 셀피를 분석한 여러 연구에서도 왼쪽 얼굴을 내미는 편향성이 있는 것으로 확인됐다.[21] 그러나 이 경향성은 사진을 찍는 방식에 따라 달라지는 것으로 보인다. 이탈리아의 한 연구진[22]은 전 세계 주요 도시 다섯 곳(뉴욕, 상파울루, 베를린, 모스크바, 방콕)에서 촬영된 셀피 3,200장을 분석하는 대규모 연구를 진행했다. 도시별로 그곳에서 촬영된 셀피를 640장씩 선정해서 왼쪽이나 오른쪽 얼굴을 더 앞으로 내미는 편향성이 나타나는지 조사한 결과, 그러한 경향은 없었다. 도시별 분석 결과와 3,200장의 셀피 전체를 분석한 결과 모두 마찬가지였다. 그러나 셀피의 '유형'별 결과는 크게 달랐다. 거울에 비친 자기 모습을 찍은 셀피는 오른쪽 빰을 앞으로 내미는 경향이 있었고(70퍼센트) "일반적인" 셀피(거울을 쓰지 않은)는 반대로 왼쪽 얼굴을 내민 사진이 더 많긴 했지만 오른쪽 얼굴을 내민 사진과 비율에 큰 차이는 없었다(53퍼센트). 이러한 특징은 연구진이 조사한 다섯 개 도시 전체에서 성별과 상관없이 거의 일관되게 나타났다. 방콕에서 촬영된 여성의 셀피, 베를린에서 촬영된 남성의 셀피에서만 이 같은 특징과는 조금 다른 패턴이 있었다.

이 결과는 무엇을 의미할까? 셀피에서 왼쪽 빰을 내미는 자세가 더 많은 경향은 문화와 무관해 보인다. 거울이 사용됐느냐에 따라 결과가 혼란스러워지는 것은 분명하지만 포즈의 왼쪽 편향성이 달라진 것이 아니라 거울에 비친 모습이라 사진에 담긴 방향만 반대일 뿐이다. 위의 연구진이 분석한 3,200장의 셀피는 원하는 사람은 누구나 분석해 볼 수 있도록 데이터베이스에 공개되어 있다(selfiecity.net).

포즈를 취할 때 일반적으로 나타나는 편향성은 왼쪽 얼굴을 더 앞으로 내미는 것이나, 이런 편향성이 나타나지 않는 몇 가지 특수한 상황도 있다. 가령 학자들이 정식으로 포즈를 취한 사진과 초상화에서는 왼쪽 얼굴을 더 앞으로 내미는 편향성이 나타나지 않는다. 실제로 영국 왕립학회 회원들의 초상화를 분석한 연구에서도[23] 왼쪽 편향성이 나타나지 않았다. 과학자들이 감정을 배제한 이성적인 모습을 보여주고 싶어서 오른쪽 얼굴을 더 내민 포즈를 취한 것일 수도 있다. 그리고 이 전략은 효과가 있는 것으로 보인다. 네덜란드 레이던대학교의 동물행동학 교수 카렐 텐 케이트Carel ten Cate는 1710년부터 1760년 사이에 그려진 과학자들의 초상화를 사람들이 어떻게 인식하는지 조사했다. 사람들에게 각 초상화를 보여주고 얼마나 "과학적으로" 보이는지 평가하도록 하자,[24] 사람들은 초상화에서 왼쪽 얼굴이 더 앞으로 나온 과학자를 오른쪽 얼굴이 더 앞으로 나온 과학자보다 덜 과학적이라고 인식했다. 텐 케이트는 초상화에서 왼쪽 얼굴을 내밀 때나 오른쪽 얼굴을 내밀 때 시각적으로 다른 차이가 없도록 하기 위해 각 초상화의 거울상도 함께 보여주는 영리한 방법을 택했다. 하지만 결과는 마찬가지였다. 사람들은 원본이든 거울상이든 상관없이 오른쪽 얼굴을 더 내민 초상화 속 인물이 더 과학적인 인상을 준다고 평가했다.

| 그림 28 | 카렐 텐 케이트의 2002년 연구에 활용된 네덜란드 위트레흐트대학교 교수들의 초상화 예시. 왼쪽은 하우크Houck 교수로, 오른쪽 얼굴을 더 내민 이 초상화는 "과학적인" 인상에서 높은 평가를 받았다. 왼쪽 얼굴을 더 내민 우측의 베셀링Wesseling 교수 초상화는 그보다 낮은 평가를 받았다.

심지어 '진짜' 과학자가 아니더라도 과학자에게 더 어울린다고 생각하는 포즈가 있다는 사실이 밝혀졌다. 호주의 한 연구진은 학자들의 초상화를 분석한 이전의 연구 사례들을 기발한 방식으로 변형해서[25] 사람들에게 다음 설명에 맞게 포즈를 취해달라고 하고 사진을 찍었다. "당신은 과학자로서 큰 성공을 거두었고 지금 성과가 절정에 이르렀습니다. 얼마 전에는 왕립학회로부터 전시관에 걸 인물 사진을 제출해 달라는 요청을 받았어요. 지적이고, 명석한 인상을 줄 수 있는 사진을 남기고 싶습니다. 감정은 최대한 배제한 모습으로요."[26] 이 설명을 들은 사람들은 오른쪽 얼굴이 더 앞으로 나오도록 포즈를 취하는 경향이 나타났다. 일반적으로 사진 찍을 때 왼쪽 얼굴을 더 내미는 것과 정반대의 결과였다. 인위적인 상황을 연출하느라 평소와는 다르게 반응한 것일까? 그건 확실히 아닌 듯하다. 이 연구진은 다른 그룹의 사람들에게 다음과 같이 '감정'을 더 드러내는 상황을 설명하고 포즈를 취해달라고 했다. "당신은 가족들과 관계가 아주 끈끈합니다. 1년간 해외에서 지내게 되어, 가족들에게 선물로 사진을 남기고 싶어요. 지금 심정과 가족들을 향한 애정을 최대한 듬뿍 담아서 사진을 찍어봅시다."[27] 이 설명을 들은 사람들은 감정이 풍부하게 드러나는 다른 사진들처럼 왼쪽 얼굴이 더 앞으로 나오도록 자세를 취했다.

최근에 일본 연구진은 이 연구에 더욱 영리한 요소를 추가했다.[28] 사진을 찍을 때 얼굴을 좌우 중 한쪽으로 돌리는 경향이 있다는 사실을 사람들이 '인식'하는지 확인한 것이다. 연구진은 먼저 위의 호주 연구진이 활용한 두 가지 조건을 그대로 활용해서(가족들에게 남길 감정이 풍부하게 드러나는 사진과 과학자로서 차분하고 확신을 줄 수 있는 사진에 맞게 각각 포즈를 취하도록 하는 것) 같은 결과를 얻었다. 그리고 사람들이 자신의 포즈에서 나타나는 편향성을 의식하고 있었는지, 아니면 무의식중에 자신도 모르게 나온 직관적인 포즈였는지 조사했다. 학생들로 구성된 이 연구 참가자들은 흥미롭게도 자신의 포즈에서 나타나는 편향성을 전혀 인식하고 있지 못했고 사진의 용도에 관한 설명이 포즈에 영향을 준다는 것도 몰랐던 것으로 나타났다.

종합하면, 이러한 연구 결과들은 사람들이 사진이나 초상화로 자신의 감정을 전달하고 싶을 때는 왼쪽 얼굴을 더 내민다는 것을 보여준다. 실제로 우반구(감정과 더 관련된 반구)가 통제하는 왼쪽 얼굴은 감정이 더 풍부하게 드러난다. 감정을 숨기고 냉정한 인상을 주고 싶을 때는 감정이 덜 풍부한 좌반구가 통제하는 오른쪽 얼굴을 더 내민다는 것도 알 수 있다.

이러한 포즈 전략은 실생활에서도 흥미진진한 여러 방식으로 나타난다. 학자들의 포즈를 학문 분야별로 비교해 보면, 영어 교수들은 과학자들보다 왼쪽 뺨을 더 내민 포즈를 취할 확률이 더 높다.[29] 그리고 남성과 여성 의사들을 비교한 조사에서는 여성들이 남성들보다 왼쪽 얼굴을 내밀 가능성이 더 큰 것으로 나타났다.[30] 사람들에게 여러 학생의 사진을 보여주고 전공이 무엇인지 추측하도록 한 연구에서는(화학, 영어, 심리학 중 하나를 고르도록 했다) 오른쪽 얼굴을 더 내민 사람은 화학 전공으로, 왼쪽 얼굴이 더 앞으로 나온 사람은 영어 전공으로 추측하는 비율이 높았다.[31]

지금까지는 사람들이 모든 상황에서 일관되게 행동하는 것처럼 이야기했지만, 당연히 그럴 리가 없다. 인간의 행동은 항상 상황에 좌우된다. 포즈에서 나타나는 편향성도 예외가 아니다. 예수가 십자가형을 당하는 모습을 묘사한 그림은 널리 알려진 인물화를 통틀어서 잔혹함과 고통이 가장 강렬하게 담긴 그림이라고 할 수 있다. 기독교에서는 예수가 겪은 수치와 고통을 강조한다. 예수가 죽어가는 광경을 비웃고 조롱한 사람들의 모습을 다양한 이야기로 전하기도 한다. 예술가들은 이처럼 감정을 깊이 자극하는 상황을 과연 어

| 그림 29 | 예수의 십자가형. 십자가형을 당한 예수의 모습이 담긴 이미지의 90퍼센트는 왼쪽 얼굴이 더 앞으로 나와 있다.

떻게 표현할까?

예수가 십자가에 매달린 모습을 묘사한 이미지는 왼쪽 얼굴이 더 앞으로 나온 일반적인 초상화의 편향성이 훨씬 두드러지게 나타난다. 최근에 한 연구진은 특정 기준에 따라 그림을 선별해서(부조 등 다른 표현 형식은 제외하고 얼굴이 전면을 향한 회화 작품으로 한정했다) 분석한 결과 예수의 십자가형을 묘사한 작품의 90퍼센트에서 왼쪽 얼굴이 강조되어 있다고 밝혔다.[32] 같은 시기에 제작된 다른 초상화들보다 편향성이 훨씬 크다. 화가들은 이 극단적인 순간의 감정 표현을 증폭시키기 위해 초상화에서 인물의 왼쪽 얼굴을 강조하는 편향성을 더욱 과장되게 활용한 것으로 보인다.

뇌 기능과 관련된 설명과 더불어 성서 내용을 토대로 한 해석도 있다. 십자가에 매달린 예수의 이미지 중 상당수는 십자가 아래, 예수의 오른쪽에 성모 마리아가 있다. 따라서 예수가 고개를 오른쪽으로 돌려 성모 마리아를 바라보는 모습을 나타낸 것이 왼쪽 얼굴이 더 강조된 자세로 보이는 것일 수도 있다. 예수와 성모 마리아가 함께 나온 다른 인물화도 이처럼 성서 내용으로 해석된다. 아기 예수를 안고 있는 성모 마리아의 모습이 담긴 작품들은 대체로 예수가 왼팔에 안겨서 왼쪽 얼굴이 더 앞으로 나와 있다. 십자가에 매달린 모습은 예수의 생애 초기 모습인 이 그림들과 일치하도록 맞춘 것일 수도 있다.

또는 다른 이유가 있을 가능성도 있다. 십자가형 이후 예수가 부활하는 모습을 그린 초상화를 빼놓고는 예수의 생애를 묘사한 예술 작품을 전부 분석했다고 할 수 없다. 위의 연구진은 다음과 같은 의문을 풀기 위해 전 세계 미술관에 전시된 예수의 부활 모습이 담긴 작품 수백 점을 모아서 분석했다. "부활한 예수는 얼굴을 어느 쪽으로 돌리고 있을까?"[33]

십자가형을 묘사한 이미지에서는 90퍼센트가 예수의 왼쪽 얼굴이 더 앞으로 나온 편향성이 나타났으나, 부활한 예수의 모습이 담긴 작품들에서는 그러한 편향성이 훨씬 덜 두드러졌다. 그래도 전체적인 편향성은 남아서, 49퍼센트는 왼쪽 얼굴이 앞으로 나와 있

| 그림 30 | 정면을 향한 모습으로 그려진 부활한 예수.

었고 21퍼센트는 정면을 응시하는 모습이었으며(그림 30 참고) 30퍼센트는 오른쪽 얼굴이 더 앞으로 나온 모습으로 그려졌다.[34] 왼쪽 얼굴이 더 강조되는 편향성이 왜 부활한 모습에서는 약해졌을까? 부활이 주는 "긍정적인" 감정이 십자가형이 주는 감정과 상반된다는 것이 이유일 수 있다. 머리말에서 설명했듯이 우리 뇌의 우반구는 감정, 그중에서도 부정적인 감정의 처리를 담당하고 긍정적인 감정은 좌반구를 통해 더 많이 표현된다. 부활은 "긍정적인" 감정을 일으키는 장면이므로 포즈에서 일반적으로 나타나는 편향성이 바뀌었을 수 있다.

나 역시 '여러 종교'의 주요 인물이 담긴 종교화에서 나타나는 포즈의 편향성을 조사한 적이 있다.[35] 종교마다 감정을 표현하는 방식에 큰 차이가 있다. 일상생활에서나 종교적인 표현에서 감정의 강한 표출을 중시하는 종교도 있는데, 이러한 관점은 구약 성서, 그리고 기독교 카리스마파의 주장과 관련이 있다.[36] 전통적으로 명상이 중시되는 종교는 감정에 접근하는 방식이 그와 크게 달라서 감정을 가라앉히는 것이 종교적 경험의 핵심으로 여겨진다. 명상이라는 전통을 가진 대표적인 종교는 불교다. 따라서 우리 연구진은 부처의 초상화와 예수의 초상화를 비교해서 감정이 강하게 드러난 부처의 초상화가 실제로 예수의 초상화보다 더 적은지 확인했다. 분

| 그림 31 | 부처의 이미지. 정면을 향한 모습이다.

석 결과 예상대로 부처의 초상화는 예수의 초상화보다 정중앙을 향한 모습이 훨씬 많았다(얼굴이 왼쪽을 향하는 편향성도 없었다. 그림 31 참고).

포즈의 편향성 얘기에 반려동물까지 끌어오는 것은 어리석고 정신 나간 일처럼 보일 수도 있지만, 카메라가 눈앞에 있을 때 개, 고양이, 개구리가 어떤 포즈를 취하는지 궁금하지 않은가? 반려동물의 모습을 담은 재미있는 유튜브 영상 중에는 동물이 정말 포즈를 취한 것처럼 착각할 만한 것도 있지만, 사실 반려동물들은 사진이 찍히는지도 모르고 있었을 것이다. 개의 우반구가 감정을 대부분 처리하기 때문에 사진 찍을 때 감정이 더 풍부하게 드러날 수 있도록 개가 자신의 왼쪽 얼굴을 더 앞으로 내밀었을 가능성은 더더욱 희박하다.

그러나 반려동물의 사진은 한 가지 사실을 드러낸다. 바로 그 동물을 키우는 사람의 편향성이다. 우리 연구실의 학생들은 개, 고양이, 도마뱀, 물고기 사진을 모아서 아기 사진들과 비교해 보았다.[37] 왜 하필 아기 사진이었을까? 왕립학회 벽에 걸릴 특별한 사진을 위해 자세를 취하는 어른들과 달리 아기들은 사진을 왜 찍는지도 모르고 설사 카메라나 사진이 뭔지 안다고 해도 사진의 용도까지 이해하지는 못하기 때문이다. 분석 결과, 아기들의 사진에서도 전 세계 미술관에 걸린 먼지 수북한 액자 속 칙칙한 늙은 남자들처럼 왼쪽 얼굴을 더 앞으로 내미는 편향성이 나타났다. 개와 고양이 사진은 어땠을까? 개들의 사진은 왼쪽 얼굴이 더 앞으로 나오는 편향성이 있었지만, 고양이들 사진에서는 그런 현상이 관찰되지 않았다! 정말 놀라운 결과였다. 역시 고양이는 뭐든 하고 싶은 대로 하나 보다. 물고기와 도마뱀은? 아무런 편향성이 나타나지 않았다.

핵심 요약

카메라 앞에서 포즈를 취하거나 소셜 미디어에 게시할 셀피를 고를 땐 어떤 전략이 필요할까? 감정을 드러내고, 다가가기 편한 친근한 사람이라는 인상을 주고 싶다면 왼쪽 얼굴이 더 앞으로 나오는 포즈가 적절하다. 반대로 냉정하고 객관적이며 다소 초연한 인상을 주고 싶다면 정면을 응시하거나 오른쪽 얼굴이 더 앞을 향하도록 포즈를 취해야 한다. 때로는 왼쪽 얼굴을 내민 포즈가 "옳다."

7장

빛의 편향성

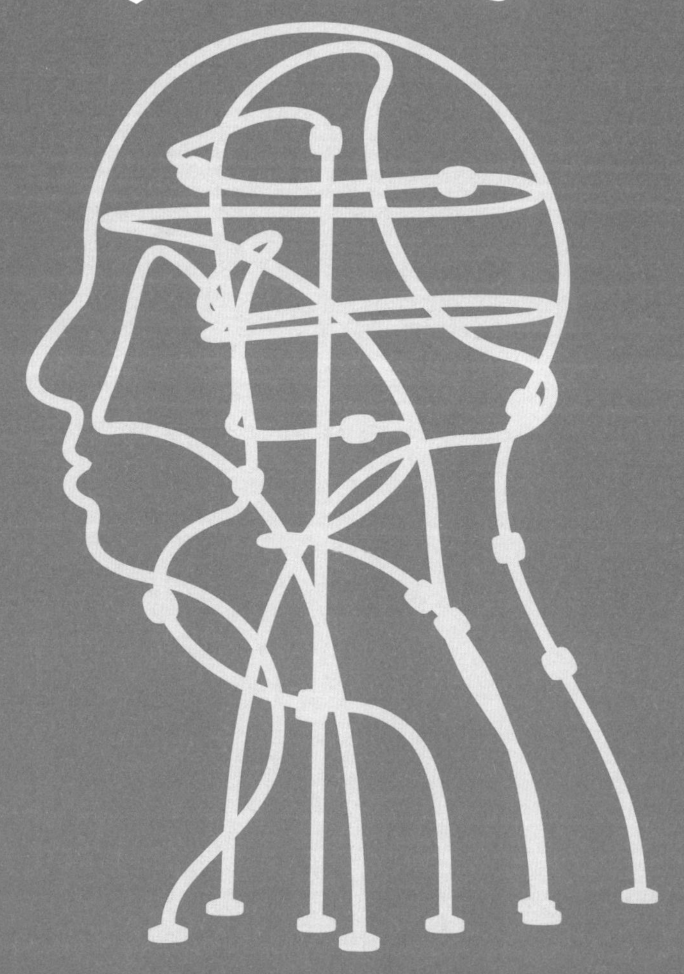

내 머릿속 빛의 방향은 왜 늘 같을까?

빛은 그림의 재료다.

화가 앙드레 드랭André Derain

그림 한 장이 천 마디 말보다 낫다는 유명하고 뻔한 말이 있다. 말 대신 보여줄 그림이 있다면야 참 좋겠지만, 그림을 말로 옮기는 건 쉽지 않다. 양쪽 눈의 망막에 맺힌 아주 흐릿하고 불완전한 2차원 이미지들이 뇌를 거쳐 매끄럽게 연결된 또렷한 3차원 이미지가 되는 과정을 말로 설명하는 건 더더욱 어렵다. 우리 뇌는 이미지를 구축하는 능력이 탁월하다. 실제로 뇌에서 그 기능에 할당되는 뇌세포의 비중은 엄청나다. 하지만 망막에 도달하는 이미지는 대체로 다양한 방식으로 해석될 여지가 있다. 가능한 해석이 여러 가지라고 해서 딱히 문제가 되지는 않는다. 우리가 인식하는 것은 하나로 결합된 안정적인 단일 이미지이지, 모호한 시각 데이터에 그럴듯한 해석 몇 가지를 번갈아 적용한 것이 아니기 때문이다. 하지만 우리가 "보는 것"이 실제와 반드시 같지는 않다.

마크 트웨인Mark Twain이 기억력에 관해 남긴 유명한 말이 있다. "내가 기억할 수 있는 것과 기억하지 못하는 것이 비등하다는 것이 별로 놀랍지 않다."[1] 기억의 불완전성을 간파한, 시대를 앞서간 이 말은 시각에도 적용된다. 우리는 실제로 존재하지 않는 많은 것을 "보고" 실제로 "존재하는" 많은 것을 보지 못한다. 이 사실은 아마 다들 이미 알고 있을 것이다. 착시 현상이나 마술쇼를 보면 우리의 시각 체계가 얼마나 불완전한지 금세 알게 된다. 시각 체계는 엉망이 되기 십상이다. 우리가 시각적으로 일관된 세상을 보게 만드는 수많은 계산은 아주 단순한 몇 가지 추정에서 나온다.

그런 단순한 추정 없이는 눈으로 유입되는 정보를 명확히 인식하기가 매우 어렵다. 그림 32에 나온 한 쌍의 구를 보라. 어느 쪽이 볼록하고(앞으로 튀어나와 있고) 어느 쪽이 오목한가(안쪽으로 들어가 있는가)?

사실 이 질문은 속임수다. 그림 속 두 개의 원은 똑같은 원을

| 그림 32 | 똑같은 원을 방향만 회전시킨 것. 하나는 볼록해 보이고 하나는 오목해 보인다.

180도로 회전시킨 것이며 어느 쪽도 오목하거나 볼록하지 않지만, 이 그림을 본 사람들은 거의 다 왼쪽 원이 볼록하고 오른쪽 원은 오목하다고 인식한다. 왜 그럴까? 인간의 추정 능력 때문이다. 모든 조건이 같을 때, 우리는 광원이 보통 위쪽에 있다고 추정한다.[2] 런던 왕립학회의 식물학, 화학 교수였던 필립 프리드리히 그멜린Philip Friedrich Gmelin이 1744년에 처음으로 주목한 이 이론은 예외는 있지만 일반적인 상황에서 상당히 정확히 적용된다.[3] 산 정상에 올랐을 때, 또는 물에 비친 빛이나 새하얀 눈에 반사된 빛을 볼 때가 아니면 자연광은 보통 우리 머리 위에서 비친다. 인공조명도 대체로 광원이 머리 위에 있고 대다수가 집안의 조명을 바닥이 아닌 천장에 설치한다. 그러나 집(또는 지구) 밖에서는 이런 추정이 어긋날 때가 있다.

그림 33에 달의 같은 분화구 사진 두 장이 나와 있다. 빛이 위에서 비친다고 추정할 때 위에 있는 사진은 달 표면에 있는 언덕처럼 보이고 아래 사진은 분화구처럼 보인다.

음영은 인간의 뇌가 2차원 시각 정보를 활용해서 3차원 이미지를 복원할 때 활용하는 여러 방식 중 한 가지일 뿐이다. 그 외에도 간섭(한 물체가 다른 물체를 가리는 것), 양안 시차(오른쪽 눈과 왼쪽 눈으로 들어오는 이미지가 약간 다른 것), 선 원근(선이 원거리에서 수렴하는 방식에 따라 거리감이 달라지는 것)도 깊이를 판단하는 단서가 된다. 심지어 두 물체의 상대적인 움직임에서 나타나는 차이(운동 시차)도 상대적 깊이에 대한 정보를 제공한다. 이번 장에서는 깊이에 관한

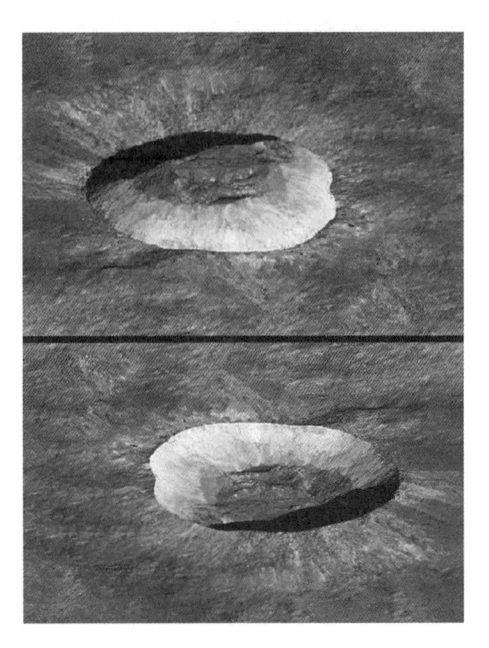

| 그림 33 | 달의 같은 분화구를 180도로 회전한 사진. 광원이 위에 있다고 추정하면 위에 있는 사진은 꼭 언덕처럼 보이고 아래 사진은 분화구처럼 보인다.

인식을 종합적으로 탐구하는 대신 빛과 음영, 그와 관련된 인간의 편향성과 추정에 관해 설명한다.

우리의 시각 체계가 빛이 위에서 비친다고 추정한다는 것은 그리 놀라운 일이 아니다. 지구상에 존재하는 모든 생물이, 심지어 야행성 동물들과 어두컴컴한 심해에 사는 생물들도 광원이 위에 있는 환경에서 진화해 왔으니 말이다. 그런데 이 책에 등장한 걸 보면 빛이 비치는 방향에 관한 추정에도 좌우 편향성이 있는 거 아닐까, 라고 예상했다면 정확하다. 우리는 광원이 그냥 위쪽이 아니라 왼쪽 위에 있다고 추정하는 경향이 있다. 이러한 사실은 유명 예술품들을 조사한 현장 연구와 그림 37처럼 그림자가 있는 원을 이용한 실험 연구 등으로 인해 밝혀졌다. 심지어 옛날 지도에서도 광원이 왼쪽에 있다고 추정하는 편향성이 나타난다. 인류는 오랫동안 2차원 이미지에 깊이감을 담기 위해 고민해 왔다. 이는 때로 중요한 사안이 되기도 한다. 예를 들어 초기 지도 제작자들은 고르지 않은 지형을 2차원으로 표현해야 하는 문제에 봉착하자 언덕 오른쪽에 그림

| 그림 34 | 지도 제작자들은 광원이 왼쪽 위에 있다고 가정하고 음영으로 고도 변화를 표현하는 방식으로 2차원 이미지에 깊이감을 부여하는 관례를 만들었다. 위의 그림은 그러한 방식을 현대 디지털 기술로 나타낸 예다. 이러한 관례는 15세기부터 시작됐다.

자를 넣는(빛이 왼쪽에서 비친다는 추정에 따라) 관례를 발전시켰고 이런 방식은 15세기부터 활용됐다(그림 34 참고).

실제 일상에서 빛이 비치는 방향은 오른쪽 위와 왼쪽 위 사이 어디쯤이다. 하지만 파리 루브르박물관과 마드리드 프라도미술관, 캘리포니아 패서디나에 있는 노턴 사이먼 박물관에 전시된 유명한 작품들을 살펴보면, 그림 속에서 빛이 풍경이나 사람들의 왼쪽 위에서 비치는 경향이 나타난다.[4] 예를 들어 그림 35에 나온 프란스 프랑컨Frans Francken의 〈행운의 여신에 관한 알레고리Allegory of Fortune〉도 마찬가지로, 루브르박물관에 있는 이 그림을 보면 광원이 명확히 왼쪽에 있음을 알 수 있다(태양이 그림의 왼쪽 위에 있다는 것이 분명

| 그림 35 | 파리 루브르박물관에 있는 프란스 프랑컨의 <행운의 여신에 관한 알레고리>(1615년경 작품으로 추정)

하게 표현되어 있다). 광원이 이렇게 뚜렷하게 표현되지 않은 작품들도 음영으로 광원의 위치를 추측할 수 있다.

제니퍼 선Jennifer Sun과 피에트로 페로나Pietro Perona는[5] 두 명의 평가자(한 명은 왼손잡이, 다른 한 명은 오른손잡이)에게 각도기를 제공하고 명화 225점을 보여주면서 작품마다 빛이 비치는 주된 방향이 어느 쪽인지 판단하도록 했다. 그 결과 다양한 시대와 화풍 전반에서 빛이 주로 왼쪽 위에서 비치는 강한 편향성이 일관되게 나타났다. 로마 시대의 모자이크부터 르네상스, 바로크 시대, 인상주의파 화가들이 주로 활동하던 시대의 작품들 모두에서 그러한 특성을 볼 수 있었다.

종교 예술에서도 빛이 비치는 방향이 왼쪽에 치우치는 편향성이 명확히 나타난다.[6] 예수의 십자가형이나 성모자의 모습을 묘사한 비잔틴, 르네상스 작품들을 조사한 연구에서도 광원의 왼쪽 편향성이 매우 강하다는 결과가 나왔다. 나도 예술 작품에서 나타나는 광원의 왼쪽 편향성을 두 가지 방식으로 연구한 적이 있다. 우리 연구진은 먼저 비교적 단순한 그림들을 간단히 조사해 보기로 하고 온라인에 게시된 어린이들의 그림 중 광원이 뚜렷하게 나타나는 그림을 모았다. 선정 기준은 태양이 그림에 반드시 포함되어야 한다는 것이었다. 이런 그림을 500점 이상 찾아서 빛이 비치는 방향을 분석한 결과, 전체의 3분의 2(68퍼센트)가 태양이 그림 상단의 왼쪽 구석에 있는 경향을 보였다.

두 번째 연구는 조금 더 정교하게 설계했다.[7] 초상화나 풍경화에 일반적으로 포함되는 요소가 없는, 성인이 그린 '추상적인' 그림에도 빛이 왼쪽에서 비치는 편향성이 나타나는지 확인해 보는 것이 우리의 연구 목표였다. 추상화는 광원의 위치를 구분하기 어렵거나 아예 불가능할 수 있으므로, 우리는 기발한 방법을 고안했다. 마우스로 "가상 손전등" 효과를 실행할 수 있는 프로그램을 만들고, 사람들에게 컴퓨터 화면으로 추상화를 보여주면서 이 가상의 손전등으로 각자 원하는 위치에 빛을 비춰가며 그림을 관찰하도록 했다. 연구 참가자들에게는 다음과 같은 지시문이 주어졌다. "그림이 미학적으로 가장 아름답게 보이는 위치에 가상 손전등을 배치하세요." 추상화의 왼쪽 위에 흥미나 시선을 끄는 요소가 있거나 작품의 다른 본질적인 편측성이 관찰자에게 영향을 줄 가능성이 있으므로, 모든 작품은 원본과 함께 거울상으로 방향을 뒤집은 사본을 만들어서 각 참가자에게 무작위로 선정된 작품을 원본과 거울상 모두 보여주었다. 참가자들은 새로운 추상화가 화면에 나올 때마다 각자 가장 적절하다고 판단한 위치에 조명을 배치했다. 어떤 결과가 나왔을까?

이 연구에서, 사람들은 추상화를 볼 때도 빛을 상단 왼쪽에 배치하는 경향을 보였다. 평균적으로 총 40점의 작품 중 6점을 제외한 나머지 전체가 왼쪽 위에 조명이 배치됐다. 이처럼 추상화에서도 광원의 왼쪽 편향성이 일관되게 나타난 것으로 볼 때 풍경화나 초상화에서 나타나는 빛 방향의 편향성이 각 작품에서 구체적으로 무엇이 묘사되었는지와는 무관하다는 사실을 알 수 있었다. 이 편향성에는 더 근본적인 이유가 있다는 의미였다.

그림에서 화가가 의도한 광원의 위치를 찾기가 어려운 경우도 있다. 광원이 뚜렷하게 표현되거나(〈행운의 여신에 관한 알레고리〉처럼) 그림의 상단 왼쪽에 태양이 있는 경우도 있지만, 그 외에는 그림자의 패턴을 보고 광원의 위치를 추측해야 한다. 그래서 이번 장에서 소개한 대부분의 연구에서 관찰자에게 빛이 비치는 방향을 판단하게 하는 방식을 택했지만 이 방식에는 문제가 있다. 이 책에서 지금까지 설명했듯이 인간의 지각과 행동은 편향되어 있고 이런 편향은 연구 결과에도 영향을 줄 수밖에 없기 때문이다. 내가 수행한 연구들도 마찬가지다. 그렇다면, 판단에 영향을 줄 수 있는 교란 요인을 없애려면 어떻게 해야 할까? 컴퓨터, 그리고 사용하기 까다롭기로 악명 높은 이미지 처리 소프트웨어인 매트랩MATLAB을 활용하면 된다(매트랩을 만든 매사추세츠주 내틱의 매스웍스MathWorks에 사과한다).

일본과 미국 캘리포니아의 여러 과학자로 구성된 연구진은 사진의 프레임 구도를 활용한 아주 영리한 실험을 설계했다.[8] 사람들에게 세 가지 조건을 제시하고 각 조건에 맞게 사진을 찍도록 해서 1만 2,000장이 넘는 결과물을 얻은 것이다. 제시된 조건은 (a) 낮에 야외에서 사진 프레임의 구도를 의도적으로 정하지 '말고' 촬영할 것(이 조건이 지켜질 수 있도록 사진을 한 장 찍을 때마다 45도로 회전해서 다음 사진을 찍도록 했다). (b) 낮에 야외에서 사진 프레임의 구도를 의도적으로 정해서 촬영할 것. (c) 낮에 인공조명이 있는 실내에서 사진 프레임의 구도를 정해서 촬영할 것. 연구진은 사람들이 빛이 왼쪽 위에서 비치는 사진을 선호한다면 이러한 편향성이 (b)와 (c)의 조건으로 촬영된 사진들에서 드러날 것이고 사진 프레임이 "무작위"로 정해지는 (a) 조건에서 나온 결과물에서는 드러나지 않을 것으로 추정했다.

사진에서 광원의 위치를 판단하도록 하는 대신 사람들이 직접 사진을 찍도록 한 이 연구에서 나온 수천 장의 사진에 위의 세 가지 조건별로 스펙트럼 분석을 적용해서 "평균" 이미지를 얻은 결과, 예상대로 "프레임 구도를 스스로 정한" 두 가지 조건(b와 c)의 결과물은 빛이 비치는 방향이 왼쪽에 치우친 경향이 일관되게 나타났다.

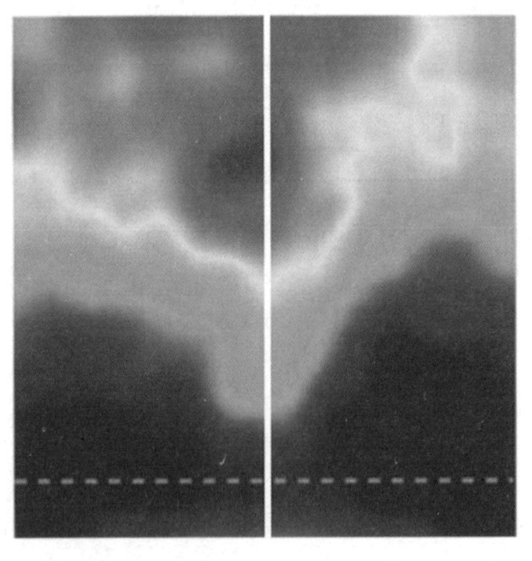

| 그림 36 | "구도를 잡고" 실내에서 촬영한 사진 수천 장의 평균적인 빛 분포. 왼쪽 위에서 빛이 비치는 편향성이 나타난다. 점선은 수평선, 가운데 수직선은 사진 정중앙을 나타낸다. 광원이 정중앙 위쪽, 왼쪽에 있음을 알 수 있다.

실내에서 촬영된 사진의 경우 광원이 왼쪽으로 9도가 치우쳐 있었다(그림 36 참고).

앞서 살펴본 초상화, 풍경화, 추상화는 대부분 시각적 요소와 색깔이 다수 포함되어 있어서 분석하기가 매우 까다롭다. 추상화는 특히 요소가 많고, 그만큼 다양하게 해석되기도 한다. 하지만 해석이 한두 가지로 고정된 아주 단순한 이미지에서도 광원의 왼쪽 편향성이 뚜렷하게 나타난다. 하나는 오목하고 다른 하나는 볼록해 보이는 두 개의 원이 나온 그림 32로 돌아가 보자. 이 두 개의 원은 둘 중 하나를 180도 회전시킨 것이다. 그런데 만약 회전 각도가 그만큼 크지 않다면 어떨까? 광원이 이 그림처럼 위나 아래에 있지 않고 원 내부에 있다면?

제니퍼 선과 피에트로 페로나는[9] 이 의문을 풀기 위해, 음영이 있는 여러 개의 구를 사람들에게 보여주고(그림 37 참고) 전체 중에서 "유일하게 다른 구 하나"를 찾아보도록 했다. 두 사람은 광원이 전체적으로 구 바로 위쪽에 있을 때 다른 하나를 가장 단시간에 찾아낼 수 있을 것으로 예상했으나 결과는 그렇지 않았다. 광원이 중심에서 약 30도 정도 왼쪽 위에 있을 때 가장 잘 찾는 것으로 나타났다. 다른 연구진도 이와 조금 다른 방법으로 비슷한 연구를 진행했고(평평한 표면에 평행하게 돌출된 띠 그림을 활용해서) 거의 같은 결과를 얻었다.[10] 이 두 번째 연구에서는 사람들이 왼쪽으로 26도 치우친 광원을 선호하는 편향성이 나타났다.

우리 연구진도 그림 32에서 영감을 얻어 아주 단순한 실험을 설

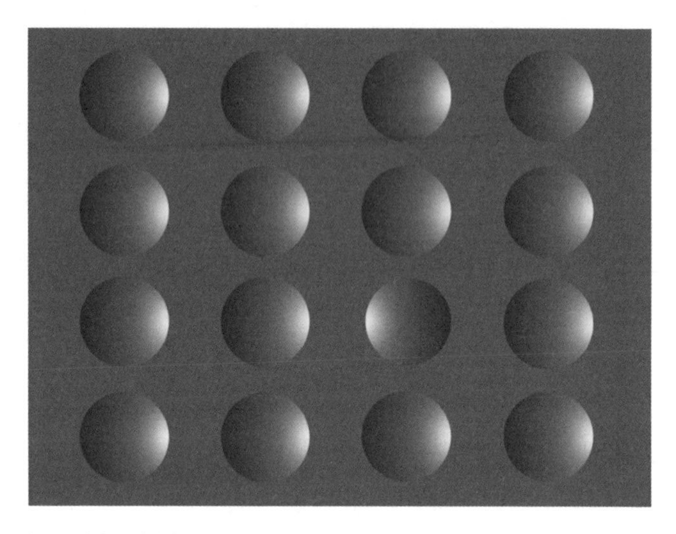

| 그림 37 | 하나를 제외한 모든 구에 같은 방향에서 빛이 비치는(이 그림에서는 오른쪽) 그림을 보여주고, 사람들에게 "혼자 다른 구"를 찾아보도록 했다.

계했다. 똑같은 구가 빛을 위에서 비추면 볼록해 보이고 아래에서 비추면 오목해 보인다면, 빛이 측면에서 비치면 어떻게 보일까? 우리는 여러 개의 구에 빛이 비치는 각을 22.5도씩 다르게 조정해서 사람들에게 보여주고 오목해 보이는 것을 찾도록 했다. 그러자 유명한 회화 작품을 활용해 연구했을 때와 마찬가지로 사람들은 빛이 왼쪽에서 비치는 이미지에 편향성을 보였다. 빛이 왼쪽에서 비치면 볼록하다고 보았고, 빛이 오른쪽에서 비치면 구가 오목하다고 보았다. 빛이 왼쪽에서 비치는 것을 마치 빛이 위에서 비춘 것처럼 인식한 것이다.

이처럼 여러 개의 구를 이용한 연구들이 많이 수행됐고 절대다수의 연구에서[11] 이런 편향성이 나타났다.[12] 주로 사용하는 손, 관찰자의 머리가 기울어진 정도 같은 요소를 조정해도 편향성이 역전되거나 사라지지 않았다. 심지어 빛을 왼쪽에서 비춘 물체의 이미지는 빛을 오른쪽에서 비추는 것처럼 보이도록 좌우를 반전시킨 이미지보다 더 '밝게 보인다'는 결과도 있다.[13] 이렇게 인위적으로 만든 이미지가 아닌 조각품처럼 "진짜" 3차원 예술품을 활용한 연구는 거의 없었지만 그 연구들에서도 일관된 결과는 나오지 않았다.[14,15]

지금까지 소개한 연구는 대부분 서구 지역에서 이루어졌다. 서구 지역의 초상화, 예술품, 그리고 서구인들이 보는 광고에서는 광원이 왼쪽으로 치우친 편향성이 분명하게 나타난다. 그러나 3장에서 설명했듯이 모국어를 읽고 쓰는 방향은 우리의 일상적인 행동에서 나타나는 편향성에 큰 영향을 줄 수 있다. 이 책은 영어로 쓰였으므로 왼쪽에서 오른쪽으로 읽는다. 유럽, 북미와 남미, 인도, 동남아시아 지역의 현대어는 대부분 이렇게 읽고 쓰는 방향이 왼쪽에서 오른쪽이다. 반면 아랍어, 아람어, 히브리어, 페르시아어, 우르두어 등 많은 사람이 쓰는 언어 중에는 오른쪽에서 왼쪽으로 쓰는 언어도 있다. 오른쪽에서 왼쪽으로 쓰는 언어가 모국어인 사람은 글을 왼쪽에서 오른쪽으로 쓰는 서구 사람들과 광원의 위치를 추정하는 편향성도 다를까?

볼록한 구와 오목한 구를 활용한 실험으로 확인해 볼 수 있다. 똑같은 구 여러 개를 줄지어 배치하고(달걀 상자에 가지런히 담긴 달걀처럼) 하나만 "빛"을 비추는 방향이 "잘못된 것처럼" 보이는(즉 조명의 방향이 다른) "혼자 다른 구"를 정한다. 혼자 볼록할 수도 있고, 혼자 오목할 수도 있다. 그림 37을 다시 살펴보면 세 번째 줄, 세 번째 칸에 있는 구가 혼자 다른 구다. 현재까지 실시된 비슷한 대부분의 연구에서는 사람들이 빛이 오른쪽 위에서 비칠 때보다 왼쪽 위에서 비칠 때 이렇게 혼자 다른 공을 훨씬 빨리 찾아낸다는 결과가 나왔다. 하지만 예외가 있다. 글을 오른쪽에서 왼쪽으로 읽고 쓰는 히브리어 사용자들은 광원의 위치가 왼쪽으로 치우치는 편향성이 대체로 약하거나, 반대로 광원의 위치가 오른쪽으로 치우치는 편향성이 나타난다.[16,17]

우리 연구진은 글을 읽고 쓰는 방향에 따라 광원 위치의 편향성이 이처럼 반대로 나타난다면, 광원의 위치에 대한 사람들의 '선호도'도 달라지는지 확인해 보기로 했다. 이를 위해 빛이 한 방향에서 비치는 이미지와 같은 이미지를 거울상으로 뒤집어서 광원이 반대쪽에 있는 사진을 한 쌍으로 준비한 후, 글을 읽고 쓰는 방향이 왼쪽에서 오른쪽인 사람들과 오른쪽에서 왼쪽인 사람들에게 각각 보여주고(그림 38 참고) 어떤 이미지가 더 마음에 드는지 물어보았다. 이때 적외선 시선 추적 장치로 사람들이 두 이미지를 비교할 때 화면의 어느 쪽을 응시하는지도 확인했다.

글을 왼쪽에서 오른쪽으로 읽는 사람들은 화면에 뜬 이미지를 볼 때 오른쪽보다 왼쪽 부분을 살피는 데 훨씬 더 많은 시간을 들였고, 빛이 왼쪽에서 비치는 이미지를 더 선호했다. 글을 오른쪽에서 왼쪽으로 읽는 사람들은 정확히 반대는 아니었지만 거의 정반대에 가까운 패턴이 나타났다. 즉 화면에 제시된 이미지의 왼쪽보다 오른쪽을 살펴보는 시간이 훨씬 길었고, 빛이 왼쪽에서 비치는 이미지를 더 선호하는 경향은 나타나지 않았다. 하지만 오른쪽에서 빛이 비치는 이미지를 더 선호하지도 않았다.

지금까지 살펴본 내용을 정리하면, 대다수는 (1) 빛이 왼쪽 위에서 비친다고 추정하며 (2) 그림을 그릴 때 빛이 왼쪽에 오도록 배치하는 편향성이 있고 (3) 빛을 왼쪽에서 비춘 물체에 더 빨리 반응하고 (4) 빛이 왼쪽에서 비치는 물체를 더 밝아 보인다고 인식하며 (5) 빛이 왼쪽에서 비치는 물체를 선호한다. 이런 편향된 인식은 실생활에서 어떤 영향을 줄까?

빛의 방향을 왼쪽으로 추정하는 편향성은 오래전에 그려진 회화 작품뿐만 아니라 현대의 인쇄 광고에서도 뚜렷하게 나타난다. 우리 연구진이 2,801건의 전면 광고를 분석한 결과, 47퍼센트는 빛이

| 그림 38 | 빛이 제품의 왼쪽과 오른쪽에서 비치는 가짜 광고. 사람들에게 둘 중에 어떤 제품을 사고 싶은지 묻자, 빛이 왼쪽에서 비치는 광고 속 제품을 선택했다.

왼쪽에서 비치고 22퍼센트는 오른쪽에서, 22퍼센트는 광원이 중앙에 있었다.[18] 앞장에서 자화상과 광고 속 인물이 왼쪽 얼굴을 더 앞으로 내미는 편향성이 나타난다고 설명했는데, 포즈 방향과 광원의 방향에서 나타나는 편향성이 영향을 주고받을 것도 충분히 예상할 수 있다. 실제로 광고에서 몸이 오른쪽을 향한 포즈에는 빛을 오른쪽에서 비추는 경향이 있고, 몸을 왼쪽으로 돌린 포즈는 반대로 조명이 왼쪽에 있는 경향이 있다.

내가 조사한 바로는 예술가나 광고 제작자들이 일부러 이런 편향성에 신경 쓴다는 근거는 없으나, 포즈와 빛의 방향에 편향성이 나타난다는 근거는 확실하게 존재한다. 그렇다면 이런 편향성은 왜 나타날까? 이런 특징이 광고에 도움이 될까? 빛이 왼쪽에서 비치는 이미지가 광고에 더 효과적일까?

우리 연구진이 수행한 몇 건의 예비 연구 결과를 보면 그런 듯하다. 대부분의 광고는 조명의 방향이 왼쪽이고 빛 외에도 이미지 속 요소들의 배치, 광고 내용 등 다른 차이도 있으므로, 우리는 연구를 위해 실제로는 존재하지 않는 상품의 가짜 광고를 직접 만들었다. 동일한 광고에 빛이 비치는 방향만 왼쪽과 오른쪽으로 다르게 만들고(그림 38 참고), 특정 브랜드를 대하는 태도가 결과에 영향을 주지 않도록 이 가짜 광고에 등장하는 상품의 제품명도 새로 지었다. 그리고 학생 45명에게 빛의 방향만 다른 두 버전의 광고를 보여주고 광고, 제품, 브랜드에 관한 생각과 구매 의향을 물어본 결과, 우리의 가짜 소비자들은 빛이 왼쪽에서 비치는 광고 속 상품과 브랜드에 더 높은 점수를 주었다. 실제 광고에서 나타나는 조명 방향의 왼쪽 편향성이 효과가 있다는 것을 알 수 있는 결과다.

핵심 요약

이번 장에서는 우리가 광원이 왼쪽 위에 있다고 추측하는 경향이 있고, 이 추측이 우리의 시각적 인식에 영향을 준다는 것을 설명했다. 이러한 편향성은 초상화와 예술 작품, 심지어 광고에서도 나타난다. 우리는 사물에 빛이 왼쪽에서 비칠 때 더 좋아 보인다고 느끼며 실제 구매로 이어질 가능성도 더 크다. 데이트 상대를 찾는 온라인 사이트에 프로필로 등록할 사진을 고를 때, 또는 집에서 쓰던 소파를 중고로 팔려고 사진을 찍을 때는 조명이 왼쪽에서 비치는 것이 도움이 된다는 사실을 기억하자.

8장

예술·미학·건축에서 나타나는 편향성

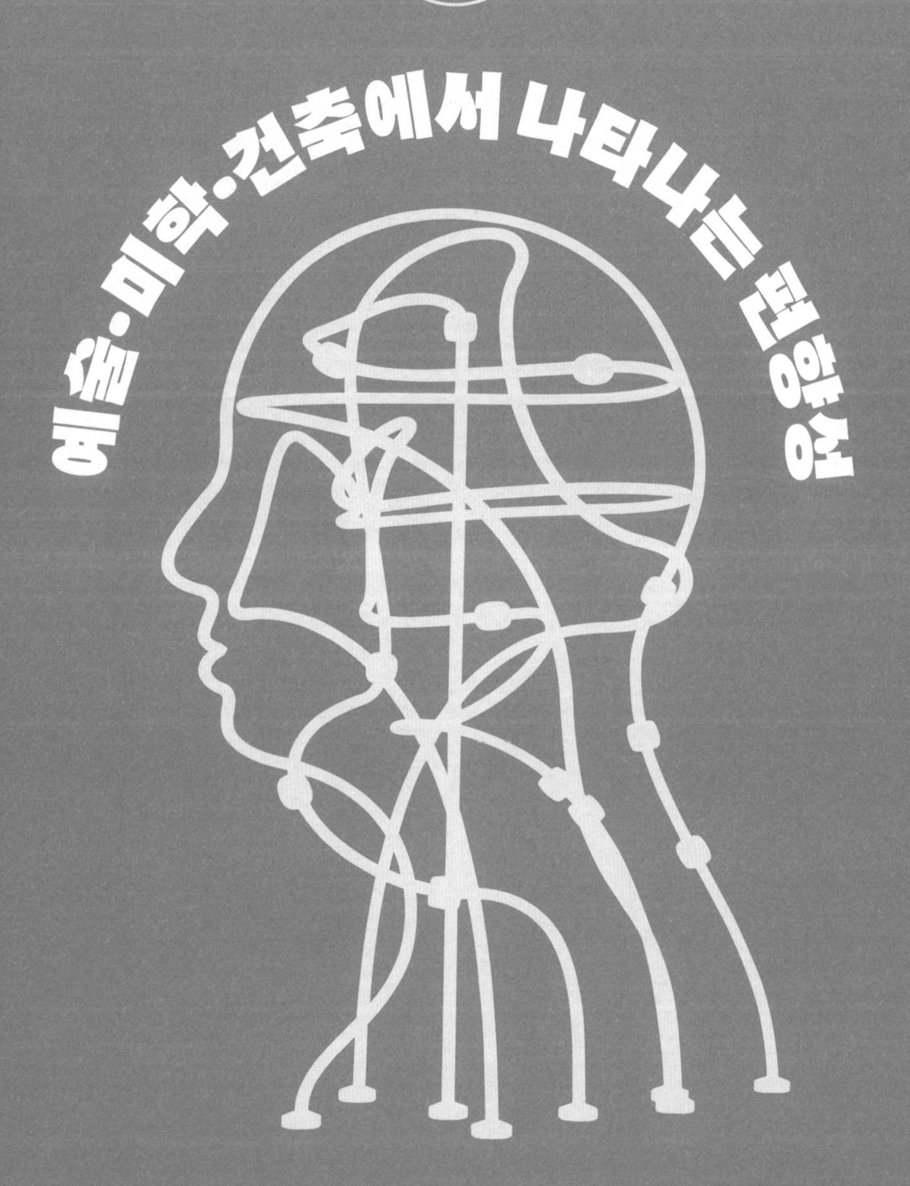

미적 취향은 그저 취향일 뿐일까?

오른쪽 눈은 신성한 것을 보여주는 상담가이고, 왼쪽 눈은 속세의 것을 보여준다.

성 아우구스티누스(354-430), 《산상수훈On the Lord's Sermon on the Mount》

'De gustibus non est disputandum'라는 라틴어 격언이 있다. 직역하면 "취향에 관해서는 논쟁이나 논의가 있어서는 안 된다"라는 의미다. 쉽게 말하자면 "취향은 천차만별"이라는 것이다. 예술이나 미학에 대한 취향은 지극히 개인적이며 예측할 수 없는 경우가 많다. 더 극단적인 일반 과학(구체적으로는 실험 심리학)의 언어로 바꾼다면 '미학에 타당한 것은 없다'고 할 수 있다.[1,2,3,4] 예술에 관한 과학적인 연구는 아직 걸음마 단계지만[5] 계속 발전해 나가고 있다. 이번 장에서는 예술의 세계에서 나타나는 편측성을 과학적으로 설명해 보고자 한다.

이번 장에서 알게 되겠지만, 예술과 건축의 제작과 평가에도 명확하고 일관된 편측성이 나타난다. 개개인의 미적 선호도는 굉장히 복잡하며 여러 요소에 영향을 받는다. 편측성은 그런 요소 중 하나다. 편측성보다 더 중요한 요소가 있을 수도 있고, 상황에 따라 편측성의 영향을 덮어버리는 요소가 존재할 수도 있다. 형편없는 그림을 거울상으로 뒤집는다고 해서 무조건 멋진 작품이 되거나 마음에 쏙 드는 그림이 되지는 않는다. 그러나 어떤 경우에는 작품의 방향이나 조명을 바꾸면 관찰자가 보기에 더 좋아 보이거나 나빠 보일 수 있다.

예술 작품에는 대부분 편향성이 나타난다. 앞서 우리는 몇 가지 중요한 편측성을 살펴보았다. 초상화에서는 인물의 왼쪽 얼굴이 더 앞으로 나오는 경향이 있고, 아기 예수를 안고 있는 성모 마리아처럼 아기를 안고 있는 엄마의 모습이 담긴 그림에서는 아기가 엄마 왼팔에 안겨 있는 경향이 있다. 그림이나 사진의 광원은 대체로 왼쪽 위에 있다. 물론 모든 예술에서 이런 편향성이 나타나지는 않는다. 인간은 대체로 좌우가 대칭일 때 미학적으로 아름답다고 느낀다. 실제로 어떤 얼굴을 보고 매력적이라고 느끼거나 건축물을 아름답다고 느끼는 이유 중 하나가 대칭성인 경우가 많다. 그림 39의 영국 요크에 있는 성 베드로 대성당(요크 대성당으로도 많이 불린다) 형태의 좌우 대칭, 그림 40에 나온 인도 델리의 바하이 예배당(연꽃 사원)의 방사 대칭도 그런 예다.

독일의 물리학자이자 수학자, 철학자인 헤르만 바일Hermann Weyl은 저서《대칭Symmetry》[6]에서 대칭성과 아름다움의 관계를 명쾌하게 설명했다. "[어떤 면에서] 대칭성이란 비율과 균형이 잘 맞은 상태이자, 여러 부분들이 전체로 통합될 때 나타나는 조화로움이다.

| 그림 39 | 영국 잉글랜드 요크에 있는 성 베드로 대성당. 요크 대성당으로도 많이 불리는 이 건축물은 좌우 대칭성이 나타난다(편측성은 볼 수 없다).

| 그림 40 | 방사 대칭을 볼 수 있는 인도 델리의 바하이 예배당(연꽃 사원)

'아름다움'은 대칭성과 연결되어 있다[특정 단어의 강조는 이 문구를 인용한 이언 크리스토퍼 맥매너스Ian Christopher McManus의 표기를 따랐다]."[7] […] "아리스토텔레스처럼 아름다움은 대칭성에서 생겨난다고 생각한 초기 사상가들도 있으나 플로티노스Plotinus처럼 대칭성과 아름다움은 서로 무관하다고 본 학자들도 있다."[8]

예술에서 나타나는 대칭성은 특정한 양식에 한정되지 않는다. 회화뿐만 아니라 성당 건물, 소나타에서도(A-B-A의 3부 형식) 대칭성을 볼 수 있다.[9] 예술에서 대칭성이 큰 가치를 갖는 것은 사실이다. 그러니 이번 장에서 예술 작품의 편측성을 상세히 다룬다고 해서 위대한 예술은 전부 비대칭이라거나, 비대칭성이 나타나야 더 매력적인 예술이라는 오해를 하지는 않길 바란다. 그럼에도 실제로 예술의 세계에서는 체계적이고 예측할 수 있는 비대칭성이 나타나

| 그림 41 | 렘브란트가 에칭 기법으로 그린 자화상.

는 사례가 많다. 우리가 이미 살펴본 예술 작품 속 인물의 포즈나 빛이 비치는 방향, 아기를 안은 방향의 편향성도 그러한 예에 포함되며, 이러한 편향성은 우리 뇌의 비대칭성과 명확히 관련이 있다.

그림에서 어디가 왼쪽이고 어디가 오른쪽인지는 쉽게 구분할 수 있을 것 같지만 실제로는 그렇게 쉽지만은 않은 경우가 많다. 그림 41을 보라. 렘브란트가 에칭 기법으로 그린 이 자화상에서는 어느 쪽이 오른쪽일까? 에칭 기법의 특성상, 판의 윗면에 그림을 그리고 판 위에 염료를 입힌 후 염료가 묻은 쪽을 아래에 있는 종이에 눌러서 그림을 인쇄한다. 그래서 예술사를 연구하는 일부 학자들은 종이에 인쇄되는 렘브란트의 에칭 작품은 그가 의도한 그림이 뒤집어져 인쇄된 결과물이므로 좌우를 뒤집어서 봐야 제대로 연구할 수 있다고 주장한다. 그러나 그림 41을 잘 살펴보면 더 헷갈리는 점들이 떠오른다. 일단 이 그림은 자화상이다. 렘브란트는 거울에 비친 자기 모습을 그렸을까? 그렇다면 거울에 비친 모습은 이미 실제 모습과는 방향이 반대이므로, 에칭으로 나온 그림은 그것을 한 번 더 역전한 결과물 아닐까? 좌우를 구분하기 어려운 건 오래된 예술 작품만의 문제가 아니다. 스마트폰으로 촬영한 현대의 셀피도 마찬가지다. 셀피는 그 사진을 촬영한 카메라, 즉 휴대전화가 사진에 함께 나와 있어서 거울에 비친 모습을 촬영했다는 사실을 확실하게 알 수 있는 경우도 많지만, 어떻게 찍은 셀피인지 쉽게 알 수 없어서 사진 배경에 나온 글자나 얼굴의 고유한 비대칭적인 특징을 토대로 "거울" 셀피인지 아닌지를 유추해야 하는 경우도 있다.

| **그림 42** | 피터 얀선스 엘링가의 <책 읽는 여인>

메르세데스 가프론Mercedes Gaffron[10], 하인리히 뵐플린Heinrich Wölfflin[11]을 포함한 일부 미학자들은 예술 작품의 왼쪽과 오른쪽은 각기 다른 의미가 있으므로 작품을 거울상으로 뒤집으면 의미도 달라진다고 주장했다. 기하학적으로 본다면 원본과 그것의 거울상 이미지에 포함된 요소가 모두 같다. 하지만 서로 "대응하는" 두 이미지를 시각적으로 탐색할 때의 지각적인 경험은 크게 다를 수 있다. 그림 42에 나온 피터 얀선스 엘링가Pieter Janssens Elinga의 〈책 읽는 여인Reading Woman〉을 살펴보자. 왼쪽이 원본이고 오른쪽은 원본의 거울상 이미지다. 그림 속 여인은 원본에서 더욱 두드러지는 느낌인데, 그 이유는 아마도 우리가 그림을 훑어보는 과정에서 여인이

"먼저" 눈에 들어오기 때문일 것이다. 여인의 신발은 원본에서는 눈에 잘 띄지 않지만, 거울상 이미지에서는 전체적인 비율과 어울리지 않아 "방해물"처럼 느껴지기도 한다. 심지어 바닥 마루도 원본과는 상당히 다르게 느껴진다.[12] 빈센트 반 고흐나 알브레히트 뒤러Albrecht Durer 같은 예술가들은 감상자가 그림을 보는 방향을 염두에 두고 그림을 그렸다. 라파엘Raphael이나 에드바르 뭉크Edvard Munch처럼 그러지 않은 예술가들도 있다.[13]

같은 그림이라도 원본과 거울상의 해석이 달라질 수 있다는 것을 이렇게 주관적으로 이야기할 수도 있지만 좀 더 객관적으로 설명할 수도 있다. 가령 착시를 활용해서 설명할 수 있는데, 그림 43에 미국의 심리학자 제임스 J. 깁슨James J. Gibson이 1950년 〈시각 표면의 지각〉이라는 제목의 논문에서 처음 제시한 "복도 착시"가 나와 있다.

이 그림에서 연한 색 막대는 크기가 정확히 같지만, 복도에 놓고 보면 멀리 있는 막대가 더 커 보인다. 막대를 양쪽에 배치하는 대신 왼쪽이나 오른쪽 벽에 나란히 놓았을 때 착시의 강도가 다른지도 확인할 수 있다. 사미 리마Samy Rima 연구진[14]은 왼쪽에서 오른쪽으로 글을 읽는 프랑스 사람들과 오른쪽에서 왼쪽으로 읽는 시리아 사람들에게 복도 그림의 원본과 그 거울상을 보여주는 기발한 실험을 설계했다. 그 결과 글을 왼쪽에서 오른쪽으로 읽는 사람들은 복도가 이미지의 오른쪽에 있을 때 착시가 가장 강하게 나타났고 글을 오른쪽에서 왼쪽으로 읽는 사람들은 반대로 복도가 이미지의 왼

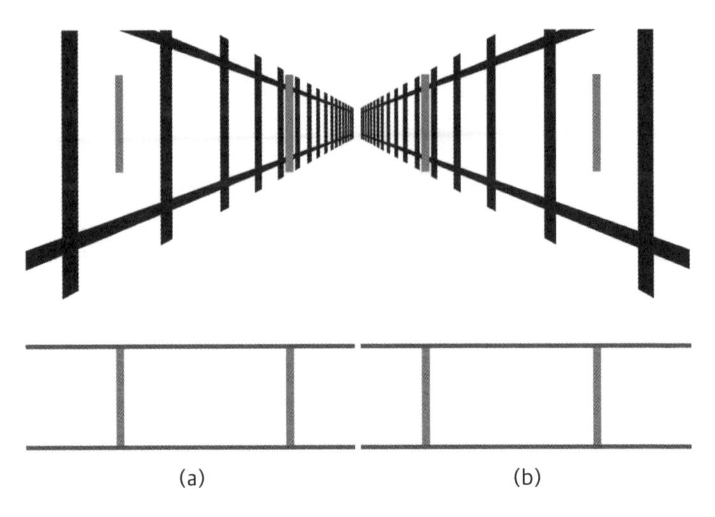

| 그림 43 | 제임스 J. 깁슨이 1950년에 처음 제시한 "복도 착시". (a)와 (b) 모두 "복도"에서 멀리 있는 막대가 더 굵고 길어 보이지만, 통로 아래 그림처럼 실제로는 다 같은 막대다. 모국어를 읽는 방향이 반대인 사람들에게 이 그림을 보여준 실험에서 글을 왼쪽에서 오른쪽으로 읽고 쓰는 사람들(프랑스인)은 이미지 오른쪽에 복도가 있는 (b)를 볼 때 착시가 더 강하게 나타났고 글을 오른쪽에서 왼쪽으로 읽고 쓰는 사람들(시리아인)은 복도가 이미지 왼쪽에 있는 (a)를 볼 때 착시가 더 강하게 나타났다.

쪽에 있을 때 착시가 가장 강하게 나타났다. 이러한 실험 결과는 서로 거울상인 두 이미지를 보는 경험이 질적으로 다르며, 글을 읽고 쓰는 방향에 따라서도 경험의 질적 특성이 반대로 바뀔 수 있음을 실증적으로 보여준다.

모국어를 읽고 쓰는 방향은 비등방성(이방성)에도 영향을 주는 것으로 보인다. 예술에서 비등방성은 방향에 따라 달라지는 성질을 가리킨다. 즉 방향이 달라도 기능적으로 동일한 등방성과 달리 방향에 따라 달라지는 특성이다. 그림에서 흔히 볼 수 있는 시각적 비

| 그림 44 | 왼쪽 아래에서 시작해 오른쪽 위로 점차 상승하는 비등방성 대각선이 나타나는 그림의 예시.

등방성의 요소는 사람들이 그림을 볼 때 시각적인 탐색 방향이 왼쪽 아래에서 시작해서 오른쪽 위로 이동하는 것으로, 하인리히 뵐플린[15]은 이를 "시선 곡선"이라고 칭했다. 서구 지역의 화가들과 관찰자는 움직임의 방향이 왼쪽에서 오른쪽일 때 "더 수월하고 빠르다"고 느끼며 반대로 오른쪽에서 왼쪽으로 움직이는 것은 "느리고 저항을 극복해야 나아갈 수 있다고 느낀다."[16] 실제로 서양 예술 작품의 상당수에서 왼쪽 아래에서 시작해서 오른쪽 위로 전개되는 방향성을 쉽게 볼 수 있다(그림 44 참고). 또한 우리는 왼쪽 아래에서 오른쪽 위로 이어진 대각선을 상승으로 인식하고, 왼쪽 위에서 오른쪽 아래로 이어지는 대각선은 하강이라고 인식하는 경향이 있다.[17,18]

시각적 탐색의 방향이 왼쪽 아래에서 오른쪽 위로 향하는 것은 모든 인간의 본질적인 편향성이라고 주장하는 연구자들도 있지만,[19,20] 오른쪽에서 왼쪽으로 글을 읽는 언어권에서 그렇지 않은 예를 쉽게 찾을 수 있다. 고대 중국의 두루마리는 오른쪽에서 왼쪽으로 펼쳐서 오른쪽부터 읽는다. 두루마리에 그림이 그려진 경우도 보통 주된 시각적 요소가 우측에 몰려 있는 편향성이 나타나며 그림에 암시된 인물의 이동 방향도 오른쪽에서 왼쪽이다.

공연장에서도 이동 방향에서 나타나는 편향성을 볼 수 있다. 서구 지역에서는 무대 우측(객석 기준으로는 왼쪽)에 관객의 시선이 쏠릴 확률이 더 높고, 실제로 막이 오르고 공연이 시작되면 관객은 무대 왼쪽부터 보기 시작한다.[21] 중국 공연장은 반대로 극에서 가장 중요한 요소가 무대 좌측(객석 기준 오른쪽)에 자리한다. 서양 관객과 중국 관객의 글 읽는 방향이 정반대인 것과 일치하는 특징이다. 독일의 심리학자 메르세데스 가프론은 우리가 시각적인 광경을 "읽는" 방식은 책을 읽을 때와 동일하다고 주장했다. 이를 뒷받침하는 증거는 계속 늘어나는 추세다.

사진 역사가이자 학자인 카르멘 페레스 곤살레스Carmen Pérez González가 두 나라에서 19세기에 촬영된 인물 사진을 대량 수집해서 분석한 결과도 그러한 증거 중 하나다.[22] 스페인(글을 왼쪽에서 오른쪽으로 읽고 쓰는 나라)에서 촬영된 사진 898장, 이란(페르시아어는 오른쪽에서 왼쪽으로 읽고 쓴다)에서 촬영된 사진 735장을 모아서 (1) 여러 사람이 키 순서대로 한 줄로 선 단체 사진(주로 가족들), (2) 한 명은 서 있고 다른 한 명은 앉아 있는 커플 사진, (3) 의자에 한 팔을 올린 독사진, (4) 자리에 앉아 테이블에 팔을 올린 독사진, 그리

| 그림 45 | 한줄로 선 가족사진에서 나타나는 배치 순서. 스페인처럼 글을 왼쪽에서 오른쪽으로 읽고 쓰는 나라의 가족사진은(왼쪽) 키가 왼쪽에서 오른쪽으로 커지는 경향이 있고 이란(글을 오른쪽에서 왼쪽으로 읽는 나라) 사람들의 가족사진은(오른쪽) 반대로 키가 오른쪽에서 왼쪽으로 갈수록 점차 커지는 경향이 있다.

고 (5) 의자나 테이블, 다른 소품 없이 촬영된 인물 사진까지 다섯 가지 유형으로 나누고 사진에서 나타나는 방향의 편향성을 분석했다. 그 결과 글을 읽고 쓰는 방향이 사진 구도에 엄청난 영향을 주는 것으로 나타났다. 여러 사람이 한 줄로 선 단체 사진과 커플 사진에서 사진 속 인물들의 높낮이는 그 나라에서 글을 읽고 쓰는 방향과 같은 방향으로 점점 높아졌다(그림 45 참고).

의자나 테이블이 함께 나온 사진, 심지어 독사진에서 나타나는 방향성도 글을 읽고 쓰는 방향에 영향을 받는다는 사실이 뚜렷하게 나타났다. 곤살레스는 후속 연구로[23] 앞서 분석한 사진들의 거울상 이미지를 만들고 스페인 사람들(글을 왼쪽에서 오른쪽으로 읽는 사람들)과 모로코 사람들(글을 오른쪽에서 왼쪽으로 읽는 사람들)에게 보여주었다. 그러자 스페인 사람들은 사진 속 사람이나 물체의 높이가 오른쪽으로 갈수록 높아지는 구도의 사진을 선호했고 모로코인들은 반대로 왼쪽으로 갈수록 높이가 커지는 구도를 더 선호했다. 그러므로 모국어를 읽고 쓰는 방향이 사진을 찍을 때 선택하는 구도와 사진에 느끼는 호감도에 모두 영향을 준다는 것을 분명하게 알 수 있다.

곤살레스의 사진 연구에서 나타난 방향성은 "집단의 배치 순서"로 인해 생긴다. 실제로 움직인 것은 아니며 사진에 움직임이 암시되지도 않았다. 그와 달리 사람이 왼쪽에서 오른쪽을 향해 걸어가는 모습을 촬영한 "액션 샷"은 촬영의 결과물이 정지화상이라도 사진 속 인물이 가는 방향을 뚜렷하게 알 수 있다. 왼쪽에서 오른쪽으로 걸어가는 사람의 사진을 보면서 마이클 잭슨Michael Jackson의 문워크처럼 반대 방향으로, 즉 뒤로 갈지도 모른다고 상상하지만 않는다면 말이다. 따라서 자동차, 열차, 비행기, 고양이, 개 등 움직이는 것을 찍은 사진을 보면 거의 다 앞과 뒤가 명확히 구분되고 어느 방향으로 움직이는 중인지 알 수 있다. 글을 왼쪽에서 오른쪽으로 읽고 쓰는 사람들은 사진에 암시된 방향성이 왼쪽에서 오른쪽인 사진을 선호하는 것으로 보이지만, 글을 오른쪽에서 왼쪽으로 읽는 사람들의 선호도를 조사한 결과는 덜 명확했다. 일부 연구에서는 선호하는 방향성이 글을 읽는 방향과 반대라는 결과가 나오기도 했고, 글을 읽는 방향에 따른 선호도에 아무런 차이가 없었다는 결과도 있었다.[24,25]

이 현상은 인물 사진에만 국한되지 않는다. 우리 연구진은 움직이는 물체와 풍경이 담긴 사진에서도 그러한 편향성이 일부 나타난다는 사실을 입증했다.[26] 글을 왼쪽에서 오른쪽으로 읽는 사람들과 오른쪽에서 왼쪽으로 읽는 사람들을 모집하고 왼쪽에서 오른쪽, 또는 오른쪽에서 왼쪽으로 움직이는 모습이 담긴 사진들을 원본과 거울상 이미지로 준비해서 보여주자, 글을 오른쪽에서 왼쪽으로 읽는 사람들은 어떤 사진에서도 방향성에 뚜렷한 선호도가 나타나지 않았으나 글을 왼쪽에서 오른쪽으로 읽는 사람들은 사진에 담긴 이동 방향이 글을 읽는 방향과 같을 때 더 선호하는 편향성이 강하게 나타났다. 우리는 이 두 그룹의 사람들에게 사진과 함께 특정 방향으로 움직이는 모습이 담긴 짤막한 영상도 보여주었다. 정지된 사진보다는 영상을 볼 때 나타나는 선호도가 훨씬 강했다. 글을 왼쪽에서 오른쪽으로 읽는 사람들은 움직임의 방향이 왼쪽에서 오른쪽인 영상을 그와 같은 사진보다 훨씬 뚜렷하게 선호했고, 글을 오른쪽에서 왼쪽으로 읽는 사람들은 사진을 볼 때는 뚜렷한 선호도가 나타나지 않았으나 영상을 볼 때는 오른쪽에서 왼쪽으로의 움직임을 선호하는 편향성이 더 강하게 나타났다.

우리 연구진은 위의 연구에 사용한 사진과 영상을 그대로 활용해서 비서구인을 대상으로 같은 연구를 진행했다.[27] 힌두어(왼쪽에서 오른쪽으로 읽고 쓰는 언어) 사용자와 우르두어(오른쪽에서 왼쪽으로 읽고 쓰는 언어) 사용자들을 대상으로 조사한 결과, 왼쪽에서 오른쪽으로 글을 읽는 사람들은 앞서 서구인들을 대상으로 한 연구 결과와 같이 왼쪽에서 오른쪽으로의 방향성이 나타난 사진과 영상을 선호하는 편향성이 강하게 나타났고 글을 오른쪽에서 왼쪽으로 읽는 사람들은 특정 방향의 움직임을 더 선호하는 편향성이 크게 두드러지지 않았다. 이 결과는 예술 작품에 나타나는 방향성에 따라 발생하는 미적 편향성이 서구인들에게 한정된 특징이 아니며, 글을 왼쪽에서 오른쪽으로 읽는 다른 문화권에서도 분명하게 나타난다는 것을 보여준다. 12장에서 설명하겠지만 이처럼 특정한 방향성을 더 선호하는 편향성은 체조 같은 스포츠에서 이루어지는 미학적인 평가에 영향을 준다.

서양인들은 여러 사람이 일렬로 배치된 그림을 볼 때도 방향성이 왼쪽에서 오른쪽일 때 선호도가 높아지는 것으로 나타났다. 매릴린 프레이머스Marilyn Freimuth와 시모어 워프너Seymour Wapner가 1979년에 실시한 연구에서 나온 결과다.[28] 회화의 방향성을 조사한 이 연구에서는 그림 속 주요 인물을 좌우로 다양하게 배치하고, 그 외의 여러 인물은 일렬로 배치한 이미지를 원본과 거울상의 한 쌍으로 보여준 뒤, 어느 쪽이 미적으로 더 마음에 드는지 사람들에게 물어보았다. 그 결과 주요 인물의 위치는 선호도에 큰 영향을 주지 않았고, 다른 인물들이 배치된 순서가 가장 큰 영향을 주는 것으로 나타났다. 사람들은 원본이건 거울상 이미지건 상관없이 그림에 나타나는 방향성이 왼쪽에서 오른쪽인 그림을 선호했다. 서구인들의 이런 취향은 예술 작품의 제목까지 확대되는 것으로 나타났다. 작품 제목의 첫 단어가 그림 왼쪽에 그려진 것을 지칭하면 그 제목의 선호도가 높아졌다.[29]

글을 읽고 쓰는 방향 외에도 예술에서 나타나는 편측성에 영향을 주는 다른 요소들도 있다. 사람들에게 얼굴 측면을 그려보도록 한 실험을 예로 들면, 켄터키대학교의 배리 젠센Barry Jensen[30,31]은 미국(왼쪽에서 오른쪽에서 읽고 쓰는 언어), 노르웨이(왼쪽에서 오른쪽으로 읽고 쓰는 언어), 이집트(오른쪽에서 왼쪽으로 읽고 쓰는 언어), 일본(보통 오른쪽에서 왼쪽으로 읽고 쓰는 언어)에서 오른손잡이와 왼손잡이인 사람들을 모집하고 사람의 얼굴 측면을 그려보도록 했다. 그러자 모국어를 읽고 쓰는 방향과 상관없이 오른손잡이는 얼굴 왼쪽 면을 그렸고 왼손잡이는 얼굴의 어느 한쪽을 더 많이 그리는 편향성이 나타나지 않았다. 최근에 실시된 다른 연구들에서도[32,33] 같은 결과가 나왔다. 조건을 확대해서 사람들에게 나무, 손, 물고기를 그리도록 한 연구에서는 개개인이 주로 사용하는 손과 모국어를 읽고 쓰는 방향이 대상을 어떤 방향으로 그리는지에 영향을 주는 것으로 나타났다.[34]

물론 화가가 시각적인 장면을 체계적으로 구성할 때 미학적인 요소만 고려하지는 않는다. 또한 모든 예술가가 최대한 "예쁜" 그림을 그리려고 노력하지도 않는다. 일반적으로 예술가들이 추구하는 것은 작품을 통해 사람들에게 무언가를 전달하고 감정을 일깨우는 것이다. 색조의 미세한 차이, 작품 속 요소들의 상대적 위치, 질감은 모두 화가가 그림으로 전하려는 메시지를 구성한다. 그림에서 발견되는 편측성도 마찬가지로 화가가 전달하고자 하는 바에 따라 달라질 수 있고, 그림 속 물체와 행위자의 관계에 따라 달라질 수도 있다.

펜실베이니아대학교의 안잔 채터지Anjan Chatterjee 연구진이 고안한 아주 단순하고 명쾌한 실험에서 그러한 영향을 확인할 수 있다.[35] 이 연구에서는 사람들에게 행위의 주체와 그 행위를 받는 존재의 관계를 그림으로 그려보도록 했다. 예를 들어 "원이 네모를 밀어내는 것"을 그려보라고 했다면, "행위의 주체"는 원이고 "행위를 받는 존재"는 네모가 된다. 이 연구에서, 사람들은 원(행위의 주체)을 왼쪽에 그리는 경향이 있었다. 채터지 연구진은 초상화에서 왼쪽 얼굴이 더 앞으로 나오는 포즈의 편향성도 이처럼 행위의 주체를 왼쪽에 두는 편향성 때문일 수 있다고 설명했다. 화가가 행위의 주체를 그림 왼쪽에 배치하면, 그 사람은 오른쪽 얼굴이 더 앞으로 나오게 된다. 연구진은 과거에 여성은 대부분 수동적인 존재로 묘사되었고 행위의 주체로 그려지는 경우가 드물었기 때문에 그림에서도 왼쪽 얼굴이 더 앞으로 나오는 편향성이 강하게 나타난다고 해석했다.[36]

서구 문화권에서 남성과 여성이 함께 찍은 사진을 보면, 보통 남성의 오른쪽에 여성이 있다.[37,38] 한 연구에서는 온라인에서 아담과 이브의 이미지를 검색한 결과("아담과 이브" 또는 "이브와 아담"이라는 검색어를 사용했다) 전체 검색 결과의 62퍼센트에서 이브가 아담의 오른쪽에 있었다고 밝혔다.[39] 심리학자 카테리나 주이트너Caterina Suitner와 앤 마스Anne Maass는 이러한 성별 편향성을 행위 주체의 공간 편향성이라고 칭했다.[40,41] 글을 왼쪽에서 오른쪽으로 읽고 쓰는 언어권, 또는 문장 구조에서 보통 주어가 목적어 앞에 나오는 언어권에서 이러한 경향성이 뚜렷하게 나타난다.[42]

마라 마주레가Mara Mazzurega 연구진은 행위 주체의 공간 편향성이 포즈에서 나타나는 편향성과 어떤 관련이 있는지 확인하기 위해 기발한 연구를 설계했다.[43] 왼쪽이나 오른쪽 얼굴이 더 앞으로 나온 남성과 여성의 얼굴을 사람들에게 보여주고 주체성이 높은 직업(증권 중개인, 건축가, 변호사, 요리사, 엔지니어, 영화감독)과 주체성이 낮은 직업(항공기 승무원, 비서, 우체부, 콜센터 직원) 중 어울리는 직업을 선택하도록 한 것이다(앞서 6장에서 우리는 남녀 모두 사진을 찍을 때 왼쪽 얼굴을 내미는 편향이 있고, 이 편향이 여성에게서 더 짙게 나타난다고 이야기했다. 왼쪽 얼굴을 더 앞으로 내밀고 찍는 것이 양성 모두에게 성별 정형적 특징이 된다 – 편집자). 그 결과 오른쪽 얼굴이 더 앞으로 나온 여성은 성별의 정형적 특징에서 벗어난다고 인식되었고 주체성이 높은 직업일 것으로 유추되는 비율이 낮았다(그림 46 참고). 마찬가지로 왼쪽 얼굴이 더 앞으로 나온 사진은 남성의 성별 정형적 모습으로 인식되어 행위 주체성이 높은 직업일 것이라고 유추하는 의견이 많았다.

인간의 가장 웅장한 예술 형식 중 하나인 건축물에도 몇 가지 흥미로운 편향성이 나타난다. 앞서 예로 든 바하이 예배당(연꽃 사원)처럼 대칭성(양쪽 대칭, 방사 대칭)이 나타나는 건축물도 있지만 좌우의 형태가 뚜렷하게 다른 키랄성chirality(카이랄성이라고도 하며, 거울상을 만들었을 때 마주 보면 포갤 수 있지만 원본과 거울상이 같은 방향을 향

성별과 얼굴 방향이 다른 4장의 사진

양가적 성차별 척도

성별 고정관념이 적합한 공간 위치를 판단할 때 주는 영향:
얼굴이 왼쪽을 향하는가, 오른쪽을 향하는가?

| 그림 46 | 마라 마주레가 연구진이 행위 주체의 공간 편향성과 포즈 편향성의 관계를 확인하기 위해 설계한 연구를 나타낸 그림. 왼쪽이나 오른쪽 얼굴이 더 앞으로 나온 남성 또는 여성의 얼굴 사진을 사람들에게 보여주고 주체성이 높은 직업(증권 거래인, 변호사 등)과 주체성이 낮은 직업(항공기 승무원, 우체부 등) 중 어떤 직업이 더 어울리는지 질문했다. 연구 참가자들은 얼굴 오른쪽이 더 앞으로 나온 여성의 사진을 보자 주체성이 낮은 직업으로 추측했고 얼굴 왼쪽이 더 앞으로 나온 남성의 사진을 보고는 주체성이 높은 직업으로 추측했다.

| 그림 47 | 키랄성이 나타나는 건축물의 예. 왼쪽은 일본 나고야에 있는 모드 고쿤 타워로, 반시계 방향으로 회전하는 형태다. 오른쪽에 나온 스웨덴 말뫼의 터닝 토르소 빌딩은 반대로 시계 방향으로 회전하는 형태다.

하면 겹칠 수 없는 비대칭성을 뜻한다. 키랄성의 가장 대표적이고 잘 알려진 예가 사람의 양손이다 – 옮긴이)이 특징인 건축물도 있다. 키랄성은 나사못처럼 일상에서 흔히 볼 수 있는 물건에서도 볼 수 있고, 원자처럼 아주 작은 입자부터 고층 빌딩, 심지어 은하수처럼 거대한 것에서도 나타난다.[44]

반대로 왼쪽과 오른쪽의 형태가 다르지 않은 거울상 대칭을 비키랄성이라고 한다. 유명한 건축물 상당수에서 이러한 비키랄성을 볼 수 있다(이집트 피라미드, 타지마할, 엠파이어스테이트빌딩 등). 뉴욕의 구겐하임 미술관, 아이슬란드 레이캬비크의 하르파 콘서트홀, 텍사

스주 댈러스에 있는 페롯 자연과학박물관처럼 대칭성이 전혀 나타나지 않는 위대한 건축물도 많다.

여기서 분명히 해두고 싶은 점은 비대칭적인 키랄성 건축물은 극히 드물다는 것이다. 소용돌이 형태의 건축물도 키랄성이 나타나는 예로 자주 제시되는데, 왼쪽으로 회전하는 나선 형태인 스웨덴 말뫼의 터닝 토르소 빌딩과 오른쪽으로 회전하는 나선 형태인 일본 나고야의 모드 코쿤 타워가 그러한 건축물이다.

건축물의 나선 구조에서 나타나는 방향성에 대해서는 광범위한 연구가 이루어졌다. 전 세계에서 가장 많은 나선형 건축물은 나선 기둥이다(내부에 나선형 계단이 포함된 경우가 많다). 전례 없는 기념물

| 그림 48 | 빈의 성 가롤로 보로메오 교회. 오랜 역사를 가진 양쪽의 두 기둥은 그림이 그려져 있고 서로 거울 대칭이다.

로 처음 세워진 로마의 트라야누스 원주(서기 약 113년)는 이후 회전 방향이 오른쪽인 여러 기둥의 설계에 영감을 주었다.[45] 트라야누스 원주 내부의 오른쪽으로 회전하는 나선 구조는 당시에 쓰이던 나사못의 형태와도 일치하고 그 시대의 언어인 라틴어가 왼쪽에서 오른쪽으로 읽고 쓰는 언어라는 점과도 일치한다.

그러나 그리스와 로마 시대 예술에서 사람의 움직임은 대부분 왼쪽에서 오른쪽으로 묘사된다.[46] 독일의 예술사가이자 고고학자인 하인츠 루시Heinz Luschey는 처음 이런 사실을 발견했을 때 언어를 읽고 쓰는 방향과 이런 편향성 사이에 관련이 없다고 보았다. 그는 같은 시기에 제작된 이집트 예술에서도 왼쪽에서 시작해서 오른쪽으로 가는 방향성이 나타난다는 점, 이런 방향성이 나타나는 그리스 예술품 상당수가 그리스어 표기 방향이 확실하게 정립되기 전에 만들어졌다는 점을 그 이유로 꼽았다.[47] 그림이 담긴 역사적인 기둥 구조물은 거의 다 그림 내용이 위로, 오른쪽으로 전개된다. 독일 힐데스하임 대성당의 베른바르트 기둥처럼 나선 방향이 왼쪽인 예외적인 경우도 있고, 빈의 성 가롤로 보로메오 교회 기둥처럼 나선 방향이 왼쪽인 기둥과 오른쪽인 기둥을 나란히 세워서 양쪽 기둥이 좌우 대칭인 경우도 있다(그림 48 참고).

핵심 요약

취향은 천차만별이다. 사람마다 미학적인 선호는 매우 다양하다. 미학, 아름다움과 같은 개념을 다양한 문화 사이에서 의미 있게 정의하는 것부터가 쉽지 않은 일이다. 미적 경험은 주관적이고 다양한 요인이 작용하므로 객관적으로 정의하거나 경험을 평가할 방법을 찾기가 굉장히 어렵다. 그러나 인간이 만드는 예술에는 분명 편향성이 존재하며, 예술을 인식하고 반응하는 방식에도 편향성이 확실하게 나타난다. 그림을 그릴 때, 그릇에 음식을 담을 때, 고층빌딩을 설계할 때는 포즈를 취하는 방향, 빛이 비치는 방향, 집단의 중심, 움직임의 방향, 모국어의 읽고 쓰는 방향 같은 요소를 전부 고려해야 한다. 글을 왼쪽에서 오른쪽으로 읽는 사람들은 이동 방향도 왼쪽에서 오른쪽을 선호한다(심지어 암시적인 움직임까지 포함해서). 이러한 영향은 서양 예술에서 시각적인 요소가 배치되는 방식, 가족사진을 찍을 때 일반적인 배치에서도 나타나고 심지어 착시가 일어나는 방식에서도 나타난다. 특정한 목적이 있는 이미지를 만들 때 이러한 편향성을 활용할 수 있다. 왼쪽에서 오른쪽으로 읽고 쓰는 언어권에서는 매물로 등록할 스포츠카 사진을 찍을 때 차가 왼쪽에서 오른쪽으로 가는 것처럼 보이도록 구도를 정하고 광원은 왼쪽에 두는 것이 좋다. 마찬가지로 사진이나 그림 한 장에 여러 요소가 담길 때는 왼쪽에서 시작해서 오른쪽으로 가는 방향성이 나타나도록 배치해야 글을 왼쪽에서 오른쪽으로 읽는 사람들이 미학적으로 보기 좋고 더 친숙하다고 느낀다.

9장

제스처의 편향성

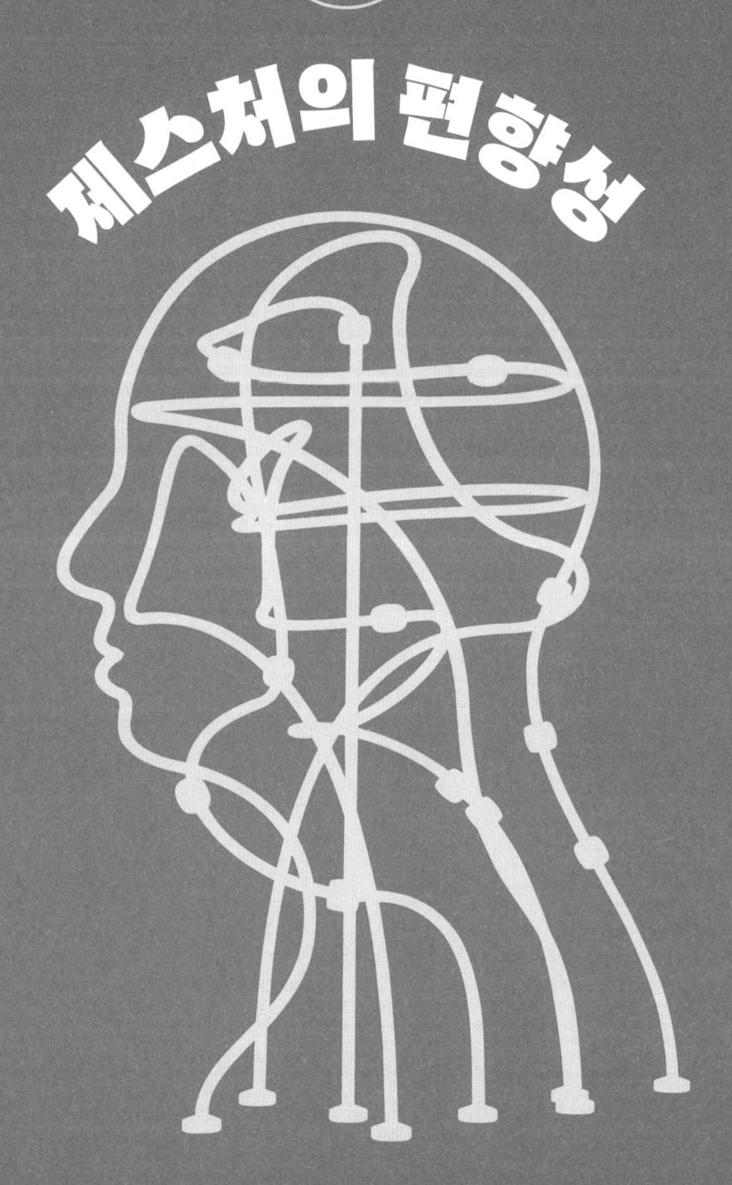

말할 땐 오른손으로, 들을 땐 왼손으로

왜 사람들은 전화 통화를 할 때도 늘 손으로 제스처를 할까?

소설가 조너선 캐럴Jonathan Carroll

말할 때 손을 절대 움직이지 않으려고 해보라. 아마 엄청난 노력이 필요할 것이다. 나는 제스처를 주제로 강의하거나 발표할 때마다 내 손짓을 예민하게 의식하고 통제하려고 하지만, 효과는 그리 오래 가지 않는다. 호흡과 비슷하다. 호흡과 제스처 모두 잠깐은 의식적으로 통제할 수 있지만 얼마 지나지 않아 무의식적으로 호흡하고 몸짓하는 상태로 돌아간다. 대화 중에 쓰는 손짓은 자연스럽게, 무의식적으로 나온다. 사람들은 제스처가 자신이 아닌 다른 사람들에게 도움이 된다고 생각하지만, "서로의 모습을 볼 수 없는" 소통 방식에서도(전화, 무전기, 라디오쇼 진행) 제스처를 쓰는 것을 보면 그게 얼마나 근거 없는 생각인지 바로 알 수 있다. 심지어 방음 부스 안에 혼자 들어가서 강의를 녹음할 때조차 마치 사람들을 마주하고 강의하듯이 손이며 팔을 열심히 움직인다.

제스처는 상대방이 눈에 보이지 않아도 나온다. 태어나 평생 남의 제스처를 한 번도 본 적이 없는 사람들도 제스처를 쓴다. 태어날 때부터 눈이 보이지 않는 아기들은 말을 배우기 시작하면 자연스레 제스처를 쓰기 시작한다.[1] 시각 장애가 없는 아이들보다 제스처의 빈도가 적을 뿐이다. 사용하는 언어와 문화적 배경이 다른 사람들도 전부 제스처를 쓰는 것을 보면, 제스처에 기본적인 의사소통 기능이 있음을 분명하게 알 수 있다.[2] 제스처는 보는 사람이 없어도 쓰고, 제스처를 보고 배운 적 없는 어린아이들도 알아서 쓴다. 그러므로 말하기와 제스처는 분명 서로 관련이 있다. 왜 그리고 어떻게 연관되어 있을까? 제스처로 우리 뇌에 관해 무엇을 알 수 있을까?

프랑스의 의사이자 인류학자인 폴 브로카Paul Broca는 1860년대에 왼쪽 전두엽을 크게 다친 환자를 연구했다.[3] 브로카가 연구한 환자는 루이 빅토르 르본Louis Victor Leborgne이라는 이름보다 그가 유일하게 말할 수 있었던 단어인 "탕Tan"으로 더 많이 알려졌다. 그는 이 한 단어를 다양한 목소리 톤으로 말하는 방식으로 하고 싶은 말을 전달했다. 탕의 사후에 그의 뇌를 조사한 결과 왼쪽 전두엽에 엄청난 손상이 발생했다는 사실이 밝혀졌고, 손상 부위는 브로카 영역으로 불리게 되었다(그림 49 참고).

브로카는 탕에 관한 연구를 토대로 뇌의 좌반구에 언어 중추가 있다는 결론을 내렸다. 그때부터 왼쪽 전두엽이 언어 기능을 관장하는 것과 전체 인구의 대다수가 오른손을 주로 사용하는 것에 기능적인 연결 고리가 있을 것이라는 추정이 나왔고 지금까지도 이어

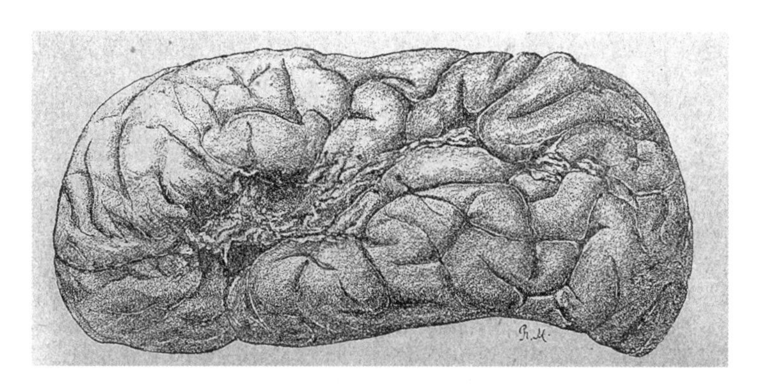

| 그림 49 | 루이 빅토르 르본(탕)의 뇌 그림. 전두엽에 브로카 영역으로 불리게 된 커다란 병소가 있다.

지고 있다.

인간은 분명 음성 언어를 습득하기 훨씬 전부터 제스처로 소통했을 것이다. 인간의 언어 발달 과정에 관한 대표적인 이론 중에도 인간의 소통 방식이 제스처를 이용한 소통에서 소리를 이용하는 소통으로 전환되었을 가능성을 중점적으로 다루는 몇 가지 이론이 있다.[4,5,6] 하지만 제스처 언어와 음성 언어의 관계는 아직도 명확히 밝혀지지 않았다.

제스처가 구어보다 먼저 발달했는지, 둘 중 하나가 다른 하나의 발달을 이끌었는지와 상관없이, 분명한 사실은 우리가 대화할 때 제스처를 쓴다는 것이다. 우리는 말할 때는 물론이고 다른 사람의 말을 들을 때도 제스처를 쓴다. 또 한 가지 분명한 사실은 우리가 쓰는 제스처에 좌뇌와 우뇌의 차이가 반영된다는 것이다.

1973년에 캐나다의 심리학자 도린 키무라Doreen Kimura는 처음 만난 사람들을 둘씩 짝을 지어 "가짜" 대화를 나누도록 하고 그 모습을 관찰했다.[7,8] 말할 때, 그리고 상대방의 말을 들을 때 나타나는 손의 움직임을 지켜본 결과, (1) 사람들은 들을 때보다 말할 때 손을 더 많이 움직이고 (2) 말할 때 쓰는 제스처에는 왼손보다 오른손이 더 많이 쓰이며 (3) 들을 때 나오는 제스처에는 왼손이 더 많이 쓰였다. 이 세 가지 특징은 오른손잡이와 왼손잡이 모두에게서 뚜렷하게 나타났다. 키무라는 말할 때 오른손을 움직이는 것은 뇌 좌반구가 말을 만들어내는 기능을 주로 담당하기 때문이며, 말하기 기능에 쓰이는 그 뇌 회로가 말할 때 오른손의 움직임이 많아지는 것에도 똑같이 관여한다는 결론을 내렸다.

존 토머스 돌비John Thomas Dalby 연구진은 이를 더 확대한 연구를 수행하고 같은 결과를 얻었다.[9] 돌비 연구진은 서로 모르는 사람들끼리 연구실에서 가짜 대화를 나누도록 하는 대신 서로 아는 사이에서 이루어지는 실제 대화를 "현장에서" 관찰했다. 그 결과 7년 앞서 키무라 연구진이 발견한 대로, 사람들은 말할 때 오른손을 자유자재로 움직이는 경향이 있었고 상대방 말을 들을 때는 그런 특징이 나타나지 않았다.

우리 연구진은 돌비 연구진의 방식을 확장하여 두 사람이 자연스럽게 대화할 때 남성과 여성이 쓰는 제스처의 차이를 조사해 보기로 했다.[10] 이를 위해 남성과 다른 남성의 대화(25쌍), 남성과 여성의 대화(25쌍), 여성과 다른 여성의 대화(25쌍), 여성과 남성의 대화(25쌍)까지 총 100쌍이 3분간 대화하는 모습을 관찰하면서 말하

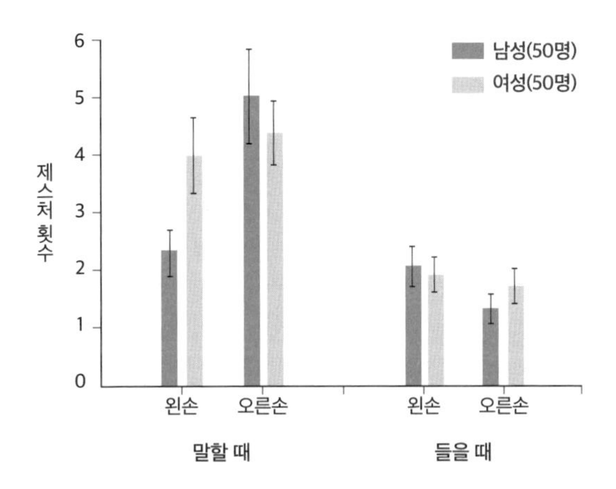

| 그림 50 | 사람들이 말할 때 나오는 제스처에는 오른손이 쓰이는 경향이 있다. 왼손과 오른손 제스처의 차이는 여성보다 남성에서 더 두드러진다.

거나 들을 때 어떤 제스처가 나오는지, 그리고 그 제스처가 "자유로운 움직임"인지 "자기 몸을 만지는" 행동인지 구분했다(그림 50 참고).

그 결과 우리가 관찰한 남성들은 말하는 동안 오른손을 더 많이 움직이고 들을 때는 왼손을 더 많이 쓰는 것으로 나타났다. 여성들에서는 이러한 패턴이 나타나지 않았고, 대화 상대가 누구든 왼손과 오른손 제스처에 차이가 크지 않았다. 우리가 인간의 다른 편향성을 연구할 때 일반적으로 나타나는 양상과 일치하는 결과였다. 남성은 여성보다 편향성이 더 강하게 나타나는 경향이 있다.

손 제스처가 주요 소통 수단인 청각장애인들을 대상으로 한 연구도 이루어졌다. 이들의 "비언어적인" 손 제스처(수어에 해당하지 않는 손의 움직임)를 조사한 결과를 보면, 오른손잡이인 청각장애인들

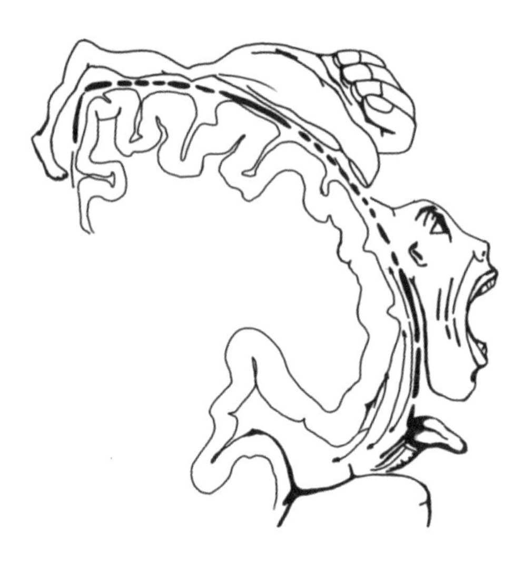

| 그림 51 | 운동 호문쿨루스. 신체 움직임을 통제하는 전두엽의 여러 영역 중에 손과 입을 통제하는 영역은 서로 가까이에 붙어 있다.

은 왼손잡이인 청각장애인들보다 제스처에 오른손을 더 많이 사용하고, 왼손잡이는 그 반대인 것으로 나타났다.[11]

말할 때 오른손의 움직임이 "흘러나오는" 이유는 뭘까? 오른손의 조절과 언어 기능을 모두 좌반구가 통제한다는 것은 분명한 사실이지만, 그보다 훨씬 세부적인 이유가 있을 것으로 추정된다. 그림 51의 "운동 호문쿨루스"를 보자(호문쿨루스는 "난쟁이"라는 뜻이다). 이 그림을 보면, 가장 먼저 몸의 각 부위가 실제와 전혀 다른 비율이라는 점과 전부 뇌 피질에서 툭 튀어나온 것처럼 표현된 점부터 눈에 띈다. 손과 입, 혀는 실제보다 '거대하고' 다리와 몸통은 아주 작다. 이상한 건 비율뿐만이 아니다. 신체 여러 부위의 상대적인 위치도 전부 기괴하다. 특히 손이 얼굴 옆에 있는 희한한 구조인데, 이는 뇌의 한 영역이 활성화되면 인접한 다른 영역의 활성화로 이어지는 경우가 많다는 "활성화 확산" 또는 "운동 과흐름"의 개념으로 설명할 수 있다. 뇌에서 입의 움직임과 관련된 조직의 활성이 커지면 손의 움직임도 활성화되고 반대의 경우도 마찬가지라는 의미다. 말할 때 제스처가 함께 나타나는 것은 이처럼 뇌에서 말과 손의 움직임을 관장하는 영역이 가까이에 있기 때문일 수도 있다.

지금까지는 대화의 내용은 고려하지 않고 말과 제스처와의 관계를 설명했다. 내가 직접 수행한 연구를 포함해서 이 주제로 실시된 연구의 상당수가 사람들이 나누는 대화의 내용은 파악하지 못했다. 내용은 들리지 않기 때문이다! 우리 연구진이 자연스러운 대화 중에 나타나는 제스처를 관찰한 연구에서도 거리가 너무 멀어서 무슨 말을 하는지는 알 수 없었다.

하지만 대화의 내용은 제스처에 큰 영향을 주는 것으로 보인다. 대부분의 대화에서 말의 내용과 그에 따른 오른손의 움직임은 주로 좌반구가 통제하는데, 만약 대화의 내용이 우반구의 전문 분야라면 어떻게 될까? 가령 길을 알려주거나, 그 밖에 공간 정보를 말로 전달할 때는?

소타로 키타Sotaro Kita와 헤다 라우스버그Hedda Lausberg[12]는 이 흥미로운 의문을 풀기 위해 아주 특수한 뇌수술을 받은 소수의 환자를 조사했다. 뇌의 양쪽 반구를 잇는 "가교"인 뇌량을 절제한 환자들이었다. 태어날 때부터 뇌량이 없는 극소수의 예외가 아닌 이상[13] 좌반구와 우반구는 커다란 띠 형태의 백색질인 뇌량으로 연결되어 있고(약 2억 5,000만 개의 신경세포로 구성된다) 우리의 지각과 행동은 뇌 양쪽 반구의 협력으로 형성된다.

희귀하고 극심한 일부 뇌전증의 경우, 의사는 좌우뇌 중 한쪽(보통 좌반구)의 특정 영역에서 시작된 발작이 뇌 전체로 퍼지지 않도록 뇌의 두 반구를 분리하는 매우 극단적인 조치를 택한다. 뇌량을 절단하는 이 수술은 뇌량 절제술로 불린다.[14] 수술 후 부작용은 대체로 크게 두드러지지 않는다. 뇌의 두 반구는 계속해서 각각 특화된 기능을 수행하지만, 양쪽의 협력은 약해진다.

키타와 라우스버그는 뇌량 절제술의 모든 과정이 끝난 환자 3명과 대조군으로 모집한 신경학적으로 전형적인 사람 9명의 손 제스처를 비교했다. 그 결과 환자 세 명 중 두 명은 좌반구가 언어 기능을 주로 담당했으나 한 명은 일부 언어 처리 기능이 양쪽 반구에서 모두 이루어졌다. 또한 뇌량 절제술을 받은 세 환자 모두 공간을 떠올리면 왼손과 오른손의 제스처가 나타났지만 언어 기능을 좌반구가 주로 조절하는 두 명은 공간 정보를 이야기할 때 왼손 제스처에 어려움을 겪는 것으로 나타났다. 말하는 내용이 공간에 관한 것이면 우반구에서도 좌반구처럼 제스처가 만들어진다는 것을 보여준 결과였다. 이는 앞서 도린 키무라를 포함한 여러 연구진이 우리가 말할 때 나오는 손 제스처와 말이 모두 뇌의 같은 영역에 만들어진다고 주장한 것과 상반된다. 그런 경우도 있겠지만, 이야기의 내용이 우반구의 전문 분야일 때는 우반구도 고유한 제스처를 만들어

낼 수 있는 것으로 보인다.

122명의 건강한 성인 중 신경학적으로 전형적인 오른손잡이 10명을 대상으로 한 연구에서도 제스처에는 "말하는 내용이 중요하다"는 사실을 뒷받침하는 증거가 나왔다.[15] 이들에게 애니메이션을 보여주고 말로 또는 말없이 제스처로만 내용을 설명해 달라고 하자, 내용에 따라 손 제스처가 달랐다. 말로 설명할 때 처음에는 오른손이 제스처에 더 많이 쓰였는데, 특정 장면을 묘사할 때는 설명하려는 사물의 위치(왼쪽 또는 오른쪽)에 따라 그 방향과 일치하는 쪽의 손이 제스처에 활용됐다. 이처럼 말하는 내용과 제스처가 밀접하게 관련된 것을 제스처의 "도상성"이라고 한다. 어떤 장면에서 화면 왼쪽에 나온 물체를 가리킬 때도 왼손을 사용했다. 말로 설명할 때와 무언의 제스처로 설명할 때 제스처의 편향성은 달라지지 않았다.

일반적으로 "언어"는 좌반구의 전문 영역이다. 좌반구는 아는 단어도 많고 어순에 따른 의미(문법)를 이해하며 음성 언어도 만들어 낸다. 그러나 언어와 관련된 기능 중에는 우반구가 더 우세한 것도 있다. 목소리의 톤을 해독하는 것(말에 담긴 감정, 빈정대는 기색을 읽어 내는 것과 같은), 이야기의 주제를 뽑아내는 것, 은유를 이해하는 것에도 우반구가 명확히 더 우수하다.

우반구가 은유를 이해하는 능력이 더 우수하다는 사실은 손 제스처에서도 드러난다. 영어 사용자 32명에게 직역하면 "콩을 쏟다"이지만 내포된 의미는 "비밀을 말해버리다(spill the beans)"와 같은 은유적인 표현의 의미를 설명하면서 오른손이나 왼손 중 하나만 사용하도록 하자, 왼손만 사용할 때 설명을 더 잘하는 것으로 나타났다.[16] 또한 오른손만 제스처에 쓰도록 했을 때보다 왼손만 쓸 때 은유의 사용 빈도가 높아졌다.

제스처에서 나타나는 편향성에 관련된 아주 흥미로운 이야기로 이번 장을 마무리하려고 한다. 말할 때 나오는 손 제스처가 진화의 유물이라면 어떨까? 다시 말해 진화가 끝나고 음성 언어가 발달한 뒤에도 행동으로 남아 있는 화석이라면? 화석이라고 하면 대부분 석화된 뼈부터 떠올릴 뿐 행동을 떠올리지는 않는다. 하지만 현대 인류에게는 화석처럼 남은 행동이 아주 많다. 인류가 지구에서 길고 긴 시간을 살아오면서 적응하기 위해 생겨난(특히 아프리카 대초원지대에서 인간이 진화한 10만 년 동안) 행동 중에는 오늘날에는 적응에 필수도 아니고 쓸모도 없는 것들이 있다. 그런 행동은 최악의 경우 적응에 불필요한 수준을 넘어서 부적응 행동이 되기도 한다. 인간이 보편적으로 단 음식을 갈망하는 행동도 그런 예다. 먼 옛날 아프리카 대초원에 살던 인류의 조상들 가운데 단맛을 좋아했던 사람들은 과일을 더 많이 먹고 그 덕분에 비타민을 비롯해 과일에 함유된 다른 이로운 영양소도 더 많이 섭취했을 것이다. 그때는 사탕 가게가 없었으니 단맛이 나는 것을 선택하는 게 건강에 유익한 선택이었다. 그로부터 수천 년이 흐른 지금은 단 음식이 사방에 널려 있고(특히 서구 지역은 그렇다) 그런 음식은 거의 다 영양과는 전혀 무관하다. 단 것을 갈망하는 것은 아프리카에 살던 인류의 선조들에게는 생존에 도움이 되었지만, 오늘날 우리에게는 건강을 크게 해칠 수 있는 행동이 되었다.

손 제스처가 행동으로 남은 화석이라는 것은 1746년에 프랑스의 철학자 에티엔 보노 드 콩디야크Étienne Bonnot de Condillac가 발전시킨 생각이다. 이후 1973년에 미국의 고든 휴이스Gordon Hewes[17, 18]와 뉴질랜드의 마이클 코벌리스Michael Corballis[19]가 그 뒤를 이었다. 이번 장 첫 부분에 소개한 탕이라는 환자의 사례를 기억할 것이다. 그는 전두엽 일부(브로카 영역)에 손상이 생긴 후 '탕tan'을 제외한 다른 단어는 정확하게 말하지 못했다. 인간의 뇌에서 브로카 영역으로 불리는 곳은 원숭이 뇌에서는 앞발을 이용한 제스처(음성이 아닌 몸짓)를 통제하는 영역인 F5에 해당한다.[20] 이 F5 영역의 뇌세포 하나를 분리해서 살펴보면, 이 영역이 영장류의 뇌에서 발견되는 "거울 시스템"의 일부라는 사실을 확인할 수 있다. 거울 시스템은 영장류 동물이 어떤 물체를 향해 팔을 뻗을 때 활성화되는 특수한 세포들로 이루어진다. 심지어 같은 무리에 속한 다른 동물이 어떤 물체에 팔을 뻗거나 그 물체를 붙잡는 모습을 지켜볼 때도 반응해서 활성화된다.[21] 직접 행동할 때나 다른 사람 또는 동물의 행동을 지켜볼 때나 똑같이 활성화되므로 "거울 세포" 또는 "거울 뉴런"이라고도 불리는 세포들로 이루어진 이 거울 시스템은, 인간의 여러 사회적 학습 기능의 토대일 가능성이 있으며 언어 역시 일반적으로 이 시스템의 일부로 여겨진다.[22] 손 제스처가 정말로 화석과도 같은 행동이라고 해도 다행히 해가 되지는 않는 듯하다. 기껏해야 차에서 통화할 때 나를 보지도 못하는 상대방을 향해 격렬히 제스처를 하느라 에너지를 조금 낭비할 뿐이다.

핵심 요약

말할 때 나오는 제스처는 자연스럽고 무의식적인 행동이다. 제스처를 보면 뇌 좌우 반구의 기능에 편향성이 있고 기능이 다르다는 사실을 알 수 있다. 좌반구는 말하기 기능을 주로 담당하는 '동시에' 오른손의 움직임을 통제하므로, 우리는 말할 때 오른손으로 제스처를 하는 경향이 있다. 상대방의 말을 "들을 때"는 주로 왼손으로 제스처를 한다. 말할 때 제스처가 나오는 부분적인 이유는 뇌에서 손을 통제하는 영역과 입을 통제하는 영역이 서로 인접해서 발생하는 "활성화 확산"의 결과일 가능성이 있다. 인간의 언어는 제스처가 먼저 발달한 후에 입으로 말하고 귀로 듣는 방식으로 발전한 것으로 보인다. 오늘날에도 말할 때 손 제스처가 동반되는 것은 제스처로 의사소통하던 선사시대의 흔적, 즉 행동으로 남은 화석일지도 모른다.

10장

방향 전환의 편향성

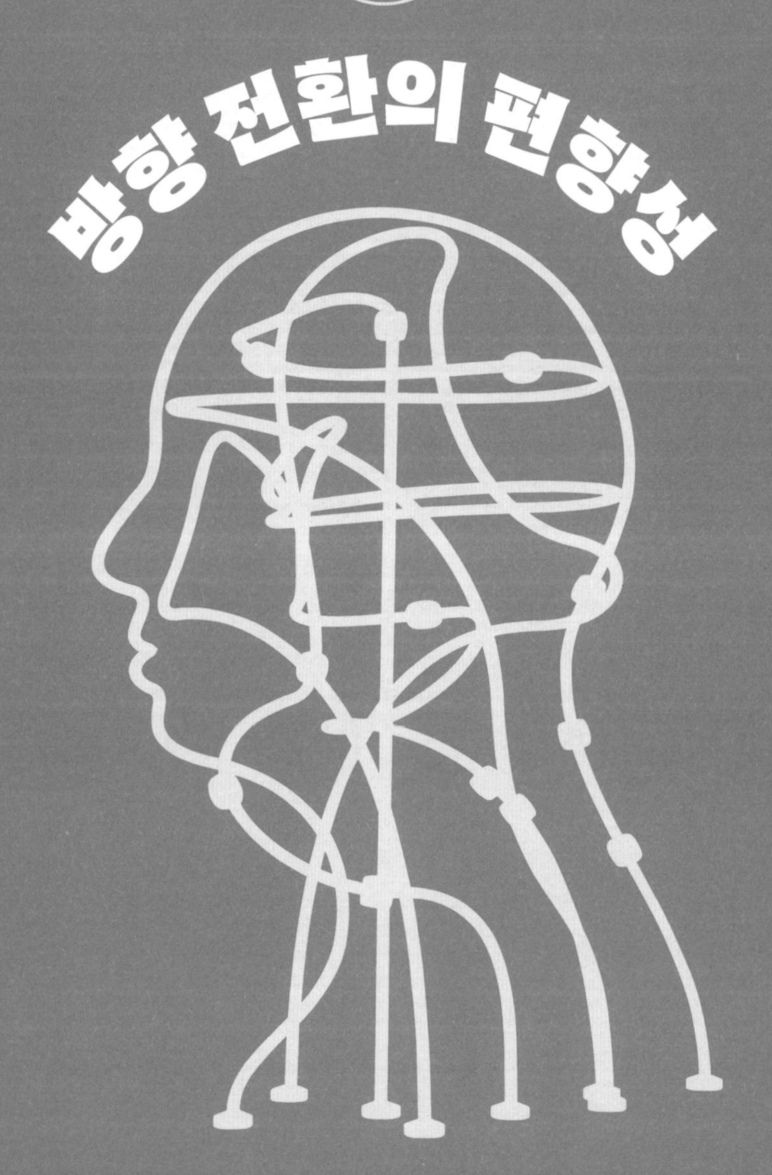

왜 자꾸만 오른쪽을 부딪칠까?

내가 왼쪽으로 가는 건 오른쪽에 아무것도 없어서인가?
왼쪽에 아무것도 없으면 오른쪽으로 가는 것일까?

출처 불명

1835년, 프랑스의 수학자 귀스타브 코리올리Gustave Coriolis[1]는 물레방아 같은 회전 장치를 연구하다가 얻은 영감을 토대로 회전체를 움직이게 하는 자연의 힘을 최초로 기술했다.[2] 코리올리의 연구는 대부분 엄청난 양의 물이나 공기가 거대한 규모로 움직이는 현상에 초점을 맞추었지만, 우리는 '코리올리 효과'를 아주 작은 양의 물이 소용돌이치는 상황에서 주로 언급한다. 바로 변기에 물을 내리는 상황이다. 이때 물이 흐르는 방향에서 코리올리 효과를 분명하게 확인할 수 있다(회전체 표면에 있는 유체의 이동 방향이 휘어지는 것을 코리올리 효과라고 한다. 이때 작용하는 힘은 전향력으로도 불린다 – 옮긴이). 많이들 코리올리를 지구의 자전이 다른 회전체에 주는 영향을 처음 명확하게 설명한 인물로 생각하지만, 이 이론의 기반이 된 발견은 대부분 2세기 전에 나왔다.

지구의 자전이 우리 몸을 비롯한 지구상 존재들의 움직임에 어떤 영향을 주는지 설명하려면 먼저 지구가 둥글다는 것부터 증명해야 했다. 나는 요즘 사람들이 월식, 시차, 수평선 너머로 배가 사라지는 모습처럼 지구가 둥글다는 과학적인 사실을 뒷받침하는 일들을 한 번도 직접 경험하지 않고 사는 것 같아 참 안타깝다. 지구가 평평하다는 헛된 주장과 달리 지구는 자전축을 중심으로 서쪽에서 동쪽으로 회전한다. 이 자전으로 인해 우리가 하늘을 보면 태양, 별, 그 밖에 모든 천체가 동쪽에서 서쪽으로 움직이는 것처럼 보인다. 북극에서 보면 세상은 반시계 방향으로 돌고 남극에서 보면 시계 방향으로 돈다. 존 스튜어트Jon Stewart가 진행하던 〈데일리 쇼The Daily Show〉를 나처럼 즐겨 봤던 사람들은 프로그램 오프닝 장면에 등장하던 지구 모양 그래픽이 틀린 방향으로 회전하는 모습을 많이 봤을 것이다. 진행자가 바뀐 후에는 이 지구 그림의 회전 방향도 수정됐다.

인간의 방향 전환 행동을 설명하는 장에서 왜 난데없이 지구의 자전을 이야기하는지 의아할 수도 있다. 하지만 코리올리 효과는 인간의 움직임에도 영향을 주는 듯하다. 최소한 실험 모형에서는 그렇다.[3] 이번 장에서는 인간의 방향 전환에서 나타나는 편향성을 간략히 살펴볼 것이다. 여러 사람에게서 나타나는 집단적인 행동 특성과 개개인의 방향 전환 행동을 모두 살펴보고 고대부터 현대까지 어떤 변화가 생겼는지, 그리고 뱃속 아기부터 노인까지 인간의 전 생애에서 이러한 행동에 어떤 양상이 나타나는지도 알아본다.

머리를 오른쪽으로 돌리는 것은 생애 가장 초기에 나타나는 인간의 편향된 행동 중 하나다.[4] 수정 후 38주가 된 태아일 때, 즉 문화나 사회적 학습의 영향을 받지 않은 때부터 뚜렷하게 나타나기 시작해 평생 지속된다. 성인들에게 텅 빈 복도를 따라 걸어가다가 뒤돌아서 다시 제자리로 오라고 하면 오른쪽으로 돌아서 올 확률이 높다. 차를 운전할 때, 상점에 들어갈 때, 스포츠, 심지어 춤을 출 때도 이러한 우측 편향성이 나타난다. 고대인들의 춤에는 대부분 원을 그리며 도는 동작이 포함되어 있는데, 이때도 시계 방향(오른쪽)으로 도는 경향이 나타난다. 대중문화에서도 이와 같은 방향 전환의 편향성을 볼 수 있다. 영화 〈쥬랜더Zoolander〉에는 주인공인 데렉 쥬랜더Derek Zoolander가 패션쇼 런웨이에서 왼쪽으로는 뒤돌지 못하는 유명한(허구적인) 장면이 나온다.[5] 왜 우리는 방향을 바꿀 때 오른쪽을 더 선호할까?

먼저 방향 전환과 회전, 선회를 구분해 보자. 이번 장에 나오는 '회전'이라는 표현은 몸의 중심축을 따라 완전히 한 바퀴를 돌거나 부분적으로 도는 움직임을 뜻한다.[6] '방향 전환'은 그와 달리 직선으로 이동하다가 방향을 바꿔서 다른 길로 가는 행위다. 그리고 '선회'는 이런 방향 전환이 여러 차례 이어져서 결과적으로 외부(이동 중인 사람의 몸 바깥쪽)에 있는 중심을 따라 원을 그리며 한 바퀴를 완전하게 도는 것 뜻한다. 이 세 가지 형태의 움직임 모두 이 책에서 다루는 좌우 편향성과 몇 가지 공통점이 있다. 먼저 선회부터 자세히 살펴보자.

초기 그리스와 이집트인들의 춤에는 다른 고대 문화권의 춤처럼 원을 그리며 도는 동작이 있다. 고고학 자료 대부분에는 무언가를 기념하는 춤을 출 때 사람들이 시계 방향(오른쪽)으로 돌았다고 기록되어 있다.[7] 유럽에서 오월제에 추는 춤이나 프랑스 브르타뉴 지역의 전통춤도 오른쪽으로 원을 그리며 돈다.[8,9]

선회 운동은 인간을 제외한 동물을 대상으로 광범위한 연구가 이루어졌다. 특히 신경 질환과 마약 중독에 관한 동물실험이 많다. 예를 들어 동물에게 체내 도파민 수치를 증대시키는(코카인, 메스암페타민 등 흔히 남용되는 약들의 특징이다) 약을 투여하면 왼쪽으로 선회하는 경향이 나타난다는 사실도 이러한 연구로 밝혀졌다.[10]

A.A. 셰퍼A.A. Schaeffer의 1928년 연구는 인간의 방향 전환 행동에서 나타나는 편향성을 다룬 초창기 자료 중 하나다. 이 연구에서 사람들에게 눈가리개를 씌우고 앞이 보이지 않는 상태로 걷도록 하자 "나선형으로 이동"하는 것으로 나타났다.[11] 참가자들은 대범하게도 그렇게 눈을 가린 채로 걷고, 뛰고, 수영하고, 배의 노를 젓고, 심지어 자동차를 일직선으로 운전하는 시도까지 했다. 셰퍼는 다양한 과제를 수행할 때 사람들의 이동 방향에 일관성이 나타나는 경우가 많았다고 밝혔다. 그러나 이 자료로는 인구 집단 수준에서 나타나는 방향 전환 행동의 체계적인 편측성을 확인할 수 없다.

그로부터 5년 뒤에 미국의 심리학자 에드워드 로빈슨Edward Robinson[12]은 미국 박물관 관람객들에게서 관찰된 방향 전환의 비대칭성을 상세히 설명했다. 미국 여러 도시에 있는 다양한 박물관에서 조사한 결과, 박물관 대부분이 전시물을 입구 왼쪽부터 관람하도록 배치하고 왼쪽으로 가라는 안내 표지판도 설치하지만, 관람객의 75퍼센트는 입구에 들어오자마자 오른쪽으로 향했고 "계속 오른쪽으로 가다가 왼쪽으로 방향을 틀어서 관람했다"고 밝혔다.[13] 로빈슨은 연구 방법을 자세히 밝히지는 않았지만, 이런 흥미로운 모순이 나타나는 이유에 관한 몇 가지 의견을 제시했다. 그중 하나는 박물관의 전시 기획자들이 종이 위에 그리면서 전시를 계획하는 방식을 선호하므로 글을 왼쪽에서 오른쪽으로 쓰듯이 전시물도 그 방향으로 배치하는 경향이 생긴다는 것이다. 그렇게 수립된 계획을 실제 공간에 그대로 옮기면, 관람객의 자연스러운 이동 방향과는 정반대가 된다.

하지만 방향 전환에서 나타나는 편향성은 박물관에 다니는 나이가 되기 훨씬 전부터 나타난다. 피터 G. 헤퍼Peter G. Hepper 연구진[14]은 수정 후 10주가 지난 태아 72명을 조사한 결과 이미 팔다리의 움직임에 편향성이 있다는 증거가(우측 선호) 발견됐다고 밝혔다. 수정 후 38주가 되면, 세상에 태어나기 전인 태아에게도 몸을 우측으로 돌리는 것을 더 선호하는 경향이 확고히 자리를 잡는다.[15] 자궁 안에서도 관측되는 이 방향 전환은 인간의 생애 가장 초기에 발달하는 편측성임을 알 수 있다.[16] 이 편향성은 자궁에서 머무르는 기간에 영향을 받는 것으로 보인다. 조산아(수정 후 30주 이전에 태어난 아기)는 몸을 오른쪽으로 돌리는 일반적 경향이 덜 나타난다.[17] 정상적인 임신 주수를 모두 채우고 태어난 아기는 출생 초기에 고개를 돌리는 방향에서 나타나는 편향성을 토대로 나중에 왼손과 오른손 중 어느 손을 주로 사용하게 될지 예측할 수 있다는 연구 결과도 있다.[18]

신생아는 출생 직후부터 등을 바닥에 대고 누워 있을 때 고개를 오른쪽으로 돌리고 있는 경향이 나타난다.[19] 가만히 쉴 때 주로 이 자세인데, 자극이 주어졌을 때도 이 자세를 취한다.[20] 이러한 편향성은 생후 이틀째부터 쉽게 관찰할 수 있다. 아기는 머리를 오른쪽으로 돌린 이 자세로 하루의 70~80퍼센트를 보낸다. 얼굴이 이처럼 오른쪽으로 향해 있는 아기들은 시각 경험(그리고 눈과 손 사이에 오가는 감각과 운동 피드백)이 훨씬 많고 왼손보다 오른손을 더 많이 쓴다. 이 특징은 나중에 주로 사용하는 손, 특히 오른손잡이가 될 가능성과 명확히 관련이 있다.[21]

H. 스테판 브라카H. Stefan Bracha 연구진[22]은 일상생활에서 몸의 방향이 어떻게 바뀌는지 자동으로 측정할 수 있도록 직접 개발한 "인간 회전 측정기"를 활용한 여러 건의 실험으로 이 행동의 편향성을 연구했다.[23] 충전식 기기로 개발된 이 회전 측정기는 작은 계산기 정도 크기로, 전용 케이스에 넣어 벨트에 착용한다. 방향은 내장된 자기 나침반의 북쪽을 기준으로 방향이 보정된다. 자동 제어가 가능한 자이로컴퍼스와 GPS가 모두 포함된 개인용 컴퓨터(휴대전화)를 모두가 휴대하기 전에는 이런 실험을 한 번 하려면 얼마나 복잡하고 돈도 많이 들었는지 모른다! 이 연구에서 브라카는 과거 A.A. 셰퍼의 연구[24]에서 나온 결과처럼 남성과 여성 모두, 사람마

다 회전 방향이 왼쪽이나 오른쪽 한 방향으로 일관된 경향이 있음을 확인했다. 브라카의 연구에서 남성은 여성보다 오른쪽으로 회전하는 경우가 더 많았다.

다른 연구진들도 성별에 따라 방향 전환 행동에 차이가 있다는 사실을 확인했으나 그 방향이 모두 같지는 않았다. 즉 남성과 여성 모두 오른쪽으로 회전하는 경향이 나타난 경우도 있고, 우측 편향성이 있는 남성(즉 오른손잡이에 오른발을 주로 사용하는 남성)은 회전할 때도 오른쪽으로 회전하지만 우측 편향성이 있는 여성은 왼쪽으로 회전한다는 결과도 있다. 왜 연구마다 이렇게 다른 결과가 나왔을까? 여성의 방향 전환 행동에서 나타나는 편향성은 월경 주기에 영향을 받을 가능성이 있다.

라리사 미드Larissa Mead와 엘리자베스 햄프슨Elizabeth Hampson은 이 가능성을 확인하기 위해 황체기 중기와 월경 주기 각 단계에서 여성의 방향 전환에 어떤 편향성이 나타나는지 조사했다.[25] 연구진은 먼저 캐나다 웨스턴온타리오대학교에 재학 중인 여학생 중 경구피임약을 복용하고 있지 않은(피임약 복용 시 성호르몬의 농도가 달라질 수 있으므로) 48명을 모집하고 타액 검체를 채취했다. 그리고 방사성 동위원소를 이용한 면역측정법으로 에스트라디올과 프로게스테론의 농도를 측정해서 각 참가자가 월경 주기의 어느 단계인지 확인했다. 연구 참가자들은 전체적으로 방향을 전환할 때 오른쪽으로 몸을 돌리는 경향이 있었으나 황체기 중기인 여성들은 이러한 편향성이 가장 약했다. 그러므로 방향 전환에서 나타나는 편향성이

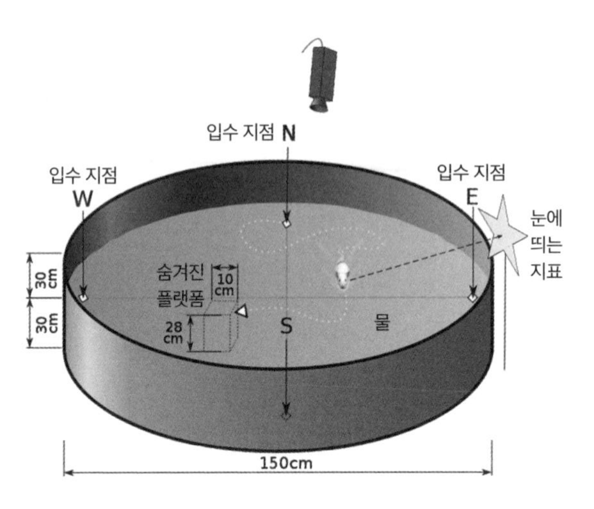

| 그림 52 | 리처드 모리스가 고안한 수중 미로 실험의 예시. 래트를 통 우측으로 입수시켜서 왼쪽에 있는 숨겨진 플랫폼을 찾도록 한다. 과제를 해결한 래트를 다시 통에 넣으면 주변의 지표를 활용해서 플랫폼이 있는 위치로 곧장 이동한다.

어떤 메커니즘으로 생기는지와 상관없이 이 편향성은 난소 호르몬의 영향을 받을 가능성이 있다.

셰퍼가 1928년에[26] 사람들의 눈을 가리고서 걷고, 달리고, 차를 운전하고, 배에서 노를 젓고 수영하도록 하는 방식으로 방향 전환의 편향성을 연구했다면, 미국의 한 연구진은 설치류를 대상으로 일반적인 미로에서의 길 찾기 학습 능력을 평가하는 실험 방식을 변형해 만든 수영 과제를 활용해서 이 편향성을 조사했다. 리처드 모리스Richard Morris가 래트나 저빌 같은 작은 설치류에 적용할 수 있도록 고안한 이 수중 미로[27](그림 52 참고)는 뿌연 물, 주로 우유처럼 희게 뿌연 물이 채워진 통처럼 생긴 장치다. 동물은 수면 바로 아래에 있는 플랫폼을 찾아야 하는데, 플랫폼이 물 아래에 숨겨져 있으므로 어쩔 수 없이 시행착오를 겪어야 한다. 물속에서 되는대로 마구 수영하면서 이 "미로"를 빠져나갈 방법을 찾다가 플랫폼에 몸이 닿고, 거기에 발을 디디면 쉴 수 있다는 사실을 알게 되면 과제를 해결한 것이다. 이 과정을 겪은 동물을 다시 통에 넣으면, 보통 첫 시도보다 훨씬 쉽게 플랫폼을 찾는다. 장치에는 방향을 잡을 수 있는 단서가 있고, 동물들은 이를 활용해서 예전에 플랫폼을 발견했던 위치로 곧장 이동하는 경향을 보인다.

이 실험을 "인간" 버전으로 만들어서 활용한 연구도 몇 건이 있다. 그중에는 심지어 대형 수영장에 뿌연 물을 채운 사례도 있다! 하지만 인간의 길 찾기 능력을 평가하는 연구에는 가상 현실의 수중 미로가 더 많이 쓰인다. 누구도 물에 빠질 염려가 없고 몸이 젖지도 않는 방식이다. 그림 52를 다시 살펴보면, 이런 장치에 처음 들어갔을 때 얼마나 미친 듯이 방향을 이리저리 바꿔가며 수영하게 될지 눈에 선하다. 방향 전환 행동에서 나타나는 편향성을 조사하기에는 정말 기가 막히게 유용한 장치다! 2014년에 펭 위안Peng Yuan 연구진[28]은 미시간주 디트로이트에서 바로 이 실험을 진행했다. 연구진은 오른손잡이인 성인 참가자 140명(18세부터 77세)을 가상의 모리스 수중 미로에서 "수영"하도록 하고 각 참가자의 뇌 스캔 결과와 비교해서 뇌 각 영역의 상대적인 크기와 가상 미로에서 플랫폼을 찾아내는 과제 수행 능력의 관련성을 조사했다. 그 결과 남성은 왼쪽으로, 여성은 대체로 오른쪽으로 (방향을) 더 많이 전환하는 경향이 나타났다. 우반구에서 몸의 움직임과 관련된 영역(조가비핵, 소뇌 등)이 큰 사람은 방향을 오른쪽으로 전환하는 경향이 있었고 좌반구에 있는 영역에 편향성이 나타나는 사람은 대체로 왼쪽으로 방향을 전환하는 경향이 있었다.

방향 전환의 편향성은 이동 속도, 주로 사용하는 손, 그리고 방향 전환과 관련이 있는 훈련과 연습 같은 요소에도 영향을 받는다. 학생들을 T자 형태의 길을 따라 천천히 걷도록 하면 길이 나뉘는 곳에서 왼쪽으로 꺾는 사람과 오른쪽으로 꺾는 사람의 비율이 비슷한 것으로 나타났다. 그러나 같은 길에서 달리도록 하면, 대체로 왼쪽으로 꺾는 경향이 있었다.[29] 벨기에에서 실시된 한 연구에서도 비슷한 결과가 나왔다.[30] 청소년 107명을 9.5미터 간격의 일직선 사이를 걷거나 뛰어서 오가도록 하자 방향을 전환할 때 전체적으로 왼쪽으로 도는 경우가 많았고, 이러한 경향은 걸을 때(59퍼센트)보다 달릴 때(71퍼센트) 더 강하게 나타났다.

주로 사용하는 손과도 관련이 있다. 성인 41명이 자연스럽게 걷는 동안 회전 측정기로 모니터링한 결과[31] 오른손잡이는 대부분 방향을 왼쪽으로 전환하는 편향성이 크게 나타났고 왼손잡이는 어느 쪽으로도 편향성이 없었다. 존 브래드쇼John Bradshaw와 주디 브래드쇼Judy Bradshaw가 호주에서 실시한 연구에서는 여러 명의 왼손잡이와 오른손잡이 남녀에게 눈가리개와 귀마개를 착용하고 회전 과제와 방향 전환 과제를 수행하게 하자[32] 오른손잡이는 오른쪽으로, 왼손잡이는 왼쪽으로 방향을 전환하는 편향성이 나타났다. 회전 과제에서도 이와 비슷하게 오른손잡이는 대체로 오른쪽으로, 왼손잡이는 왼쪽으로 회전하는 경우가 더 많았다. 일직선으로 쭉 걷도록 한 과제에서는 왼손잡이, 오른손잡이 남성과 여성 총 4그룹 모두 전체적으로 오른쪽으로 방향을 벗어나는 경향이 있었다.

춤 훈련 방식도 방향 전환의 편향성에 영향을 주는 듯하다. 일반적인 훈련 방식대로 춤을 배운 댄서와 초보 댄서를 조사한 연구에서[33] 초보 여성 댄서들은 방향을 왼쪽으로 전환하는 편향성이 나타났고(58퍼센트) 숙련된 댄서들은 거의 다 오른쪽으로 방향을 전환했다(왼쪽으로 전환한 사람은 딱 한 명이었다). 춤 훈련과 시계 방향으로 도는 춤 동작이 많다는 점이 이러한 차이에 영향을 주었음을 짐작할 수 있다.

우리 대다수는 몸의 기능은 비대칭적이라도 몸 자체는 대체로 대칭이다. 하지만 팔이나 다리가 절단된 사람들은 보통 신체 기능과 몸이 모두 비대칭이다. M.J.D. 테일러M.J.D. Taylor 연구진[34]은 비장애인 100명과 종아리가 절단된 사람 30명을 모집해서 12미터 떨어진 목표 지점까지 걸어갔다가 뒤로 돌아 출발점으로 돌아오도록 했다. 그러자 비장애인들은 방향을 왼쪽으로 전환하는 경향이 나타났고(이 참가자들이 주로 사용하는 손과 발은 대부분 오른손, 오른발이었다) 다리가 절단된 사람들은 어느 쪽으로도 편측성이 나타나지 않았다. 신체가 생체역학적으로 한쪽으로 기울면 방향 전환에서 나타나는 편향성에 영향을 줄 수 있음을 알 수 있는 결과다.

| 그림 53 | 세라 B. 월워크 연구진이 얼굴 회전 방향을 구분하는 과제에 활용한 사진 예시.

방향을 오른쪽으로 전환하는 경향성과 더불어, 우리는 다른 모든 조건이 동일할 때 사람의 몸이 왼쪽으로 회전된 모습보다 오른쪽으로 회전된 모습을 더 정확하게 인식한다. 2013년에 세라 B. 월워크Sarah B. Wallwark 연구진[35]은 모델의 사진을 왼쪽이나 오른쪽으로 회전시킨 40장의 사진을 1,361명에게 보여주고 어느 방향으로 회전된 모습인지 답하도록 했다(간단해 보여도 생각보다 쉽지 않다. 그림 53의 예시 참고). 그 결과 사람들은 오른쪽으로 회전된 사진을 더 빨리, 더 정확하게 구분했다. 오른쪽으로 방향이 전환되는 움직임을 머릿속으로 더 쉽게 떠올린다는 것을 알 수 있다.

하지만 모든 사람이 방향을 전환할 때 우측 편향성을 보이지는 않는다. 앞서 여러 장에서 모국어를 읽고 쓰는 방향이 인간의 편측성에 영향을 줄 수 있다고 설명한 내용을 기억할 것이다. 영어가 모국어인 사람들은 왼쪽부터 시작해 오른쪽으로 이동하는 시각 탐색에 익숙하고, 오른쪽에서 왼쪽으로 쓰는 글(아랍어, 우르두어, 히브리어)을 사용하는 사람들은 시각 탐색 방향도 글의 방향과 일치한다.

에멜 귀네슈Emel Güneş와 에르한 날카치Erhan Nalçaci[36]는 터키에서 7세부터 13세 어린이 31명을 대상으로 방향 전환의 편향성을 조사했다(오스만 튀르키예어는 오른쪽에서 왼쪽으로 읽고 쓴다). 앞서 소개했던 인체 회전 측정 장치를 이용해서 조사한 결과, 다른 문화권의 연구에서 확인된 방향 전환의 우측 편향성이 전혀 나타나지 않았다. 연구에 참여한 어린이 대다수가 방향을 왼쪽으로 전환했고 이러한 편향성은 여자아이들보다 남자아이들에게서 더 강하게 나타났다.

튀르키예 아이들만 방향을 왼쪽으로 전환하는 경우가 유독 더 많은 것은 아니다. H.D. 데이H.D.Day와 카렌 데이Kaaren Day는 미국 텍사스주 보육 시설에서 3세부터 5세 아이들 67명을 대상으로 놀이할 때 회전 방향을 조사했다. 마스킹테이프로 아이들이 걷거나 달리거나 세발자전거를 탈 수 있는 원형 트랙 두 개를 만들고 관찰한 결과, 아이들은 트랙을 어떤 방식으로 돌건 시계 반대 방향(왼쪽으로 방향 전환)을 선호하는 것으로 나타났다. 성인들이 일반적으로 방향을 오른쪽으로 전환하는 것과는 정반대였다(사실 성인도 항상 그렇지는 않다. 일부 연구에서는 성인들도 방향을 왼쪽으로 전환하는 편향성이 나타났고 특히 왼손잡이나 우반구에 이례적인 특징이 있는 사람들이 그러한 경향을 보였다[37,38,39,40,41]). 올림픽 종목인 육상, 스피드스케이팅, 사이클을 포함한 단체 스포츠도 이동 방향이 시계 반대 방향인 경우가 많고 야구도 시계 반대 방향으로 움직인다. 스포츠의 이러한 편향성은 12장에서 더 자세히 설명한다.

그렇다면 방향 전환에서 나타나는 이런 편향성은 어디에서 유래할까? 몸의 자발적인 움직임을 담당하는 뇌 영역인 선조체 등에서 분비되는 신경전달물질인 도파민 농도가 비대칭적이라는 점이 인간을 포함한 포유동물에서 일반적으로 나타나는 이 편향성에 영향을 준다. 좌측 선조체의 도파민 농도가 우측 선조체보다 더 높은 종이 많고, 좌반구는 몸의 오른쪽을 통제하기 때문에 방향을 오른쪽으로 전환하는 편향성이 나타나는 것일 수 있다. 비대칭적인 도파민 농도는 사람의 뇌를 사후 분석한 결과에서도 밝혀졌다. 구체적으로는 좌반구 창백핵(선조체의 구조 중 한 부분으로, 걷기와 같은 움직임을 시작하게 하는 곳)의 도파민 농도가 더 높다.

몸의 움직임에 초점을 맞춘 이런 단순한 설명은 처음 들으면 아주 간결하고 직관적으로 그럴듯하게 느껴지지만, 안타깝게도 방향 전환에서 나타나는 인간의 우측 편향성은 그보다 복잡하다. 앞서 살펴봤듯이 나이, 성별(그리고 성호르몬), 주로 사용하는 손 등 여러 요소가 영향을 준다. 모국어를 읽고 쓰는 방향과도 관련이 있다. 그런데 인체 운동 기능을 담당하는 신경계의 비대칭성이 방향 전환에 끼치는 영향을 없애도 우측 편향성이 계속 나타난다면 어떻게 해석해야 할까?

그 전에 먼저 올리버 턴불Oliver Turnbull과 피터 맥조지Peter McGeorge가 1988년에 진행한 연구[42]부터 함께 살펴보자. 두 사람은 383명의 참가자들에게 최근 어딘가에 부딪힌 적이 있는지, 그런 적이 있다면 몸 어느 쪽을 부딪쳤는지 물었다. 그러자 몸의 오른쪽을 부딪쳤다고 기억하는 사람들이 약간 더 많았다. 응답자들은 "선 이등분 검사"라는 임상 검사도 받았다. 수평선을 보고 중간 지점을 찾는 이 검사에서 신경학적으로 전형적인 사람들은 거의 정중앙에 가까운 지점을 상당히 높은 정확도로 찾는 경향이 나타나며 중간 지점을 벗어나는 경우 선택한 지점이 대부분 정중앙의 왼쪽으로 빗나간다(중앙 기준 오른쪽의 길이를 과대평가하는 것이다). 이런 과대평가 현상은 '가성 무시(pseudoneglect: pseudo는 '가짜', '유사한'이라는 뜻이다 – 옮긴이)'로도 불린다.[43] 뇌 손상을 입은 사람들은 공간의 한쪽(주로 왼쪽)을 인지하지 못하는 편측 무시라는 임상학적 증상이 나타나는데, 이와 비슷하다는 의미로 붙여진 명칭이다. 가성 무시는 임상학적인 증상인 편측 무시보다 훨씬 미묘하게 나타나며 공간의 왼쪽에 주의를 기울이지 못하는 게 아니라 과도하게 주의를 기울여서 나타나는 현상이라는 차이가 있다.

가성 무시가 강하게 나타나는 사람들은 최근 몸을 어딘가에 부딪힌 적이 있냐는 질문에 몸 오른쪽을 부딪쳤다고 답하는 비율이 더 높았다. 언뜻 가성 무시의 특징과 어긋나는 결과로 보일 수 있으나, 공간의 왼쪽에 있는 물체에 지나치게 주의를 기울이면 오른쪽에 있는 물체를 일정 부분 무시하게 되므로 몸 오른쪽을 부딪칠 확률이 높아질 수 있다. 스포츠에 관해 이야기할 12장에서 다시 설명하겠지만 이러한 가성 무시 현상은 다양한 상황에서 뚜렷하게 나타난다.

하지만 앞서 나는 운동을 담당하는 신경계의 영향이 없는 조건에서 방향 전환의 편향성이 어떻게 나타나는지 확인해 보겠다고 했다. 위의 턴불과 맥조지의 연구는 사람들이 몸을 실제로 어딘가에 부딪히게 만든 게 아니라 충돌 경험을 떠올리도록 했다. 반대로 운동계의 영향을 없애기 위해 몸을 실제로 움직이지 않으면서 이동하려면 어떻게 해야 할까? 자기 몸을 직접 움직여서 이동하지 못하는 사람들의 이동을 돕는 도구를 활용하면 된다. 바로 휠체어다. 호주의 마이클 니콜스Michael Nicholls 연구진은 여러 건의 실험을 통해 기발한 방법으로 다양한 이동 상황에서 발생하는 몸의 측면 충돌을 연구했다. 첫 번째 연구에서는[44] 약 300명의 대학생 참가자를 모집하고 좁은 출입구를 걸어서 통과할 때 몸 어느 쪽이 문틀에 부딪히는지 기록했다. 몸을 어느 쪽으로도 부딪치지 않고 문을 통과한 학생들이 38퍼센트로 가장 많았지만, 나머지는 그런 운이 따라주지 않았다. 문틀 양쪽에 다 부딪힌 학생이 13.5 퍼센트였고, 이 연구의 핵심인 몸 한쪽만 부딪친 경우 몸 오른쪽이 부딪힌 학생들이 왼쪽을 부딪친 학생들보다 훨씬 많았다(각각 29.6퍼센트, 18.7퍼센트).

참가자들이 문을 걸어서 통과한 이 첫 번째 연구에 이어, 후속 연구[45]에서는 똑같은 문을 전동 휠체어에 타고 (핸들로) 휠체어를 직접 조종해서 통과하도록 했다. 휠체어 조종에도 몸의 움직임이 '어느 정도는' 필요하지만, 이 조건에서는 문 통과가 몸을 움직여서 해결하는 과제가 아니라 대부분 시각과 지각력을 이용해서 해결하는 과제로 바뀐다. 어떤 결과가 나왔을까? 이 조건에서도 우측 충돌이 더 많이 일어났다. 마지막 세 번째 연구에서는 참가자들에게 레이저 포인터로 이 문의 중앙이라고 생각하는 지점을 표시해 보도록 했다.[46] 그러자 문을 직접 통과할 필요가 없는 이 과제에서도 참가자들은 정중앙에서 오른쪽으로 치우친 지점을 중앙으로 표시했다. 이 세 건의 연구는 문과 같은 장애물이 있을 때 몸의 오른쪽을 더 많이 부딪치는 편향성이 그 장애물 주변으로 몸을 움직이는 방식 때문이 아니라 그 물체를 '인식'하는 방식 때문에 생길 가능성이 있음을 보여준다.

핵심 요약

우리는 방향을 전환할 때 대부분 오른쪽을 선호한다. 이러한 편향성은 생애 아주 초기에, 태어나기도 전부터 생기는 것으로 보이며 우리가 새로운 공간에 들어설 때(박물관, 영화관, 교실), 다른 사람들과 상호작용할 때(포옹 같은 사회적인 접촉), 여러 사람이 움직임을 맞춰서 춤출 때의 행동 방식에 영향을 준다. 방향 전환에서 나타나는 이 편향성은 주로 사용하는 손, 나이, 성별에 영향을 받는다. 모국어를 읽고 쓰는 방향도 영향을 줄 가능성이 있다. 이 책의 다른 여러 장에서도 설명했듯이 방향 전환의 편향성은 키스나 포옹, 자리 선택, 스포츠에서 나타나는 다른 편향성의 원인이거나 영향을 주는 요소일 수 있다. 방향 전환에서 나타나는 편향성인 만큼 몸의 움직임과 무조건 관련이 있을 것 같지만, 실제로는 우리의 지각력과 관련이 있다. 1933년에 에드워드 로빈슨은 박물관 관람객들에게서 관찰한 방향 전환의 편향성을 처음 보고하면서 공공장소의 물리적 배치를 최적화하고 "교육의 효율성을 고려한 객관적인 기준을 마련한다면 예술가, 시인, 광고 제작자들의 직감을 대체할 수 있을 것"이라고 제안했다.[47] 90년이 지난 지금도 유효한 제안이다. 연구로 밝혀진 방향 전환의 편향성은 공원과 박물관, 학교, 쇼핑센터 설계에 반영되어야 한다. 장소마다 전략적인 배치 방식을 택해서 이 편향성이 주는 영향을 더 강화할 수도 있다. 사람들이 공간에 들어서면 자연스럽게 오른쪽으로 방향을 전환하는 경향이 있다는 것을 알면 방문자들의 전체적인 이동 방향이 그렇게 흘러가도록 계획할 수 있고, 표지판, 상품 등 가장 먼저 눈에 띄기를 바라는 것은 오른쪽에 배치할 수 있을 것이다.

11장

자리 선택의 편향성

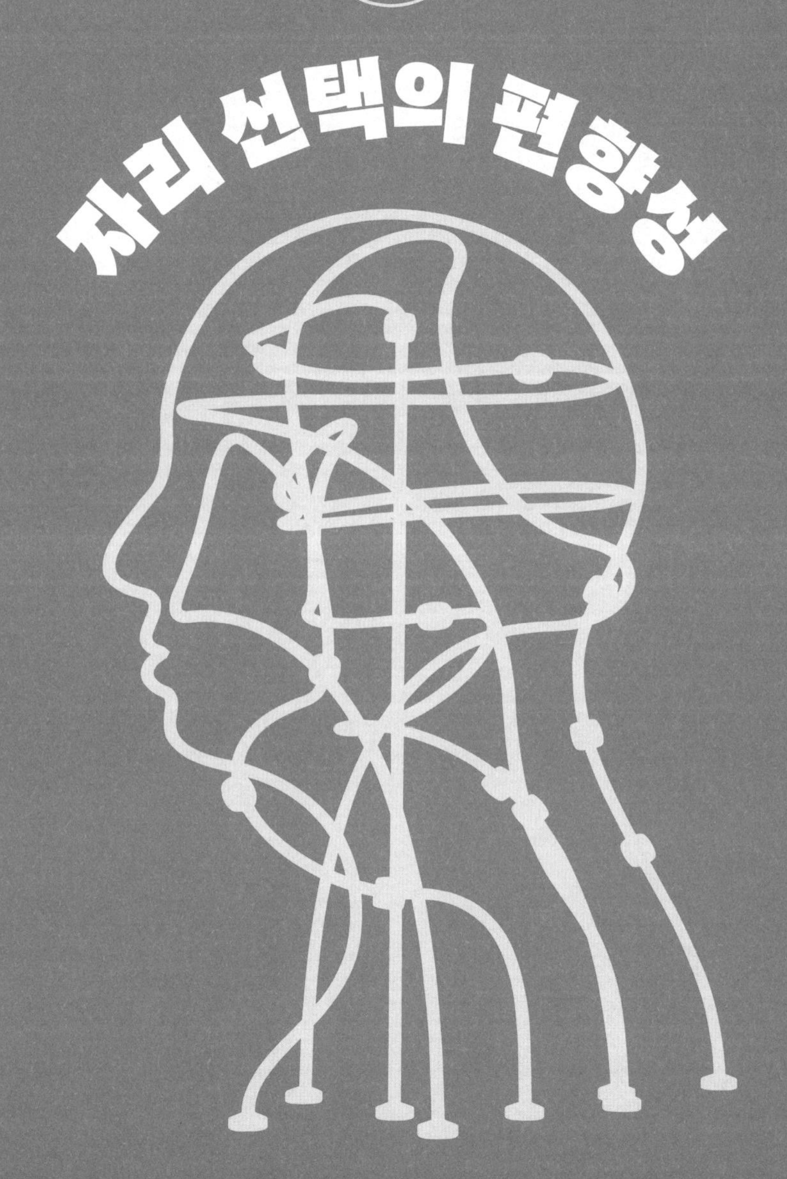

강의실, 비행기, 영화관에서 '그'쪽 자리에 앉는 이유

누가 우주선에 태워주겠다고 하면 자리가 어디냐고 묻지 말고 그냥 타라.

메타Meta의 전 최고운영책임자 셰릴 샌드버그Sheryl Sandberg

앉을 자리 정도는 좀 쉽게 고를 수 있다면 좋으련만, 그렇지 못할 때가 너무나도 많다. 브로드웨이에서 공연을 보거나 플레이오프 경기를 보러 갈 때는 시야가 좋은 자리를 찾기도 하고 반대로 그런 곳에 앉아 있는 모습이 남들 눈에 띄지 않기를 바라기도 한다. 평일 오후에 "병가"를 내고 야구 경기장에 가는 사람이라면 특히 그럴 것이다! 같은 강의를 듣는 학생이 마음에 들어서 가까이에 앉고 싶지만, 그런 마음이 너무 티가 날 만큼 가까운 자리는 피하고 싶을 때도 있다. 짜증 나는 인간과 하필 극장에서 마주쳤다면, 되도록 그 사람 근처에는 앉고 싶지 않을 것이다. 장소에 따라 다리를 펼 공간이 좀 더 여유로운 자리, 출구와 가까운 자리, 창가 자리, 히터나 에어컨과 가까운 자리를 원하기도 한다. 휴대전화나 노트북 충전이 중요한 사람들은 콘센트가 있는 자리부터 찾는다. 비행기에 탈 때도 다리를 펼 공간이 넓은 비상구 쪽 좌석을 선호하는 사람도 있지만 혹시라도 비상구의 그 거대한 핸들을 열어야 할 책임을 지고 싶지 않은 사람도 있다! 여기까지는 혼자 앉을 자리를 찾을 때 고려하게 되는 요소 중 일부일 뿐이다. 여럿이 앉을 자리를 고를 때는 고려할 요소도 더 많고 선택도 더더욱 복잡해진다.

이번 장에서는 다양한 상황에서 자리를 선택할 때 나타나는 좌우 편향성을 살펴본다. 좌우 편향만을 집중적으로 분석하는 것은 여러 요소를 지나치게 단순화하는 것처럼 보일 수도 있다. 아예 틀린 말은 아니다. 그래도 이런 분석을 통해 사람들이 자리를 어떻게, 어디로 선택하는지에 일관된 편측성이 있음을 알게 될 것이다. 소개될 연구는 크게 두 유형으로 나눌 수 있다. 실제 상황에서 사람들의 자리 선택 과정을 관찰하는 방식(자연주의적 관찰 연구), 그리고 사람들에게 앉을 자리를 상상하도록 하거나 비행기, 극장, 스포츠 경

| 그림 54 | 영화관에서 음향과 시각 경험이 모두 최상인 좌석.

기장의 좌석 배치도를 보여주고 자리를 선택하도록 하는 방식이다.

좌석 선택에서 드러나는 편향성은 장소에 따라 달라진다. 이와 관련된 초기 연구들은 대부분 초등학교 교실에서 자리 선택이 학업 성적에 끼치는 영향을 조사했다. 공부 잘하는 학생들은 꼭 앞에 앉는다는 오랜 의혹이 기분 탓이 아닌 실제임을 뒷받침하는 명확한 근거가 많이 나왔다. 이후에 진행된 연구들에서는 영화관과 대형 상업 여객기에서의 좌석 선택을 집중적으로 다루었다. 영화관 좌석은 "되는대로" 선택하는 경우가 많았고 비행기 좌석은 보통 인쇄된 배치도나 온라인 좌석 배치도를 보고 선택하는 경우가 많았다. 그러나 넷플릭스Netflix의 등장과 코로나19 대유행을 거치면서 영화관들도 온라인 예약으로 좌석을 미리 선택하는(그리고 프리미엄 좌석을 따로 두는) 방식으로 사업 방향을 바꾸는 추세다. 연구를 더 복잡하게 만드는 또 한 가지 요소는 비행기나 영화관의 좌석별 차이가 모호해졌다는 점이다. 나는 어린 시절 비행기를 처음 탔을 때 비행기 안에서 영화를 볼 수 있다는 사실에 엄청나게 들떴던 기억이 있다(옛날 사람들만 아는 더 강렬한 경험은, 그 시절 비행기에는 흡연 공간도 있었다는 것이다). 요즘도 상업 여객기 대부분에 비디오 스크린이 설치되어 있지만, 소형화된 스크린이 널리 보급되면서 기내에서 시간을 보낼 수 있는 서비스들도 개인화되어 큰 화면으로 모든 승객이 함께 영화를 보는 경우는 거의 없다. 정말 큰 발전이다.

비행기 좌석은 당연히 선택할 자리가 남아 있어야 고를 수 있다. 명절에 고향으로 가는 비행기를 예약할 때 좌석의 99퍼센트가 이미 차 있는 상황이라면 3인석의 가운데 자리나 화장실과 가까운 자리, 비행기 거의 맨 끄트머리 자리 말고는 선택지가 없을 수 있다. 결혼식장, 장례식장, 정치 행사, 교회의 주일 예배처럼 문화적 관습이나 명문화된(심지어 명문화되지도 않은) 규칙에 따라 특정 자리에 누가 앉을지 미리 정해진 경우도 있다.

영화관이나 비행기에서 어디가 좋은 자리인지 검색해 보면 굉장히 복잡한 조언을 얻게 된다. 영화관 좌석은 스크린을 보기에 목이 힘들지 않아야 하면서 멀미를 겪을 정도로 가까워서도 안 되므로 중앙에서 조금 뒤에 있는 자리를 택하되 세세한 장면을 놓치지 않으려면 적당히 가까워야 한다는 의견들이 제시된다. 영화의 사운드 믹싱이 중앙 좌석에 최적화되어 있다는 점까지 고려하면(앞뒤, 좌우 모든 방향에서 중앙) 스크린을 기준으로 앞에서부터 3분의 2지점의 중앙 좌석이 좋다(그림 54 참고).

비행기 좌석에 관한 조언은 그보다 훨씬 복잡하다. 대다수가 최대한 앞쪽 자리를 원한다는 것까지는 일반적으로 공감하지만(아마도 내릴 때 먼저 내리고 싶기 때문일 테다), 그 외에는 개개인의 취향에 따라 선택이 달라진다. 다리를 펼 공간이 더 넓은 자리(통로 좌석)와 풍경을 보기에 좋은 자리(창가 좌석) 중 어느 쪽이 좋은가? 화장실이 가까운 자리와 되도록 먼 자리 중에서는? 승객 전체가 함께 보는 스크린이 있다면, 화면이 잘 보이는 자리가 좋은가, 기내에서 상영되는 영상에 방해받기 싫은가? 코로나19 대유행 이후에는 환기도 가장 잘 되고 다른 승객이나 승무원들과의 접촉도 최소화할 수 있는 비행기 앞쪽 창가 자리의 선호도가 높아졌다.

기내에 설치된 칸막이(벽, 스크린, 커튼) 바로 뒤에 있는 좌석을 선호하는 승객들도 많다. 바로 앞줄에 다른 승객들이 없으니 각자 가장 편한 자세를 잡느라 뒤로 젖혀대는 의자 때문에 불편을 겪을 일이 없기 때문이다. 모든 열의 중간 좌석은 모두가 꺼리는 몇 안 되는 자리다. 중간에 앉으면 양쪽 팔걸이를 쓸 수 있다고 해도(이런 "규칙"이 있다 한들 보편적으로 알려지지 않거나 잘 지켜지지 않는다), 그곳이 '최악'의 자리라는 점에 대다수가 동의한다. 칸막이 바로 앞자리도 의자를 조금도 젖히지 못하거나 움직일 수 있는 범위가 좁은 경우가 많으므로 피해야 한다.

강의실

자리 선택의 편향성에 관한 초기 연구들은 대부분 강의실에서 나타나는 편향성(좌우, 앞뒤)과 학업 성적의 연관성에 중점을 두었다. 예를 들어 1933년에 폴 판스워스Paul Farnsworth[1]는 학생들에게 강의실의 좌석 배치도를 보여주고 네 명의 강사가 세 과목을 가르친다고 할 때 어느 자리에 앉고 싶은지 선택하도록 했다. 그리고 학생들의 학업 성적을 분석한 결과, 성적이 가장 좋은 학생들은 중앙 앞쪽에서 조금 우측으로 치우친 자리를 선호하는 것으로 나타났다. 판스워스는 이 현상을 학생의 지각력이나 선호도가 아닌 강사에게 초점을 맞춰서 강사들이 앞줄에 앉은 학생들에게 더 관심을 기울이기 때문이라고 설명했다. 이와 함께 판스워스는 오른손잡이인 강사는 칠판(1933년에 스마트보드나 LCD 프로젝터는 없었다) 앞에 서면 강의실 우측을 더 많이 보게 되고, 따라서 우측에 앉는 학생은 교사와 더 가까워진다고 보았다. 이 결과가 발표된 후 다른 몇몇 연구진도 "공부 잘하는 학생들은 앞에 앉는다"는 사실을 확인했다.[2,3]

이후 연구에서는 수업 자료와 학생들에게 더 초점이 맞춰졌다. 1970년대 초에 일부 연구자들은 사람이 생각할 때 응시하는 방향으로 뇌 양쪽 반구 중 어느 쪽이 활성화되는지 추측할 수 있다고 주장했다.[4] 즉 왼쪽을 응시하면 우반구가 활성화된 것이고, 오른쪽을 응시하면 좌반구가 활성화된다고 보았다. 라켈 구르Raquel Gur 연구진[5]은 이를 토대로 대학생 74명의 안구 움직임에서 나타나는 편측성과 각 학생이 강의실에서 선호하는 자리의 관련성을 분석했다. 언어 능력 또는 공간 이해 능력을 발휘해야 하는 질문을 한 뒤 학생이 대답하거나 답을 생각하는 동안 시선이 향하는 방향을 기록해서 파악했다. 구르 연구진은 자리 선택에서 나타나는 편향성을 사람들이 "시선이 향하는 방향의 반대쪽 뇌 반구를 더 수월하게 자극하려고 할 때 나타나는 결과"라고 추정했다.[6] 생각할 때 시선이 오른쪽으로 향하는 사람은 강의실 왼편에 있는 자리를 더 선호하고 시선이 왼쪽으로 향하는 사람은 강의실 오른편 자리를 선호한다는 의미였는데, 이 연구에서 실제로 "안구를 왼쪽으로 움직이는 사람"(안구 움직임의 70퍼센트 이상이 왼쪽으로 향한 사람)은 강의실 오른편 자리를 선호했고, 반대로 "안구를 오른쪽으로 움직이는 사람"은 강의실 왼편의 자리를 더 선호하는 것으로 나타났다. 학생들이 정보를 처리할 때 습관적으로 가동되는 뇌의 활성화 방식을 더 촉진할 수 있는 자리를 선택하는 경향이 있음을 알 수 있었다.

라켈 구르 연구진은 1976년 후속 연구에서 더욱 흥미로운 질문을 던졌다. 두 번째 연구의 주제는 강의실 자리 선택에서 나타나는 선호도와 정신병리학적 특징의 관련성이었다.[7] 자리 선택과 정신병리학적 특징을 엮는 것이 굉장히 특이하다고 느낄 수도 있지만, 1970년대 이전부터 정신 질환, 특히 정서적인 정신 질환과 뇌 우반구의 기능 이상 또는 손상의 연관성을 다룬 연구가 많았다.[8] 구르 연구진은 심리학 입문 강의를 수강한 대학생 200명을 대상으로 124개 문항으로 된 조사지로 65종의 정신 질환을 평가하고 강의실 왼쪽과 오른쪽에 앉은 학생들의 점수를 비교했다. 그 결과 남학생의 경우 강의실 오른쪽에 앉은 학생들이 왼쪽에 앉은 학생들보다 정신병리학적 평가 점수가 높았고 여학생의 경우 반대로 강의실 왼쪽에 앉은 학생들의 정신병리학적 점수가 오른쪽에 앉은 여학생들보다 높았다. 남성의 경우 우반구가 정신병리학적 특성과 연관성이 더 크다는 걸 알 수 있는 결과였다.

자리를 선택할 때 왼쪽 또는 오른쪽 편향성이 있는 사람들을 찾아서 두 그룹의 차이점을 찾는 것도 자리 선택의 편향성과 성격, 또는 학습 방식의 관계를 조사하는 또 다른 방법이다. 1987년에 캐나다 토론토대학교의 래리 모턴Larry Morton과 존 커슈너John Kershner[9]는 바로 그 방식으로 연구를 설계했다. 그들은 아동기에는 자리를 선택할 때 최소한의 노력으로 학습 효율을 극대화할 수 있는 전략이 발달할 것(그에 따라 자리 선택에 체계적인 편향성이 나타날 것)이라고 예상했다. 모턴과 커슈너는 학생들에게 특정 조건을 제시하고 어떤 자리를 선택할지 묻는 대신, 실제 자리 선택에서 오른쪽 자리나 왼쪽 자리를 더 선호하는 경향이 나타난 학생들을 찾아서 두 집단의 차이점을 조사했다. 연구진은 학생들이 각자 학습 결과를 극대화할 수 있는 전략에 따라 자리를 선택할 것이라고(따라서 자리 선택에 체계적인 편향성이 나타날 것이라고) 가정했다.

일반적으로 우반구는 정서와 공간 정보의 처리에 특화되어 있고, 좌반구는 언어 처리에 특화되어 있다. 따라서 언어 중심으로 학습하는 아이들은 좌반구가 더 많이 노출되는 공간의 오른편 자리를 더 선호할 것으로 예상하였고, 시각과 공간 정보 위주로 학습하는 아이들은 우반구가 더 많이 노출되는 왼편 자리를 더 선호할 것으로 예상했다. 또한 교실 오른편 자리를 선호하는 아이들은 철자 실력이 더 우수하고 철자를 틀리는 경우 실제 발음과 차이가 큰 오답이 많을 것이며, 교실 왼편 자리를 선호하는 아이들은 철자가 틀려도 발음은 같은 오답이 비교적 많을 것이라고 예상했다.

이를 확인하기 위해, 모턴과 커슈너는 학생들이 받아쓰기 시험을 보는 동안 교실 왼편과 오른편에 앉은 학생들과 성별을 확인했다. 그리고 철자가 틀린 답안 중에 발음은 같은 사례(철자의 시각적인 처리보다 음성으로 전해지는 발음 정보의 처리에 더 의존한다는 의미)와 발음도 틀린 사례(음성 정보보다 시각적인 정보 처리에 더 의존한다는 의미)를 비교 분석했다.

교실 우측에 앉는 아이들이 철자 실력이 더 우수하리라는 예상은 사실로 드러났다. 또한 교실 우측 자리에 앉는 아이들은 철자를 쓸 때 음성 정보보다 비음성 정보의 처리에 더 의존하는 것으로 나타났다. 교실 왼편에 앉는 아이들은 받아쓰기 점수가 전체적으로 더 나빴는데, 여학생만 비음성 정보 의존도가 낮았다. 모턴과 커슈너는 논문의 결론 부분에서 교실 오른편에 앉는 아이들이 예상과 달리 우반구의 정보 처리 기능에 더 의존해서 단어 전체에 대한 시각적인 기억력이 강화될 가능성이 있다고 밝혔다.

우리 연구진도 강의실의 자리 선택에서 나타나는 편향성을 조사했다. 우리는 받아쓰기 시험을 보는 초등학생이 아닌 대학생들을 대상자로 정했다.[10] 대학교 수업은 설명 위주인 경향이 있고 학생들의 분석적인 사고를 요하므로, 우리는 언어 정보를 처리하는 좌반구 기능이 선택적으로 더 많이 활용될 것으로 예상했다. 앞서 관찰자의 오른쪽에서 제시되는 정보는 주로 좌반구에서 처리된다고 한 설명을 기억할 것이다. 이에 따라 우리는 대학생들이 좌반구를 더 많이 활용할 수 있도록 우측에서 더 많은 정보가 제시되는 강의실 왼쪽 자리를 더 선호할 것으로 추정했다.

자리 선택에서 나타나는 편향성을 조사하기 위해, 우리는 좌우 대칭 구조인 강의실부터 찾았다. 강의실 입구와 출구, 강의실 내 각종 물품이 학생들의 자리 선택 패턴에 영향을 주지 않는 곳들을 선

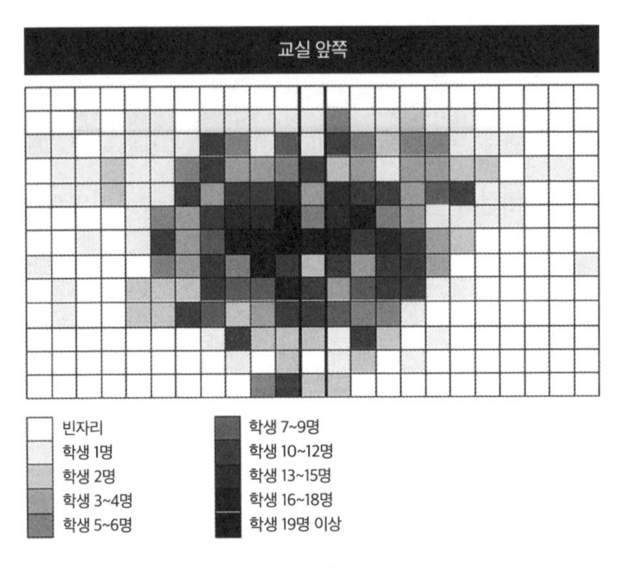

| 그림 55 | 대학생들의 강의실 자리 선택에서 나타난 왼쪽 편향성.

정한 후, 총 9주 동안 강의가 시작하는 시점에 찾아가 강의실 수용 인원의 50퍼센트 이상이 채워진 경우(학생들이 원하는 자리를 여유 있게 선택할 수 있도록 정한 조건이었다) 교실 뒤에서 강의실 사진을 찍어서 자리 선택의 패턴을 분석했다. 총 29개 강의실에서 조건에 맞는 41건의 사진을 찍고 데이터를 분석한 결과, 대학생들의 자리 선택에는 좌측 편향성이 나타났다(그림 55 참고).[11]

특이하고 고무적인 결과였다. 초등학생들을 대상으로 한 이전 연구들에서 교실의 우측 자리를 더 선호하는 편향성이 나타난 것과 달리, 우리가 조사한 대학생들은 여러 상황에 차이가 있긴 했으나 정반대의 경향을 보였다. 과거 연구들에서는 교실 오른편 자리를 선택하는 학생들이 대체로 받아쓰기 시험 점수가 더 우수했는데, 아쉽게도 우리 연구에서는 자리 선택에 따른 학업 성적을 분석하지는 못해서 강의실 자리 선택에서 나타난 왼쪽 편향성이 성적 향상과도 관련이 있는지는 알 수 없다. 대학생들에게 20년 넘게 수업을 해온 사람으로서 내가 확실하게 말할 수 있는 건 학생들의 맞춤법 실력이 향상될 기미는 전혀 보이지 않는다는 것이다.

영화관

이제 강의실을 벗어나서 영화관으로 가보자. 영화관과 교실은 물리적으로는 비슷한 공간 같아도 공간 앞쪽에서 제시되는 내용에 큰 차이가 있다. 불가리아의 인류학자 조지 카레프George Karev[12]는 2000년에 영화관에서 나타나는 자리 선택의 편향성을 조사한 결과를 발표했다. 그는 사람들에게 어떤 자리가 마음에 드는지 물어보는 데 그치지 않고 주로 사용하는 손이 자리 선택에 영향을 주는지도 함께 조사했다(실생활에서 나타나는 여러 행동의 편측성을 이야기하다 보면 왼손잡이는 반대냐는 질문을 거의 매번 듣는데, 보통은 그렇지 않다).

카레프는 영화관 좌석 배치도 5개를 준비하고 학생 수백 명(오른손잡이 264명, 양손잡이 246명, 왼손잡이 360명)을 모집해서 앉고 싶은 자리를 선택하도록 했다. 그 결과 주로 사용하는 손과 상관없이 세 그룹 모두 영화관 우측 좌석을 선호했다. 지각 차원에서 일어나는 편향성을 암시하는 결과였다. 우측 자리를 선호하는 편향성은 오른손잡이들에게 가장 강하게 나타났고(전체 오른손잡이의 88.26퍼센트) 양손잡이는 그보다 약했으며(전체 양손잡이의 66.67퍼센트) 왼손잡이에서 가장 약하게 나타났다(전체 왼손잡이의 57.50퍼센트). 카레프는 오른쪽에 앉으면 왼쪽을 향해 주의를 집중하게 되어 우반구가 지배하는 정서적 기능의 활성이 촉진되기 때문에 이런 편향성이 나타난다는 결론을 내렸다. 카레프는 사람들이 앞으로 접하게 될 내용에 따라 자리를 선택하는 경향을 '기대 편향'이라는 용어로 표현했다.

피터 웨이어스Peter Weyers[13] 연구진은 2006년에 카레프와 비슷한 방식으로 후속 연구를 진행했고 영화관 자리 선택에 우측 편향성이 나타난다는 사실을 재차 확인했다. 그런데 극장의 자리 배치를 제시하는 방식이 일반적이지 않으면 이러한 편향성이 사라지는 것으로 나타났다. 즉 좌석 배치도에서 스크린이나 무대의 위치가 위쪽이 아닌 측면이나 아래쪽으로 바뀌면, 우측 자리를 선호하는 편향성이 사라졌다. 이에 웨이어스 연구진은 사람들이 자리를 선택할 때 극장 오른편 자리를 선호한다기보다는 눈앞에 있는 좌석 배치도상의 우측을 선호하는 것이 "진짜" 편향성이라고 주장했다. 사람들은 영화관 좌석 배치도상 스크린이 위쪽에 있지 않은 경우에도 주어진 배치도에서 우측에 있는 좌석을 골랐다. 그 배치도대로 앉으면 스크린 왼쪽에 앉게 되더라도 말이다. 웨이어스 연구진은 사람들이 우측 좌석을 선호하는 편향성은 모든 공간에서 우측을 선호하는 일반적인 편향성이 드러난 사례일 뿐이라고 주장하며 기대 편향 가설에 반박했다.

별로 내키지 않는 영화를 본 적이 있는가? 이건 봐야 한다는 도덕적인 의무감으로 보게 되는 영화도 있지만(우선 〈쉰들러 리스트〉가 떠오른다), 아무리 잘 만든 영화라도 원치 않는 영화를 보는 건 썩 유쾌한 일이 아니다. 나는 우리 아이들이 좋아하는 영화를 보러 가서 그런 고통을 겪었던 경험이 몇 번 있지만, 괜히 싸우고 싶지는 않으니 자세한 사연은 생략한다. 일본의 마티아 오쿠보Matia Okubo[14]는 웨이어스 연구진과 같은 방식으로 후속 연구를 진행하면서 영화를 보려는 긍정적인 동기가 자리 선택의 편향성에 영향을 주는지 조사했다. 그 결과 사람들이 정말로 보고 싶은 영화인 경우(긍정적인 동기), 좌석 배치도를 보고 자리를 선택할 때 이전 연구에서처럼 우측 편향성이 나타났고 긍정적인 동기가 없으면 우측 편향성도 사라졌다! 감정을 지배하는 우반구를 더 많이 활용하고자 하는 의지가 있어야 자리 선택의 우측 편향성도 나타난다는 것을 알 수 있는 결과다.

우리 연구진도 영화관의 좌석 선택에서 나타나는 편향성을 조사했다.[15] 우리가 택한 방식은 이전 연구들과 중요한 차이가 있다. 영화관 자리 선택을 조사한 과거의 연구들은 종이로 된 좌석 배치도를 보여주면서 원하는 자리를 선택하게 했고 사람들이 실제로 극장에 가서도 각자 고른 자리에 앉을 것이라고 가정했다. 우리는 그와 달리 실제로 영화관에 온 사람들을 관찰해서 어떤 자리를 선택했는지 기록했다. 앞서 소개한 강의실 자리 선택에 관한 연구와 비슷하

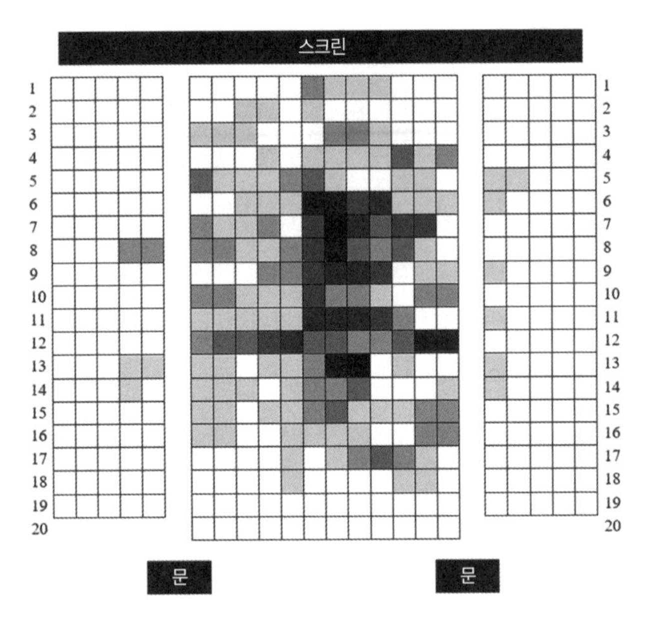

| 그림 56 | 영화관 자리 선택 시 나타난 우측 편향성.

게 영화관 전체 좌석의 점유율이 50퍼센트 미만일 때(영화가 시작되는 시점에도 선택할 수 있는 자리가 충분히 많은 상황일 때) 객석 사진을 찍어서 확인한 결과, 좌석 배치도를 활용한 이전 연구들과 같이 실제로 영화를 보러 온 관람객들도 오른편 좌석을 더 선호하는 것으로 나타났다(그림 56 참고).

앞서도 설명했듯이 우반구는 감정 처리 기능이 우세하고 특히 부정적인 감정과 관련된 내용을 분류하는 기능이 뛰어나다. 그래서 사람들은 영화를 보러 갈 때 스크린의 대부분이 자신의 왼쪽에 위치하는 영화관 우측 좌석을 선호하는 것으로 보인다(유입되는 정보가 우반구에서 처리되도록). 즉 사람들은 영화를 보러 갈 때 정서적인 내용을 보게 되리라고 '기대'하며, 이 기대가 좌석 선택에 영향을 준다.

비행기

점심시간에 쇼핑몰에서 잠시 식사할 자리를 선택하는 것은 그리 중요한 일이 아니다. 바람이 많이 드는 자리나 화장실과 가까운 자리밖에 없더라도 그 고통은 잠시만 참으면 된다. 그러나 비행기를 타고 대양을 건너야 할 땐 잘못된 자리 선택이 큰 고통을 줄 수 있다. 자리에 따라 몇 시간을 후회하게 되거나, 몇 년간 잊지 못할 기억이 생길 수도 있다. 안타깝게도 비행기 좌석에 관한 연구는 결과가 대체로 엇갈리고 활용할 만한 정보도 별로 없어서 어떤 자리가 좋은지 실질적인 조언을 제시하기가 어렵다. 비행기는 설계상 좌우가 비대칭이라는 점을 생각하면 조사 결과가 엇갈린다는 것이 놀랍기도 하다. 내가 아는 한 상업용 여객기는 전부 주 출입구가 기체 왼쪽에 있다. 영상이 나오는 스크린 등 기내 편의 시설의 위치도 비행기 좌석 선택의 선호도를 연구하기 어렵게 만드는 요소다. 과거에는 비행기가 날아다니는 영화관이었지만, 비디오를 각자 대여해서 볼 수 있게 되면서부터 탑승객 모두가 함께 시청하는 대형 스크린은 거의 사라졌다.

두어 곳의 항공사가 자체적으로 조사한 좌석 선호도 조사 결과도 있으나 이 결과들도 엇갈린다. 영국의 이지젯easyJet은 2012년에 새로운 온라인 예약 시스템을 도입한다는 소식을 보도 자료로 전하면서 이 새로운 시스템으로 좌석을 선택하는 승객들은 비행기 왼편 좌석을 선호한다고 밝혔다. 그러나 2년 후에 이지젯이 "2B냐 아니냐, 그것이 문제로다"[2B or not 2B, 영어 문장이 셰익스피어의 희곡《햄릿》의 유명한 대사인 "To be, or not to be(사느냐, 죽느냐)"와 발음이 같다는 점을 노린 문구다 – 옮긴이]라는 기발한 제목으로 발표한 보고서에는 자사 승객들이 예약 시 비행기 오른편 좌석을 선호한다는 내용이 있다. 영국 항공British Airways의 조사에서는 선체가 가로로 넓은 기종의 경우 승객들이 우측 좌석을 선호하는 것으로 나타났다.[16]

2013년에 마이클 니컬스Michael Nicholls 연구진은 호주에서 비행기 좌석 선호도에 관한 대규모 조사를 진행했다.[17] 비행기 100대, 8,000석이 넘는 좌석의 실제 선택 패턴을 분석한 이 연구에서 사람들은 왼편 좌석을 선호하는 경향이 있는 것으로 나타났다. 연구진은 이 결과가 방향 전환에서 나타나는 우측 편향성의 결과일 가능성이 크다고 설명했다. 조종석과 가까운 문으로(기체 왼쪽에 있는 문) 비행기에 탑승하면 오른쪽으로 방향을 꺾어서 비행기 뒤쪽을 향해 들어가므로 기체의 왼편에 있는 좌석을 선택하게 된다는 것이다.

실제 상황, 실제 조건에서 사람들의 행동을 관찰하는 연구는 결과의 유효성이 커지는 등 장점이 많지만 몇 가지 중대한 단점도 있다. 가장 큰 단점은 조사하고자 하는 행동에 영향을 줄 수 있는 일부 요소를 통제할 수 없다는 것이다. 과거 연구에서는 기내에 설치된 대형 스크린의 위치가 그러한 요소 중 하나였다. 비행기 좌측 좌석을 택하는 편향성을 강화할 가능성이 있는 언어적인 요인도 있다. 선체가 좁은 기종의 경우 좌측과 우측에 세 자리씩 각각 A, B, C, 그리고 D, E, F로 좌석이 구분된다. 따라서 알파벳 순서가 더 앞인 글자, 또는 먼저 나오는 글자를 선호하는 경향이 비행기 왼편 좌석에 대한 편향성의 이유가 될 수도 있다. 항공사들이 좌석을 어떤 식으로 "풀고" 배분하는지, 실제 좌석 선택 시 어떤 알고리즘이 활용되는지 투명하게 다 공개되지 않는다는 점도 고려해야 한다. 이런 측면에서는 가상의 항공기 좌석 배치도를 임의로 만들어서 제시하고 자리를 선택하도록 하는 방식이 더 유리한 연구 방법일 수 있

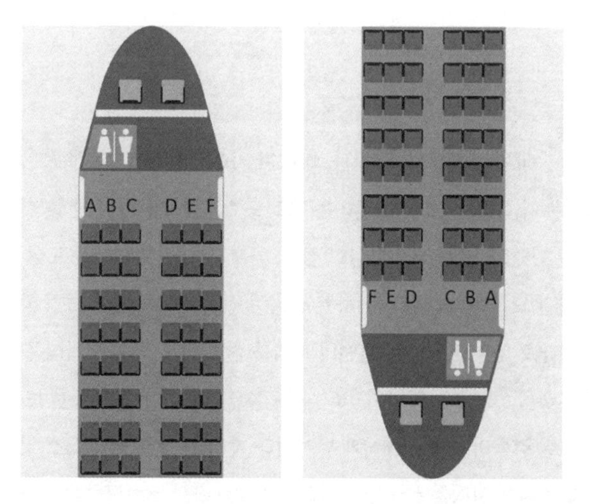

| 그림 57 | 가상의 비행기 좌석 배치도. 기체 앞쪽이 위로 향하는 배치도는 좌석이 왼쪽부터 오른쪽으로 A부터 F로 표시되어 있다. 사람들에게 어느 자리에 앉고 싶은지 고르도록 하자 배치도 방향과 상관없이 비행기 앞쪽, 오른편 좌석을 선호하는 것으로 나타났다.

다. 이 변수들을 전부 통제하고 조작할 수 있기 때문이다.

최근에 영국에서 한 연구진이 그와 같이 임의로 만든 가상의 항공기 좌석 배치도를 다양한 방향으로 사람들에게 보여주고 좌석을 선택하도록 했다.[18] 연구 참가자가 보는 화면의 오른쪽이 비행기 우측인 배치도도 있었고, 화면의 오른쪽이 비행기 좌측인 배치도도 있었다(그림 57 참고). 조사 결과 좌석 배치도상에서 비행기 방향과 상관없이 잠재적 승객들은 비행기 앞쪽, 우측 창가나 통로 자리(가운데 자리는 제외)를 선호하는 것으로 나타났다. 위의 호주 연구와 정반대의 결과가 나온 것이다. 이유가 뭘까? 호주 사람들은 위아래가 반대고 좌우도 반대라서? 그냥 웃자고 한 소리…라고 해두자.

핵심 요약

이번 장에서는 강의실, 영화관, 비행기 자리 선택에 어떤 선호도가 나타나는지 살펴보았다. 엇갈리는 결과도 있지만 몇 가지 경향성을 찾을 수 있었다. 초등학교 교실의 경우, 공부 잘하는 학생들은 교실 앞쪽의 약간 오른쪽 자리를 선택하는 경향이 있다. 대학생들은 초등학생들과 반대로 대부분 강의실 왼편의 자리를 선택한다. 영화관 좌석은 대체로 우측을 선택하는 경향이 나타나고, 정말로 보고 싶은 영화를 보러 갈 때 그런 경향이 더욱 뚜렷하게 나타난다. 이러한 결과 중에 최소 일부는 실제로 앉을 자리를 선택한 것이라기보다는 좌석 배치도상에서 나타난 우측 편향성일 가능성이 있다. 비행기 좌석 선택에 관한 연구 결과는 엇갈린다. 좌석 배치도상에 제시된 기체 방향과 상관없이 비행기 우측 좌석을 더 많이 선택하는 편향성이 나타난 연구 결과들도 있으나 호주에서 실제 여행자들이 선택한 좌석을 조사한 연구에서는 비행기 왼편 좌석에 대한 편향성이 나타났다. 물론 자리 선택은 상황에 따라 크게 달라진다. 보통 강의실 자리는 안에 일단 들어가서 전체 공간을 빨리 훑어본 다음 그때그때 실시간으로 결정한다. 비행기 좌석을 선택하는 방식은 다르다. 대부분 화면에 뜬 좌석 배치도를 보고 선택하며, 어떤 경우에는 실제로 좌석에 앉기 몇 달 전에 미리 선택하기도 한다. 좌석의 물리적인 위치뿐만 아니라 좌석 배치도의 방향, 각 좌석이 표시되는 방식도 선택에 영향을 줄 수 있다. 어떤 자리가 가장 좋은 자리일까? 상황에 따라, 자리 선택이 실제로 이루어지는 방식에 따라 다르다. 2B냐 아니냐, 이는 정말로 까다로운 문제로다.

12장

스포츠의 편향성

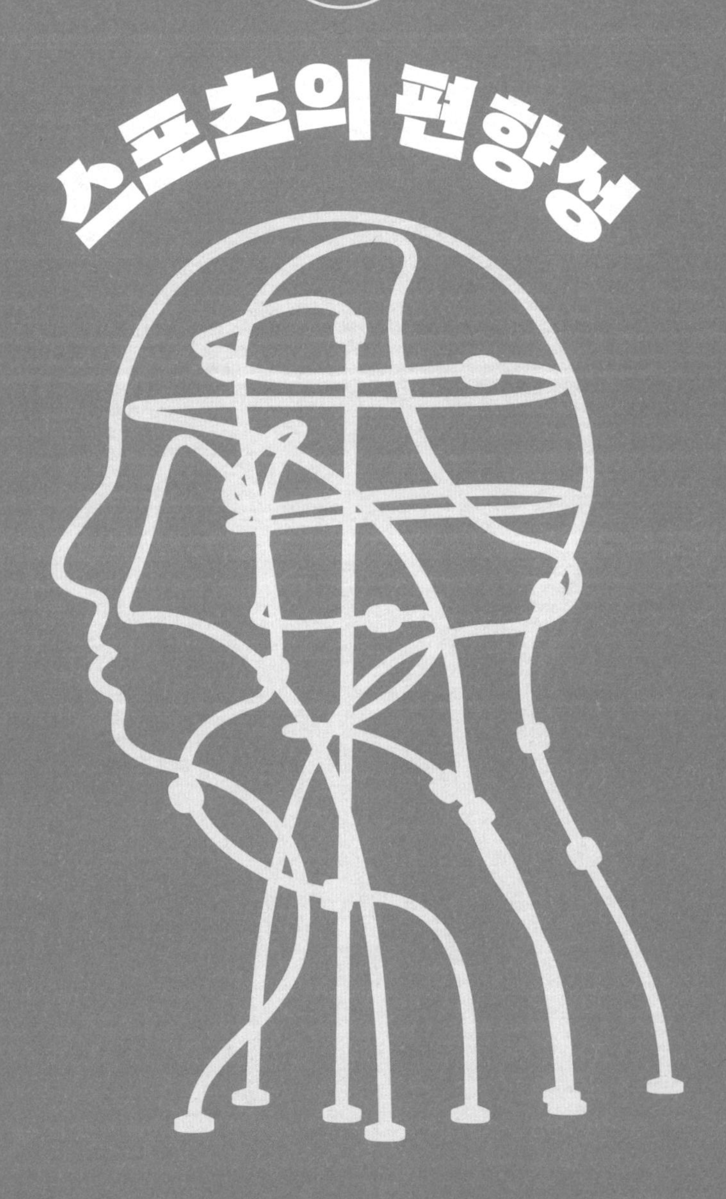

더 많이 승리하는 왼손잡이 스포츠 선수들

> 나는 메시의 왼발, 네이마르의 오른발, 호날두의 정신력, 부폰의 품격을 선택하고 싶다.
>
> **축구 선수 킬리안 음바페Kylian Mbappé, 완벽한 축구 선수에 관한 생각**

인간의 좌우 편향성을 연구하기에 스포츠보다 더 훌륭한 분야가 있을까. 지금까지는 연구자들이 창의적인 방법들로 얼마나 고생스럽게 연구해 왔는지 설명했다. 연구자들은 사람들이 공항에서 서로 어떻게 껴안고 키스하는지, 엄마들이 출생 직후 갓 태어난 아기를 어떻게 안는지 관찰하고 기록하고 분석했다. 이런 기록과 평가는 지나치게 이례적이라서 논문의 연구 방법란을 읽다 보면 낯설어지기도 한다. 아무리 연구를 위해서라지만 이건 거의 관음증 아닌가? 하지만 스포츠의 경우는 다르다. 선수별 주요 통계 정보(성별, 키, 체중, 나이 등)는 물론, 기량을 객관적으로 측정한 광범위한 지표와 개개인이 주로 사용하는 손에 관한 기록까지 상세히 얻을 수 있는 분야가 스포츠 외에 또 있을까? 야구 통계만 봐도 알 수 있다. 인터넷을 사용할 수만 있으면 19세기부터 지금까지 각 선수의 주로 사용하는 손, 타율(그 외에 실력을 나타내는 무수한 지표들), 심지어 수명까지 세세한 정보가 담긴 데이터베이스를 이용할 수 있다. 스포츠 통계는 거대한 산업이자 나처럼 인간의 편측성을 연구하는 학자들에게는 유용한 데이터가 가득한 보물 창고다.

좌우 선호도를 스포츠에서 연구해야 하는 또 한 가지 중요한 이유가 있다. 편측성 연구의 가장 큰 수수께끼를 푸는 열쇠가 될 수도 있기 때문이다. 왼손잡이 인구의 비율은 전체의 10퍼센트라는 것과 왼손잡이와 오른손잡이의 비율이 10대 90으로 수 세기 동안 거의 안정적으로 유지되었다는 것은 잘 알려진 사실이다.[1] 하지만 '왜' 그런지는 아직 알지 못한다. 주로 사용하는 손은 가족 내력이기도 하고[2] 문화권마다 상당한 차이가 있기도 하다.[3] 생애 아주 이른 시기에 주로 사용하는 손이 언제, 어떻게 발달하는지 추정할 수 있는 중요한 단서도 발견됐지만, 그것이 수백 년에 걸쳐 왼손잡이가 소수로만 남아 왔던 이유를 설명해 주지는 않는다.

1장에서는 분만 시 외상 발생률과 자가 면역 질환자의 비율이 더 크다는 점 등 왼손잡이와 관련된 부정적인 특징과 긍정적인 특징들(매우 명석한 사람들, 전문 예술가와 같은 비상한 인물 중에 왼손잡이의 비율이 일반 인구보다 높다는 것)을 소개했다. 하지만 이런 연관성이나 메커니즘으로는 어떻게 왼손잡이가 대다수(90퍼센트)인 오른손잡이보다 더 유리할 수도 있는지는 알 수 없다.

아주 간단한 내용의 주요 이론에 따르면, 왼손잡이는 과거에 싸움에 유리했고 지금도 그렇다. 오늘날 대부분의 선진국에서는 서로 치고받고 싸우는 일이 비교적 드물다. 저녁 뉴스나 엑스(트위터) 피드를 보다보면 전혀 다른 인상을 받을 수도 있지만, 실제로 현대 사회에서 폭력은 나날이 감소하는 추세다. 스티븐 핑커Steven Pinker는 《우리 본성의 선한 천사The Better Angels of Our Nature》[4]라는 훌륭한 저서에서 지난 수십 년에서 수백 년, 또는 약 천 년에 걸쳐 세상이 점점 더 안전하고 덜 폭력적인 곳이 되었다고 할 수 있는 모든 이유를 명확하게 설명한다. 그러나 인류의 역사 전체를 보면 놀라울 정도로 폭력적이며 아마존 우림의 야노마미족 등 지금도 수렵과 채집으로 살아가는 소수 부족에서 그런 역사의 잔재를 쉽게 확인할 수 있다.[5] 이 부족들을 대상으로 실시된 인류학자들의 연구 결과를 대충만 훑어봐도 어두운 역사가 남긴 교훈을 발견하게 된다. 그러한 사회에서는 폭력이 일상적으로 일어나며 폭력에 뛰어난 사람들(주로 남성들)은 물질적으로나 다음 세대에 자기 유전자를 성공적으로 전달할 가능성의 측면에서나 큰 보상을 얻는다. 실제로 수렵과 채집으로 살아가는 부족에서는 다른 남성들의 목숨을 많이 빼앗은 남성의 자식이 더 많은 경향이 있다.[6] 이들에게 폭력은 자신의 생존은 물론이고 자기 유전자를 다음 세대에 확실하게 전달하려는 목적 달성에도 도움이 된다.

"싸움 가설"에서는 왼손잡이가 신체를 공격하는 대결에서 유리하며 이 장점이 자가 면역 질환의 발생률이 더 높은 것과 같은 불리한 면을 상쇄한다고 설명한다.[7,8] 왼손잡이가 싸움에서 유리한 주된 이유는 오른손잡이 대다수가 왼손잡이와 싸워 본 경험이 별로 없거나 익숙하지 않기 때문이다. 오른손잡이들은 왼손잡이의 공격적인 움직임을 정확히 인지하기 힘들고 싸움에서 왼손잡이를 이길 수 있는 전략을 세우는 능력도 떨어진다. 오른손잡이가 왼손잡이와 대결하려면 공격이나 방어 동작의 방향을 머릿속에서 반대로 뒤집어서 떠올려야 할 수도 있다.[9]

이 이론에서 나온 예측들은 손쉽게 확인해 볼 수 있다. 왼손잡이는 여성보다 남성에서 비율이 더 높을 것이라는 점도 그중 하나로, 예나 지금이나 물리적인 공격은 남성들과 더 관련이 있으므로 "선택압"도 더 강하게 작용할 것임을 예상할 수 있다. 마찬가지로 권투, 레슬링, 종합 격투기 같은 격투 스포츠 종목에서도 왼손잡이 선수의 비율이 더 높을 것임을 예상할 수 있다. 왼손잡이 선수들은 이런 격투 스포츠에서 실력이 더 우수할 것이고 상대가 오른손잡이라면 더더욱 그럴 것이다. 이런 예측 중 몇 가지를 자세히 살펴보자.

격투 스포츠에서 정말로 왼손잡이 선수의 비율이 평균보다 높을까? 확실히 그런 것으로 보인다. 펜싱의 경우 1981년 세계 펜싱 선수권 대회에 출전한 선수의 35퍼센트가 왼손잡이였다.[10] 전체 인구 중 왼손잡이의 비율이 약 10퍼센트인 것과 큰 차이가 있다. 또한 그 해 대회에서 왼손잡이인 선수들이 다음 라운드로 진출한 확률도 더 높았다. 1981년도 대회에서만 나타난 특징도 아니었다. 1979년부터 1993년까지 토너먼트 우승자의 44.5퍼센트가 왼손잡이로 집계됐다.[11] 1980년 하계 올림픽 펜싱 종목에서도 1위부터 8위를 차지한 선수 전원이 왼손잡이였다. 에도아르도 만자로티Edoardo

| 그림 58 | 오른손잡이로 태어난 에도아르도 만자로티는 부친의 훈련으로 왼손잡이가 되어 세계에서 가장 큰 성공을 거둔 펜싱 선수가 되었다.

Mangiarotti는 그중에서도 단연 두드러지는 선수이다. 1919년생인 만자로티는 원래 오른손잡이로 태어났으나 부친(이탈리아 전국 펜싱 대회에서 17회나 우승을 거머쥔 주세페 만자로티Giuseppe Mangiarotti)이 그를 왼손잡이로 만들었다. 왼손잡이가 된 뒤, 에도아르도는 세계 선수권 대회와 올림픽에서 금, 은, 동메달을 총 39개나 따냈고 이 기록은 지금까지도 깨지지 않았다.[12, 13, 14] 왼손잡이 펜싱 선수들의 칼날은 분명 서슬이 남달리 퍼런 듯하다.

이러한 이점은 펜싱에만 국한되지 않는다. 프로 권투선수, 종합격투기 선수 9,800명 이상을 조사한 대규모 연구에서도 전체 선수

중 왼손잡이의 비율이 평균보다 높고, 왼손잡이 선수가 링 위에서 거두는 승률도 더 높은 것으로 나타났다.[15] 권투의 경우 남성 선수(17.3퍼센트)와 여성 선수(12.6퍼센트) 모두 왼손잡이 비율이 평균보다 높았다. 미국에서는 권투 선수의 성공을 평가하는 몇 가지 흥미로운 기준이 있다. 최상위권 선수들끼리는 경기에서 상금을 얼마나 받았는지, 라스베이거스 거리의 거대한 전광판 중 몇 개에 광고가 걸렸는지 등으로 비교할 수 있다. 그 정도 수준에 이르기 전에는 경기에서 우승한 횟수와 KO패 횟수, 상대방보다 점수를 더 잘 받은 라운드의 수, '복스렉(BoxRec)'이라는 웹 사이트에 게시되는 선수별 평가 점수가 성공을 평가하는 기준이 된다.[16]

남자 권투선수의 경우 왼손잡이가 승률과 복스렉 점수 모두 더 높았고 여자 선수들도 왼손잡이의 복스렉 점수는 오른손잡이보다 좋았지만(싸움 능력을 종합적으로 평가한 점수에서) 승률이 더 높지는 않았다.

종합 격투기에서도 왼손잡이 선수의 비율이 평균보다 높다(남녀 선수를 모두 합쳐서 왼손잡이 비율이 18.7퍼센트다). 또한 왼손잡이 선수들은 오른손잡이 선수들보다 몸집이 더 크거나 키가 더 크지 않은데도 승률이 더 높다. 이런 결과는 싸움 가설을 뒷받침한다.[17]

성공한 레슬링 선수들도 왼손잡이 비율이 평균보다 높다. 세계 선수권 대회에 출전한 전체 레슬링 선수를 대상으로 어떤 손을 주로 쓰는지 조사한 결과를 보면 왼손잡이가 특별히 더 많지 않았으나(440명 중 44명으로 전체 인구 중 왼손잡이 비율인 10퍼센트와 비슷한 수준이다) 왼손잡이 선수들이 패한 라운드 수가 오른손잡이 선수들보다 적고 왼손잡이 선수들이 더 높은 라운드까지 진출하는 경향이 나타났다. 메달을 딴 선수 중 왼손잡이와 양손잡이의 비율은 금메달 수상자의 34퍼센트, 은메달을 받은 선수 중 35퍼센트, 동메달 수상자 중에서는 27퍼센트였다.[18] 일반적인 왼손잡이 비율인 10퍼센트보다 훨씬 높은 비율이다.

가라테, 태권도 같은 전통 무술에서도 일부 종목의 왼손잡이 선수 비율이 평균보다 높다.[19] 이 종목들에서도 왼손잡이 선수들, 특히 왼손잡이 여성 선수들은 토너먼트에서 더 많은 우승을 거두고 메달도 더 많이 따는 것으로 보인다. 선수끼리 직접 몸으로 겨루는 방식이 아닌 스포츠 종목에서도 왼손잡이의 우세가 일관되게 나타난다. 양궁에서 왼손잡이 선수가 쏜 화살은 과녁의 점수가 더 높은 지점을 맞히는 경향이 있다.[20] 양궁에 관해서는 조금 뒤에 다른 관점에서 다시 살펴보겠다.

싸움 가설은 싸움에서 유리하다는 이점이 왼손잡이의 다른 약점들을 상쇄하거나, 심지어 그 이상인 경우도 있으므로 수 세기 동안 왼손잡이 비율이 일정하게 유지되었다고 설명한다. 이 명쾌한 가설은 탄탄한 증거들로 뒷받침된다. 이 가설이 전부라면 나는 이번 장을 여기서 홀가분하게 마무리할 수 있을 것이다. 하지만 이 이야기는 그리 간단하지 않다. 왼손잡이 비율이 일정한 이유를 설명하는 이론은 싸움 가설 외에도 "음의 빈도 의존적 선택 가설"이라는, 이름부터 훨씬 골치 아픈 이론도 있다.[21,22] 이 두 번째 이론은 길고 복잡한 이름과 달리 싸움 가설보다도 훨씬 간단하다. 왼손잡이의 성공률이 높은 이유는 수(빈도)가 더 적기 때문이라는 것이다. 실제로 오른손잡이 선수는 왼손잡이 선수와 겨뤄 본 경험이 적은 경향이 있다. 두 가설 모두 격투 스포츠의 실제 통계를 뒷받침하지만, 이 두 번째 이론은 그게 끝이 아니다.

격투 스포츠에서 왼손잡이 선수의 비율과 승률이 평균보다 더 높다는 사실을 입증하는 증거는 계속 늘어나고 있다. 그런데 왼손잡이 선수들은 다른 스포츠에서도 잘 나가고 있으며 격투와 무관한 광범위한 스포츠에서도 왼손잡이가 유리한 것으로 보인다. 크리켓만 하더라도 가장 좋은 성적을 거둔 팀 중에 왼손잡이 타자의 비율이 거의 절반인 팀도 있다. 2003년 크리켓 월드컵에 출전한 전체 선수 중 왼손잡이의 비율은 24퍼센트였다.[23] 야구, 축구, 농구, 배구, 호주 풋볼, 수구, 테니스 등 "속구"가 특징인 다른 스포츠 종목에서도 왼손잡이의 성적이 더 우수하다.[24,25,26,27,28,29,30,31,32] 수구에서는 윙(경기장 중앙을 기준으로 양쪽 – 옮긴이) 포지션에 왼손잡이가 가장 많이 배치되며 2011년, 2013년, 2015년 세계 선수권 대회에 출전한 전체 수구 선수 중 남자 선수의 24퍼센트, 여자 선수의 34퍼센트가 왼손잡이였다.[33] 슛 횟수, 득점 횟수도 왼손잡이 선수가 더 많았다. 호주 풋볼의 경우 페널티킥을 왼발로 날리는 것이 오른발로 시도한 경우보다 성공률이 더 높은 것으로 나타났다.[34] 여기서는 수구와 호주 풋볼 같은 스포츠 종목을 "비격투 스포츠"라고 했지만, 경기를 보거나 직접 해본 사람이라면 격투가 주된 목적은 아닐지 몰라도 분명 경기에 격투가 포함된다는 것을 잘 알 것이다. 그렇다면 유서 깊은 스포츠이자 성 차별적인 수식어가 붙은 "신사의 스포츠", 테니스는 어떨까?

1968년부터 2011년까지 테니스 그랜드 슬램(국제 테니스 연맹이 주관하는 전 세계 테니스 경기 중 인기도, 상금, 전통 등의 측면에서 가장 권위 있는 4대 대회를 일컫는 표현 – 옮긴이)에 출전한 남자 프로 선수들을 조사한 결과, 첫 번째 라운드에 출전한 선수들의 왼손잡이 비율은 10.9퍼센트에 불과했으나(전체 인구 중 왼손잡이 비율과 비슷하다) 결승에 진출한 선수 중에서는 17.1퍼센트였고 우승자 중에는 21.2퍼센트였다.[35] 1973년부터 2011년까지 해마다 연말에 집계된 테니

| 그림 59 | 프로 테니스 선수 라파엘 나달은 어릴 때 오른손잡이였으나 테니스를 처음 배울 때 삼촌의 권유로 왼손 기술을 발전시켰다.

스 선수 순위에서도 비슷한 패턴이 나타났다. 왼손잡이는 전체 선수로 보면 그 비율이 평균보다 높지 않았으나(9.6퍼센트) 상위 100위권 선수 중에서는 훨씬 높았고(13.4퍼센트) 10위권 내 선수 중에서도 마찬가지였다(13.8퍼센트). 테니스 여자 프로 선수들도 왼손잡이의 비율에 이러한 차이가 있지만 이만큼 크지는 않다.

테니스 프로 선수들만 왼손잡이의 기량이 우수한 건 아닌 듯하다. 아마추어 테니스 선수 3,793명을 조사한 결과를 보면[36] 왼손잡이의 비율은 오히려 전체 인구보다 낮았지만(남자 선수 중 왼손잡이는 6.8퍼센트, 여성은 4.4퍼센트였다) 왼손잡이의 기량이 훨씬 우수했다. 아마추어 왼손잡이 선수들은 더 높은 라운드까지 진출할 가능성이 크고, 경기에서 우승하는 비율도 더 높았다.

다른 스포츠로 넘어가기에 전에, 막대한 성공을 거둔 흥미롭고 카리스마 넘치는 스페인 출신의 왼손잡이 테니스 선수 라파엘 나달Rafael Nadal(그림 59 참고)의 사례를 특별히 언급하고 싶다. 나달은 이번 장 앞부분에서 소개한 펜싱 선수 에도아르도 만자로티와 비슷하게 "태어날 때는 오른손잡이"였으나 왼손잡이 선수로 큰 성공을 거두었다. 나달은 어린 시절에 글을 쓰거나 물건을 던지는 등 가장 섬세한 기술이 필요한 일들을 전부 오른손으로 했다. 테니스를 처음 배우기 시작했을 때는 양손으로 훈련을 받다가, 삼촌인 토니 나달Toni Nadal의 "권유"로 공을 왼손으로 받아 치는 기술을 발전시켰고 특히 백핸드 기법을 중점적으로 훈련했다. 나달이 지금까지 획득한 91회의 타이틀 중 21회가 그랜드 슬램 타이틀이며, 그의 승

승가도는 끝날 기미가 보이지 않는다(라파엘 나달은 그랜드 슬램 22회 우승 기록을 남기고 2024년 11월에 은퇴했다 – 옮긴이). 토니의 코칭은 분명 효과가 있었던 것으로 보인다.

테니스에서 왼손잡이가 더 큰 성공을 거두는 이유는 무엇일까? 싸움 가설이나 음의 빈도 의존적 선택 가설 등 일반적으로 왼손잡이가 유리한 이유를 설명하는 이론이 적용될 수도 있지만 테니스라는 스포츠의 특성도 어느 정도 영향을 주는 것으로 보인다. 독일의 한 연구진은 프로 테니스 경기 54건을 분석한 결과[37] 오른손잡이 선수는 왼손잡이 선수와 싸울 때 상대방이 공을 백핸드(치는 힘이 대체로 덜 강한 타법이다)로 받아 칠 위치로 보내는 확률이 더 낮았다고 밝혔다. 이 연구진은 테니스 선수 108명에게 녹화된 테니스 경기들을 보여주면서 날아오는 공을 반대편 코트 어디로 보낼 것인지(원하는 위치로 공을 보낼 능력이 있는지와 상관없이) 묻는 방식으로도 각 선수의 경기 전략을 조사했는데, 마찬가지로 싸우는 상대가 왼손잡이면 백핸드로 받아칠 만한 위치로는 공을 보내지 않으려는 경향을 보였다. 그러므로 왼손잡이 선수들이 거두는 성공의 적어도 일부는 오른손잡이인 상대 선수들이 효과가 크지 않은 전략을 택한 덕분이라고도 할 수 있다. 격투 종목이나 그 외 다른 스포츠에서도 왼손잡이 선수가 이와 같은 이점을 누릴 가능성이 있고, 이것이 위에서 설명한 음의 빈도 의존적 선택 이론이 실제로 작동하는 방식일 수도 있다.

축구에서는 어릴 때부터 양쪽 발을 모두 능숙하게 사용하도록 훈련한다는 사실이 잘 알려져 있다. 선수가 경기에서 한쪽 발에만 지나치게 의존하면 훈련을 제대로 못 받았거나 연습이 부족하다는 소리를 듣는다. 유럽 프로축구 선수들은 실제로 양쪽 발을 다 능숙하게 사용하는 선수들이 돈을 더 많이 번다(어떤 리그에서 뛰느냐에 따라 연봉이 13.2퍼센트에서 18.6퍼센트까지 더 높다).[38] 그러나 전략이나 경기에 따라 출중한 왼발 킥 실력이 필요한 경우가 있고, 자연히 그런 실력을 갖춘 선수들에 대한 수요가 생겼다. 1장에서 설명했듯이 전체 인구 중 왼발을 주로 사용하는 사람들의 비율은 약 20퍼센트다.[39, 40] 1998년 월드컵에 출전한 국제 축구 연맹 소속 선수 236명의 킥 1만 9,295건을 분석한 결과를 보면 이 엘리트 선수들의 79.2퍼센트는 오른발을 주로 사용하는 것으로 나타났다. 일반 인구에서 나온 비율과 같은 결과다.[41] 그러나 선수를 모집할 때는 전체 중 왼발을 주로 쓰는 선수의 수요가 거의 40퍼센트에 이르는 것을 보면, 선수가 어느 발을 주로 사용하는지가 엘리트 선수로 뛸 기회를 얻는 데에 영향을 줄 수 있음을 알 수 있다. 네덜란드 연구진이 국가대표 선발을 성공의 지표로 정하고 자국의 젊은 축구 선수(5년간 수행된 이 연구가 시작된 시점에 16세였던 선수들) 280명을 대상으로 16세 이하 국가대표팀, 19세 이하 국가대표팀 선발 여부를 추적 조사한 결과, 청소년 국가대표로 선발된 선수의 31퍼센트가 왼발을 주로 사용하는 선수였다. 왼발을 주로 사용하는 것이 국가대표 선발에 유리하다는 것이 분명하게 나타난 결과였다.[42]

농구도 "양쪽 모두 능숙하게 쓸 줄 알아야 하는" 스포츠다(물론

축구와 달리 당연히 양발이 아닌 양손이다). 양손을 다 능수능란하게 쓰는 선수들은 한쪽 손만 주로 쓰는 선수들보다 방어나 득점 실력이 훨씬 우수하고 다양한 경기 상황에 맞출 수 있으며 상대편 선수의 입장에서는 수비하기가 더 어렵다. 미국 프로 농구 협회 소속 선수들을 조사한 대규모 연구에서(1946년부터 2009년까지 다섯 경기 이상 출전한 선수 3,647명) 왼손잡이 선수의 비율은 전체 인구보다 적은 것으로 나타났는데(5.1퍼센트), 놀랍게도 전체 인구의 평균 비율보다도 적은 이 왼손잡이 선수들이 경기당 득점, 슈팅 성공률, 도움 횟수, 리바운드에서 오른손잡이 선수들보다 더 우수한 성적을 거두었다.[43]

하지만 테니스, 축구, 농구의 공통점을 속구 종목이라고만 한다면 지나친 단순화일 것이다. 이 스포츠들의 또 한 가지 공통점은 선수가 공을 그냥 다루는 것이 아니라 다른 선수와 상호작용한다는 것이다. 그렇다고 격투 스포츠와 비슷하다고 하기에는 무리가 있지만, 선수 간에 공이 오가는 종목들과 격투 스포츠에는 분명 몇 가지 공통점이 있다. 시간 압박도 속구 종목들의 공통점이다. 골프는 공을 칠 때까지 여유를 부려도 되지만 야구, 크리켓, 축구, 테니스와 같은 스포츠는 제한 시간이 있어서 완벽한 슛을 날릴 수 있을 때까지 마냥 기다릴 수가 없다.

독일의 플로리안 로핑Florian Loffing은 스포츠의 시간 압박과 상위 100위권 선수 중 왼손잡이의 비율에 어떤 관계가 있는지 조사했다.[44] 이 연구에서 시간 압박은 서로 경쟁하는 두 선수가 한 가지 행위를 한 후 다음 행위가 나온 시점까지의 평균 시간 간격으로 정의됐다. 라켓이 사용되는 스포츠에서는 라켓과 공 또는 셔틀콕이 접촉하기까지 걸린 시간이다. 탁구는 이 시간 간격이 매우 짧아서 시간 압박이 강한 것으로 평가됐고, 배드민턴이나 스쿼시는 시간 간격이 그보다 길었다. 투구 시점부터 공이 배트에 맞기까지 소요된 시간을 측정해서 시간 압박을 추정한 결과 야구는 크리켓보다 시간 압박이 컸고 야구, 크리켓 모두 테니스나 배드민턴 같은 라켓 종목보다 시간 압박이 훨씬 컸다. 야구(투수의 30.39퍼센트가 왼손잡이), 크리켓(공을 던지는 볼러의 21.78퍼센트가 왼손잡이), 탁구(25.82퍼센트) 등 시간 압박이 큰 스포츠일수록 상위 100권 선수 중 왼손잡이의 비율이 더 높았다. 스쿼시처럼 상호작용의 속도가 느린 구기 종목은 왼손잡이 선수의 비율이 가장 낮았다(8.70퍼센트).

| 그림 60 | 배구 전문가들과 배구를 잘 모르는 사람들에게 선수가 왼손 또는 오른손으로 공을 스파이크하는 영상을 보여주고 이전까지의 움직임을 토대로 공이 어느 방향으로 갈지 예측하도록 하자, 오른손잡이 선수가 치는 공의 방향을 더 정확하게 예측했다.

속구 종목에서 왼손잡이 선수가 유리한 이유는 상대가 오른손잡이일 때 왼손잡이 선수의 움직임을 "읽고" 예측하는 능력이 떨어지는 것과도 관련이 있을 수 있다. 한 연구진은 배구에서 바로 이 점을 조사했다. 연구진은 사람들에게 배구 경기 영상 중 스파이크 장면을 보여주고(스파이크 직전에 일시 정지했다) 공이 어느 방향으로 갈지 예측하도록 했다(그림 60 참고). 오른손잡이 배구 선수 3명, 왼손잡이 선수 3명의 영상을 전문가 18명과 배구를 잘 모르는 사람 18명에게 보여준 결과, 사람들은 왼손잡이 선수가 친 공의 방향보다 오른손잡이 선수의 스파이크로 공이 가는 방향을 더 정확하게 예측했다. 예측 오류는 배구를 잘 아는 사람들보다 잘 모르는 사람들에게서 더욱 두드러졌다.[45]

지금까지는 스포츠에서 나타나는 왼쪽과 오른쪽의 차이를 선수의 편측성, 특히 팔다리 중 어느 쪽을 더 많이 쓰는지에 초점을 맞춰서 설명했다. 하지만 선수의 지각력도 흥미로운 요소다. 선수들은 공이 어디에 떨어질지, 상대 수비수가 어디로 향할지, 공이나 펜싱 검 등으로 이루어지는 "공격"이 어느 방향에서 시작될지 등을 끊임없이 예측한다. 규모, 거리, 속도, 이동 경로에 관한 선수의 예측과 판단도 우리 뇌의 좌우 편향성에 영향을 받을까? 당연히 받는다!

예를 들어 호주 풋볼의 킥을 살펴보자. 7장에서 사람들은 자신의 왼쪽에 있는 물체는 크기와 수, 거리를 과대평가하는 경향이 있고 자신의 오른쪽에 있는 물체는 같은 요소를 과소평가하는 경향이 있다고 설명했다. 호주 풋볼은 하키나 축구와 달리 골키퍼가 없다.

골키퍼가 있는 스포츠에서는 골키퍼마다 좌우 중 방어에 더 약한 쪽이 있다는 점을 이용해서 득점을 노리는 전략이 쓰이지만, 호주 풋볼에서는 이런 전략을 쓸 수 없다. 또한 호주 풋볼에서 골은 "달리면서" 시도하는 경우가 많고 프리킥으로 득점하기도 한다(그림 61에 호주 풋볼 경기장의 구조가 나와 있다). 호주의 한 연구진은 2005년부터 2009년 시즌의 호주 풋볼 리그 출전팀 중 16개 팀에서 나온 킥 시도를 분석했다. 연구진은 사람들이 자신의 오른쪽에 있는 사물의 거리와 근접성을 과소평가하는 경향이 있으므로 골대 앞에서 우측

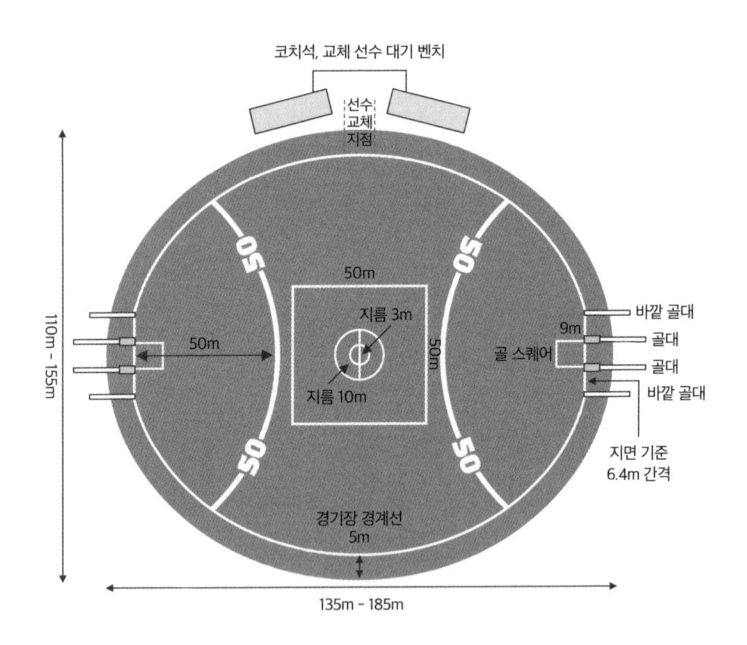

| 그림 61 | 일반적인 호주 풋볼 경기장. 공이 골대와 골대 사이로 들어가면 점수를 얻는다. 공이 골대와 바깥 골대("비하인드" 골대) 사이로 들어가면 그보다 낮은 점수를 얻는다.

으로 날린 슈팅이 더 많고(골인을 포함해서) 바깥 골대와 골대 사이를 노린 골("비하인드" 골)도 우측에서 슈팅 시도가 더 많을 것으로 예상했다. 분석 결과, 이 두 가지 예상은 정확했던 것으로 밝혀졌다. 골대와 골대 사이 거리를 기준으로 우측 절반 부분에서 이루어진 골인으로 득점하는 경향이 있었고, 비하인드 골의 득점도 좌측보다 우측에서 얻는 확률이 더 높았다.[46] 이 연구진은 참가자 212명을 모집해 골대와 골대 사이 정중앙으로 공을 슈팅하도록 하는 실험을 후속으로 진행했다. 그 결과 아마추어인 참가자들이 골대에 공을 차 넣는 위치도 프로 선수들과 마찬가지로 골대와 골대 사이 정중앙에서 우측으로 치우치는 경향이 있는 것으로 나타났다.

이러한 우측 편향성이 속구 종목에서만 나타나는 것은 아니다. 골프에서도 이러한 현상을 볼 수 있다. 골프를 갓 배우기 시작한 초보 30명을 대상으로 총 90회의 퍼팅 시도를 조사한 연구에서도 축구나 호주 풋볼 연구에서와 같이 체계적인 우측 편향성 오류가 나타났다.[47] 양궁에서도 숙련된 선수의 화살이 빗나가는 경우 왼쪽보다 오른쪽으로 치우치는 경우가 더 많다는 연구 결과가 있다.[48] 마지막으로 살펴볼 분야는 비디오 게임이다. 나는 비디오 게임을 "스포츠"로 보지 않는 소수 중 한 명이라, 스포츠가 주제인 이번 장에서 게임 이야기를 하기가 솔직히 꺼려진다(손과 눈의 협응 증대, 집중력 유지, 한 번에 여러 가지 일을 수행하는 능력과 단기 기억력, 정신 건강, 행복감 증가 등 비디오 게임에 잠재적인 이점이 많다는 사실은 기꺼이 인정한다.[49] 그 외에 다른 장점도 많겠지만, 비디오 게임은 "비스포츠"라는 내 주장이 더 위태로워질 수 있으니 이쯤 해두기로 한다). 하지만 "진짜" 스포츠에서 명확히 나타나는 우측 편향적인 오류는 비디오 게임에서도 나타난다. 예를 들어 여러 사람이 함께하는 1인칭 슈팅 게임인 〈카운터 스트라이크: 글로벌 오펜시브Counter-Strike: Global Offensive〉를 활용한 연구에서는 게이머들이 치명적인 공격을 가하거나 방향 판단에 오류가 생길 때 우측 편향성이 있는 것으로 확인됐다.[50]

이번 장의 내용은 대부분 스포츠 경기에서 뛰는 선수의 좌우 방향성, 즉 선수 자체에 중점을 맞추었지만, 스포츠를 관람하는 '관찰자'의 이야기로 마무리하고자 한다. 아마추어 스포츠 행사는 보통 관중보다 경기에서 뛰는 사람이 더 많다. 반면 프로 경기는 수백만 명의 관중과 수백만 달러를 끌어모으기도 한다. 스포츠 경기를 보는 사람들은 두 유형으로 나뉜다. 돈을 받고 경기를 보는 사람, 그리고 돈을 내고 경기를 보는 사람이다.

테니스, 배구, 농구, 권투 같은 스포츠에서 돈을 받고 경기를 보는 사람은 심판, 판정단, 경기장 시설을 관리하는 직원들이다. 체조, 다이빙, 피겨스케이팅 같은 종목에서는 각 선수의 경기를 지켜보고 대체로 규정에 따라 점수를 매겨 승자와 패자를 가리는 사람들이 그에 해당된다. 100미터 달리기는 우승 기준이 매우 명확하고 객관적이지만 표현 방식에 대한 평가는 그렇지 않다. 그렇다면 선수의 표현 방식이 평가되는 종목에서는 왼쪽과 오른쪽이 중요한 요소일까?

한 연구진은 이 의문을 풀기 위해 기발한 방식으로 체조 종목을

| 그림 62 | 일반인은 체조 동작이나 체조와 무관한 몸의 움직임 모두 왼쪽에서 오른쪽으로 이동하는 동작을 오른쪽에서 왼쪽으로 이동하는 동작보다 더 아름답다고 평가했다. 전문 심사위원들의 평가에는 그러한 편향성이 없었다.

조사했다. 서구인인 일반인 48명과 체조 심사 교육을 받은 48명의 심사위원을 선정하고, 체조 동작이 담긴 사진이나 이미지를 보고 어느 쪽이 더 "아름다운지" 평가하도록 했다(그림 62 참고). 이 연구에서는 선수의 움직임이 왼쪽에서 오른쪽으로, 또는 오른쪽에서 왼쪽으로 진행되는 모습을 모두 볼 수 있도록 모든 자료를 거울상 이미지와 함께 제시했다. 사진이나 영상의 원본과 거울상은 선수가 움직이는 방향 외에는 전부 동일했다. 그러자 일반인들은 선수가 왼쪽에서 오른쪽으로 움직이는 동작을 더 "아름답다"고 일관되게 평가했고 전문가들의 평가에서는 이러한 좌우 편향성이 나타나지 않았다.

숙련된 심사위원들이 선수가 움직이는 방향에 따라 점수를 더 주는 편향성을 보이지 않았다는 것은 다행스러운 일이다. 하지만 체조 외에도 선수의 직선 방향 움직임이 미적으로 평가되는 스포츠가 많다. 심지어 움직임이 얼마나 아름다운지가 경기 결과와는 아무 관련이 없는 스포츠에서도 아름다운 동작이 높은 평가를 받기도 한다. 매달 농구 경기에서 나온 최고의 순간을 모은 영상을 본 적이 있다면, 슛이 성공적으로 들어갔는지보다 슈팅이 얼마나 멋지고 아름다운지를 기준으로 장면들이 선정된다는 것을 잘 알 것이다. 선수가 움직이는 방향은 관중이 아름답다는 인상을 받는 데에 영향을 줄까?

축구에서는 분명 그런 영향이 있는 듯하다. 이탈리아의 한 연구진은 축구 경기의 골인 장면 중 공이 왼쪽에서 오른쪽으로 들어간 장면과 오른쪽에서 왼쪽으로 들어간 장면을 사람들에게 보여주고 아름다움("골이 얼마나 아름다운가?"), 강도("선수가 공을 얼마나 세게 찼나?"), 속도("공이 얼마나 빠른 속도로 들어갔나?")를 기준으로 점수를 매기도록 했다. 그 결과 왼쪽에서 차서 오른쪽으로 들어간 골이 세 가지 평가 항목에서 전부 더 높은 점수를 받았다. 이탈리아어를 읽고 쓰는 방향과 같은 방향이다.

위의 연구진은 비슷한 방법으로 "아름다운" 스포츠 장면이 아닌 공격적인 영화 장면도 평가하도록 했다. 이 연구에서는 다음과 같은 질문이 제시됐다. "등장인물이 상대방을 얼마나 세게 때렸나(또는 밀었나)?" "맞은(또는 밀린) 사람은 얼마나 큰 충격을 받았나/크게 다쳤나?" "이 장면이 얼마나 폭력적이라고 느껴지는가?" 이탈리아인 참가자들은 이 세 가지 항목 모두에서 왼쪽에서 오른쪽으로 움직이는 폭력 장면을 오른쪽에서 왼쪽으로 움직이는 폭력 장면보다 더 폭력적이라고 평가했다. 연구진이 아랍어(오른쪽에서 왼쪽으로 쓰고 읽는 언어) 사용자들을 대상으로 위의 두 가지 조사를 진행하자 정반대의 결과가 나왔다. 즉 아랍어 사용자들은 축구는 오른쪽에서 차서 왼쪽으로 들어가는 골인 장면을 더 "아름답다"고 평가했고 영화의 폭력 장면도 오른쪽에서 왼쪽으로 때리거나 미는 장면을 더 강하고 폭력적이라고 평가했다.[51]

종합하면, 이러한 연구들은 좌우뇌의 기능 차이가 경기장에서 뛰는 선수들의 편측성과 경기를 지켜보는 사람들의 지각과 반응에 영향을 준다는 것을 보여준다. 다행히 일반인 대다수에서 나타나는 지각의 편향성이 숙련된 전문 심사위원들에게는 약하거나 아예 나타나지 않았으니 경기 판정은 공정하게 이루어질 것이다.

핵심 요약

스포츠는 좌우 차이를 연구하기에 이상적인 분야다. 스포츠에서는 선수들이 몸의 좌우 중 경기에 주로 쓰는 쪽과 기량이 상세히 기록되고 엄격히 평가되며 훈련에도 반영된다. 편측성을 연구하는 학자들에게 운동선수들의 이러한 기록은 보물 창고와 같다. 여러 스포츠 종목에서 왼손잡이 선수의 우수함이 뚜렷하게 나타난다. 특히 격투 종목(가상의 격투도)과 속도가 매우 빠른 속구 종목에서 그러한 경향이 있다. 왼손잡이가 유리한 이유를 설명하는 이론 중에는 물리적인 공격과 맞닥뜨렸을 때 더 유리하며 이 장점이 왼손잡이의 단점을 상쇄한다는 싸움 가설이 있다. 또 한 가지 이론은 왼손잡이가 수적으로 적어서(빈도가 낮아서) 성공률이 더 높다는 음의 빈도 의존적 선택 가설이다. 편측성은 선수만의 특징이 아니며 경기를 보는 관중, 심판도 체계적이고 예측 가능한 방식으로 발생하는 지각력의 편향성에 영향을 받는다.

맺음말

> 부작용이라는 건 없다. 작용만 있을 뿐이다. 우리는 미리 생각했던 결과나 마음에 드는 결과는 주요한 영향, 또는 의도한 영향이라고 부르고 당연하게 여긴다. 그리고 예상치 못하거나 뒤늦게 나타나 뒤통수를 때리는 영향은 "부작용"이라고 부른다.
>
> **존 D. 스터먼John D. Sterman 교수**

우리는 부작용을 '나쁜 것'으로 여기는 경향이 있다. 재채기와 콧물을 막으려고 먹는 알레르기 약은 졸음을 유발한다. 자기 직전에 복용하지 않는 한 그런 부작용이 유익할 리가 없으니, 이것이 약을 먹지 않는 이유가 되기도 한다. 드물지만 부작용이 이로운 특수한 경우도 있다. 원치 않는 임신을 방지하기 위해 복용하는 경구 피임약은 여드름이 생기는 것도 막아준다. 진통제로 이용되는 아스피린은 심장 발작과 뇌졸중 방지에 도움이 되고 심지어 대장암, 전립선암 환자의 생존율을 높이기도 한다. 고혈압 치료제로 개발된 미녹시딜Minoxidil은 현재 탈모증의 국소 치료에 쓰이고 있다.

처음에는 '나빠 보였던' 부작용이 긍정적인 징후인 경우도 있다. 지금 나는 전 세계가 코로나19 대유행에 시달리는 시기에 이 글을 쓰고 있어서 백신과 백신 부작용 이야기를 하지 않을 수 없다. 백신으로 발생할 수 있는 가장 극단적인 반응(아나필락시스 같은 알레르기) 외에 '일반적인' 부작용(주사 부위 통증과 부종, 발열, 구역질, 두통, 피로감)으로 여겨지는 증상들은 우리 몸에서 면역 반응이 일어났다는 징후다. 따라서 그런 증상은 백신이 효과를 발휘했음을 알려준다. 그렇다고 부작용이 나타나야만 백신이 효과가 있다는 말이 아니다. 백신 부작용은 당연히 성가신 일이지만, 보통은 좋은 징후라는 의미다.

이 책에서 의약품의 장점과 해로움을 중점적으로 다루지는 않았지만, 의약품 부작용의 특징 중 일부는 인간의 편향된 뇌 기능으로 발생하는 행동의 편향성과 공통점이 있다(영어로 부작용은 side effect이고, 저자는 이 책의 주제인 행동의 편향성이 좌우 중 한쪽side에서 나타난다는 뜻에서 이를 중의적 표현으로 많이 사용했다. 책의 원제도 side effects다 – 옮긴이). 생활 속에서 쉽게 볼 수 있지만 과학적으로 호기심을 가져볼 만한 일이라는 점도 그렇고, 그냥 시시한 일로만 여기기에는 훨씬 중요한 의미가 있다는 점도 그렇다. 우리 행동의 편향성에 관해 새로 알게 된 지식은 소셜 미디어 프로필이나 데이트 상대를 찾는 온라인 서비스의 프로필로 쓸 사진을 고를 때나 자리 선택에 활용할 수 있고 심지어 광고에도 반영할 수 있다.

지금까지 이 책에서는 인간의 행동에서 나타나는 편향성을 각 장에서 한 가지씩 설명했다. 이런 구성의 단점은 각각의 편향성이 다른 편측성과 무관하다고 느낄 수 있다는 것이다. 하지만 실제로는 그렇지 않다. 주로 사용하는 손은 가장 뚜렷하게 드러나는 편향성이지만 아기를 안는 방향이나 주로 사용하는 눈, 귀, 발에서 나타나는 편향성의 '원인'은 아니다. 하지만 특정 편향성이 다른 편향성의 원인이 되기도 한다. 예를 들어 스포츠에서 나타나는 편향성은 선수가 주로 사용하는 손에 따라 생기는 경우가 많다. 특정한 편향성이 다른 편향성과 상호작용하기도 한다. 우측으로 방향을 전환하는 편향성은 연인과 키스할 때 고개를 오른쪽으로 돌리는 편향성에 영향을 줄 수 있고, 사진이나 초상화를 위해 포즈를 취할 때 왼쪽 뺨이 더 앞으로 나오도록 고개를 돌리는 편향성은 우리가 빛이 왼쪽에서 비치는 것을 더 선호하는 경향과 관련이 있을 수 있다. 정리하자면, 이 책에서 대부분 따로따로 상세히 설명한 10여 가지의 편향성이 항상 개별적으로만 나타나는 현상은 아니라는 것이다.

우리 행동에서 나타나는 편향성 중에 가장 두드러지는 것이 주로 사용하는 손이다. 동굴 벽화 같은 고대 예술품을 분석한 결과를 보면, 지난 50세기가 넘는 시간 동안 인류의 90퍼센트가 오른손잡이였고 왼손잡이가 오른손잡이보다 더 많은 문화는 존재한 적이 없었다. 오른손을 주로 사용하는 경향은 인간의 고유한 특징으로 보인다. 고릴라와 원숭이의 경우 주로 쓰는 손을 굳이 따진다면 왼손에 가깝고 그 외에 고양이, 개와 같은 다른 동물들은 "주로 쓰는 앞발"이 따로 있지 않다. 우리는 오른쪽을 미화하고(영어에서 오른쪽을 뜻하는 단어 right는 '옳다'는 의미도 있다) 왼쪽은 '불길하다' 또는 '서투르다'와 동의어로 쓸 만큼 나쁘게 여긴다. 왼손잡이가 되는 것은 가족 내력이며 왼손잡이는 여러 가지 긍정적인 것들(지적인 재능, 예술성, 음악적인 능력, 수학 능력), 그리고 부정적인 것들(자가 면역 질환, 출생 시 스트레스, 조현병, 난독증)과 관련이 있다. 젊은 층에서는 왼손잡이 비율이 높고 노년층에서는 낮다. 이를 두고 왼손잡이는 오른손잡이보다 수명이 짧다는 결론을 내리고 싶을 수도 있다. 하지만 왼손잡이에 가해지는 사회적인 압박 등의 요인들이 이런 차이에 최소 부분적으로 영향을 준다.

우리는 손뿐만 아니라 발, 귀, 눈도 어느 한쪽을 주로 사용하는 강한 편향성이 있다. 일상생활에서 이러한 편향성은 주로 사용하는 손보다 눈에 덜 띄므로 사회적인 압박도 덜 하다. 손의 경우 음식을 준비할 때, 먹을 때 반드시 특정한 손을 사용해야 한다거나(오른손) 용변을 보고 처리할 때 써야 하는 손(왼손)을 엄격히 구분하는 문화권이 많지만 주로 사용하는 발이나 눈, 귀는 그러한 사회적 간섭을 훨씬 덜 받으면서 발달하므로 개개인의 고유한 뇌 편측성을 더 정확히 파악하는 단서가 될 수 있다. 주로 사용하는 발, 눈, 귀가 문화의 영향을 덜 받는 것은 사실이나 우리가 쓰는 물건들은 대부분 오른쪽에 맞춰서 만들어진다. 가령 한쪽 눈으로 조준하는 라이플총, 한쪽 눈으로 관찰하는 현미경도 그렇다.

왼쪽과 오른쪽을 잘 구분하지 못하는 사람들이 있다. 어쩌다 좌우가 헷갈리면 가벼운 짜증부터 아주 심각한 사태까지 다양한 결과가 초래될 수 있다. 예를 들어 운전 중에 좌우를 착각해서 방향을 잘못 틀면 치명적인 일이 벌어질 수 있다. 수술할 때 의사가 좌우를 착각하는 것도 치명적이다. 이런 문제는 '왼쪽', '오른쪽'처럼 좌우를 가리키는 일반적이고 간단한 표현을 써도 생기지만, 좌우를 가리키는 다양한 용어가 혼동을 부추기기도 한다. 왼쪽과 오른쪽을 의미하는 용어에는 특정한 가치가 부여된 경우가 많다. 오른쪽을 뜻하는 표현에는 주로 긍정적인 특징이 부여되고(곧다, 올바르다, 정확하다, 옳다, 깨끗하다) 왼쪽을 뜻하는 표현에는 훨씬 부정적인 폄하가 깔려 있다(굽다, 틀리다, 굼뜨다, 잘못되다, 더럽다). 왼쪽과 오른쪽을 가리키는 표현의 의미 차이는 정치계에도 파고들어서, 18세기 말 프랑스 혁명 시기 제헌 국회의 좌석 방향을 시작으로 좌와 우에는 정치적인 의미도 생겼다.

키스는 대중문화에서는 중요하게 다루어지지만 과학적인 연구는 많이 이루어지지 않았다. 그러나 최근 들어 학계에서도 키스의 종류별로(연인과의 키스, 부모와 자식 간의 입맞춤, 사회적인 인사로 주고받는 입맞춤) 표현 방식에 어떤 차이가 있는지 조명하기 시작했다. 연인끼리 키스할 때는 두 사람 다 고개를 오른쪽으로 돌리는 경향이 있다. 하지만 부모가 자기 아이에게 입을 맞출 때는 이런 우측 편향성이 나타나지 않는다. 마찬가지로 서로 처음 본 서먹한 사람들끼리 입을 맞출 때도 우측 편향성은 사라진다. 사회적인 인사로 입맞춤(유럽에서 흔하다)을 나누는 지역에서는 대부분 오른쪽 뺨부터 입을 맞추는 편향성이 나타나지만 반대로 왼쪽 뺨부터 입을 맞추는 지역도 있다. 연구 결과들을 종합하면, 연인 간의 키스는 일반적으로 고개를 오른쪽으로 기울이고 부모와 아이의 입맞춤은 서로 정면을 향하거나 고개를 오히려 왼쪽으로 돌리는 경우가 더 흔하다. 유럽으로 여행을 떠날 때는 처음 만난 사람과 인사할 때 그 지역에서는 서로의 볼에 몇 번씩 입맞춤을 주고받는지, 어느 쪽 뺨부터 내미는지 알아두는 것이 좋다.

"사회적 접촉"에서 나타나는 편향성을 키스에서만 볼 수 있는 것은 아니다. 2000년도 더 전에 플라톤은 사람들이 아기를 왼쪽으로 안는 경향을 최초로 기록했다. 아기 키우는 일에 숙달된 엄마들뿐만 아니라 태어나 아기를 한 번도 안아본 적이 없는 열다섯 살 소년도 아기를 왼쪽으로 안고, 심지어 붉은털원숭이와 고릴라도 새끼를 왼쪽으로 안는다! 뉴욕 센트럴파크 동물원의 원숭이들이 새끼를 왼쪽으로 안는다는 사실이 발견된 관찰 연구가 이 편향성에 관한 최초의 과학적인 연구였다. 문화나 경험에 의한 학습 없이도 아기를 왼쪽으로 안는 편향성이 나타나는 이유는 무엇일까? 인체의 해부학적 구조에서 나타나는 뚜렷한 비대칭성이 원인일 수도 있다. 역위(좌우바뀜증)라는 극히 이례적인 문제가 있지 않는 한 보통 심장은 가슴 왼쪽에 있고, 아기들은 엄마의 심장 소리를 들으면 진정된다. 또한 아기를 왼쪽으로 안으면 부모와 아기 사이에 더 큰 친밀감과 애착이 형성될 가능성도 있다.

성인 한 명만 나온 사진에서도 편향성이 나타난다. 사진 포즈를 취할 때 대다수는 몸을 오른쪽으로 돌려서 왼쪽 뺨이 더 앞으로 나오게 한다. 이러한 편향성은 박물관에 전시된 작품들(〈모나리자〉 같은 유명한 초상화들을 떠올려 보라)과 고등학교 졸업 앨범에 실린 사진들에서도 뚜렷하게 나타나고 인스타그램이나 데이트 상대를 찾는 인터넷 사이트에서 프로필로 등록하는 셀피(거울 셀피가 아닌)에서도 나타난다. 이런 편향성은 왜 나타날까? 왼쪽 얼굴이 더 매력적이라서? 유명한 과학자들의 사진, 고등학교 졸업 앨범 속 (학생들이 아닌) 교사들의 프로필, 종교 지도자들의 이미지 등 왼쪽 편향성이 나타나지 않는 사진이나 그림에서 단서를 찾을 수 있다. 예수는 왼쪽 뺨이 보이도록 고개를 돌린 모습으로 묘사되는 경향이 있지만, 부처는 그렇지 않다. 왼쪽 얼굴이 더 앞으로 나온 사진이나 그림은 보는 사람에게 감정이 풍부하고 편안한 인상을 준다. 반면 여권 사진이나 운전면허증, 회사 출입증 사진처럼 정면을 똑바로 보고 찍은 사진은 전혀 매력적이지 않은 경향이 있다. 사진 찍을 일이 생기거나 남들에게 보여줄 셀피를 골라야 할 때는 어떤 포즈를 취하는 게 좋을까? 감정을 더 풍부하게 드러내고 싶고 다가가기 편하고 친근한 사람이라는 인상을 주고 싶다면 왼쪽 얼굴이 나오도록 포즈를 취하자. 냉정하고, 객관적이고 초연한 인상을 주고 싶다면 정면을 보거나 오른쪽 얼굴이 나오도록 찍는 것이 좋다. 왼쪽 얼굴이 더 많이 나오는 자세가 "옳을" 때가 있다.

유명한 예술 작품에는 이런 포즈의 편향성 외에 또 한 가지 편향성이 두드러지게 나타난다. 명화의 4분의 3 이상은 빛이 왼쪽에서 비치는 것으로 묘사되어 있다. 거장의 그림이 아니라도 이러한 편향성이 나타나며, 실제로 아이들이 그린 그림들도 똑같이 빛이 왼쪽에서 비치는 편향성이 발견된다. 잡지에 실린 사진에서도 이와 같은 편향성이 두드러지는 것을 보면 화가가 주로 사용하는 손 때문이라고 할 수도 없고 그림 또는 소묘에서만 나타나는 특징이라고 할 수도 없다. 제품 왼쪽에서 빛이 비치는 사진을 광고에 쓰면 제품에 대한 평가가 더 높아지고 소비자들은 구매에 더 큰 관심을 보인다. 다른 예술적인 표현 방식에서도 편향성을 쉽게 찾을 수 있다. 예술을 인지하고 반응하는 방식에서도 편향성이 명확하게 나타난다. 그러므로 그림을 그릴 때, 음식을 차릴 때, 고층빌딩을 설계할 때는 사람들이 포즈를 취하는 방향이나 조명의 방향, 집단의 중심, 이동 방향, 작품의 주요 관객이 될 사람들이 쓰는 모국어가 어떤 방향으로 읽고 쓰는 언어인지를 전부 고려할 필요가 있다.

일상적인 몸의 움직임에서 쉽게 볼 수 있는 편향성도 있다. 손 제스처는 인간이 말로 소통하기 전에 말 대신 쓰이다가 지금까지 행동으로 남은 화석일 가능성이 있다. 일부 문화권에서는(예를 들어 이탈리아) 다른 문화권보다(일본 등) 이 화석과 같은 행동이 더 많이 쓰인다. 언어는 보통 뇌 좌반구에서 주로 만들어지므로 사람들이 말할 때 함께 나오는 제스처도 주로 오른손이 쓰이는 경향이 있다(오른손 제스처를 통제하는 것도 좌반구고, 이는 왼손잡이도 마찬가지다). 다른 사람의 말을 들을 때는 이 편향성이 반대로 나타난다. 손 제스처가 줄고, 제스처도 주로 우반구가 통제하는 왼손으로 한다.

일상적인 몸의 움직임에서 볼 수 있는 또 한 가지 편향성은 머리를 돌리는 방향이다. 머리를 오른쪽으로 돌리는 경향은 인간의 전 생애 중 가장 초기에 나타나는 편향된 행동 중 하나다. 아직 특정 문화나 사회적 학습의 영향을 받기 훨씬 전인 수정 후 38주가 된 태아에서도 이러한 편향성이 뚜렷하게 나타나며 평생 지속된다. 성인에게 빈 복도를 따라 쭉 걸어가다가 뒤돌아서 다시 출발점으로 오라고 하면, 방향을 틀 때 오른쪽으로 몸을 돌릴 확률이 더 높다. 운전할 때, 상점에 들어갈 때, 스포츠 경기를 할 때, 춤출 때도 이러한 우측 편향성이 드러난다. 고대인들의 춤에는 대부분 여러 사람이 원을 그리며 도는 동작이 있는데, 여기서도 시계 방향(오른쪽)으로 도는 경향이 나타난다.

사람들이 어떤 공간에서 앉을 자리를 선택할 때도 방향 전환의 편향성이 나타난다. 하지만 자리 선택은 방향 전환보다 더 복잡하다. 강의실이나 영화관에서 자리를 선택할 때는 어떤 요소가 영향을 줄까? 대형 콘서트장이나 대륙을 횡단하는 비행기 자리를 좌석 배치도에서 선택할 때는? 이러한 선택은 개개인이 기대하는 경험과 뇌의 편측성에 좌우된다. 감정은 주로 뇌 우반구에서 처리되고 시야의 왼쪽에서 오는 정보는 대부분 우반구에서 처리되므로, 감정적인 내용은 왼쪽에서 전달되도록 자리를 잡는 경향이 나타날 것임을 예상할 수 있다. 실제로 영화관에서 사람들이 어떤 자리를 선호하는지 살펴보면 정확히 그러한 경향성이 나타난다. 좌반구는 그와 달리 언어를 주로 처리하므로 언어를 인식할 때는 공간의 왼편 자리를 선호하는 경향이 나타난다. 교실에서 어떤 자리를 선호하는지를 보면 이런 경향이 정확히 나타난다. 사람들은 영화관에서는 오른편 자리를 선호하고, 강의실에서는 왼편 자리를 선호한다. 자리 선택에서 나타나는 편측성은 사람들이 각자 무엇을 기대하느냐에 따라 달라진다.

영화 말고 스포츠 관람과 같은 다른 여가 활동에서도 편향성이 쉽게 발견된다. 행동의 편향성은 아마추어와 프로 스포츠 선수들에게 큰 영향을 준다(야구에서 선수가 주로 쓰는 손 등). 행동의 편향성이 가장 잘 기록된 자료가 운동선수들에 관한 데이터다. 인간의 편향성은 스포츠 경기를 보면서 축구에서 골인 장면이 얼마나 멋진지, 권투 경기에서 펀치가 얼마나 강력한지 평가하는 관중에게도 영향을 준다. 왼쪽에서 오른쪽으로 읽고 쓰는 언어 사용자들은 왼쪽에서 오른쪽으로 이동하는 동작을 더 선호하는 경향이 있다. 속도와 거리를 실제와 다르게 인지하는 경향도 선수의 경기 기량에 영향을 준다. 우리는 공간의 왼쪽에 있는 물체를 오른쪽에 있는 물체보다 더 가까이 있고 크기도 더 크다고 생각하는 경향이 있다.

이 책이 탄생한 건 2004년이다. 캐나다 몬트리올에서 개최된 한 학회에 참석했다가 비행기로 집에 오는 길에 첫 구상이 떠올랐다. 빛이 비치는 방향의 편향성에 관한 연구를 막 시작했을 때였다. 학회에서도 내가 연구한 내용 중 일부를 동료들 앞에서 발표했다. 그리고 아기를 안을 때나 포즈를 취할 때 나타나는 편향성에 관한 동료들의 연구 결과도 접했다. 몬트리올을 떠나 집으로 가는 동안 이런 여러 편향성이 서로 어떻게 상호작용할까, 서로 어떤 영향을 줄까 수많은 생각이 머릿속을 어지럽혔다. 9,000미터 상공에서 이 책의 대략적인 구조를 잡았다. 느닷없이 떠오른 아이디어일 수도 있고 학회 일정을 잘 마치고 나면 찾아오곤 하는 수면 부족의 여파

였을 수도 있다. 비행기에서 대략적인 계획을 수립할 때만 해도 각 장에서 다룬 주제들에 대해 밝혀진 내용이 별로 없었다. 그때 내가 바로 집필에 뛰어들었다면 아마 책을 완성하지 못했을 것이다. 이후 몇 년의 시간이 흐르면서 인간 행동의 편향성에 관한 새로운 논문들이 많이 나왔다(이 책의 참고 문헌 목록을 보면 알겠지만 전부 2004년 이후에 나온 논문들이다). 심지어 편향성만 집중적으로 연구하는 연구진들도 생겼다. 이제 이 분야에서는 새롭고, 흥미진진하고, 영향력 있는 연구 결과가 그 어느 때보다 빠른 속도로 나오고 있다. 참고할 만한 연구 자료가 양적으로나 질적으로 충분해지고 어느 정도 일관된 결과라는 사실이 입증된 덕분에 마침내 이 책을 쓸 수 있게 되었다. 신나는 시간이었지만 이런 분위기를 생각하면 두렵기도 하다. 인쇄를 마치고 잉크가 채 마르기도 전에 책에 꼭 '넣었어야 했다'고 무릎을 칠 만한 또 다른 훌륭하고 새로운 연구 결과가 나올 것이기 때문이다. 반대로 함께 다루려다가 아직 연구가 활발하지 않아서 결국 빼기로 한 주제도 많다(예를 들어 "교통수단에서 나타나는 편향성: 자동차, 비행기, 배, 기차"라는 소제목도 있었고, "우익과 좌익: 정치의 편측성"이라는 장도 있었다). 운이 따라준다면, 또다시 18년이라는 너무 긴 세월이 흐르기 전에 속편이나 개정판을 낼 수 있을 것이다.

표지에는 내 이름만 나오겠지만, 책 한 권이 완성되기까지 필요한 일들은 절대 혼자서는 할 수 없었다. 나는 가족들과 친구들, 동료들, 제자들이 지원과 조언을 제공하고, 나를 기꺼이 참아주고, 때로는 반대 의견도 제시해 주는 너무나도 큰 행운을 누렸다.

던던Dundurn 출판사와의 협력은 멋진 경험이었다. 내가 제시하는 내용을 계속해서 발전시키고 인내심과 엄격함을 발휘하면서도 이 프로젝트가 계속 앞으로 나아갈 수 있도록 힘을 불어넣어 준 러셀 스미스와 엘레나 래딕, 로라 보일, 마이클 캐롤, 크리스티나 재거, 파라 리아즈, 캐스린 레인, 사라 다고스티노, 스콧 프레이저, 그 외 팀원들께 진심으로 감사한 마음을 전한다. 나는 던던과 만나기까지 짧지도, 쉽지도 않은 과정을 거쳤다. 이 프로젝트를 일찍부터 응원해 준 덩컨 매키넌과 데버라 슈나이더께도 감사드린다.

항상 사랑과 응원을 보내준 내 아내 라나와 우리 딸 밀레바, 아들 노암에게도 고마운 마음을 전한다. 부모님(존과 알마)께서도 나와 이 일을 모두 지지해 주셨고 초고가 나왔을 때 여러 의견과 현명한 조언을 주셨다. 부모님의 격려가 내게는 가장 큰 의미가 있었다.

나는 이 책에 엄청나게 많은 이미지를 싣는 위험천만한 일을 벌였다. 작품을 실을 수 있도록 허락해 주신 여러 재능 있는 예술가들께 감사드린다. 개인적인 친분을 내세운 내 요청을 참을성 있게 들어주기도 했고 전문가의 실력을 발휘에서 내용에 맞게 새로 제작해 준 자료도 있었다(밀레바 엘리아스의 삽화 등). 동료나 멀고 가까운 지인을 통해 연락해서 책에 싣게 해 달라고 부탁하거나 새로운 자료를 제공해 달라고 요청해서 얻은 것도 있었다. 너그럽게 응해주신 분들 덕분에 호주에서 새겨진 문신 사진, 일본에서 촬영된 스틸 사진 수천 장을 토대로 컴퓨터가 뽑아낸 평균 이미지, 스포츠 경기장 도면, 유명 예술 작품까지 모두 이 책에 실을 수 있었고 전부 새롭게 조명할 수 있었다(조명이니까 방향을 따지자면 아마도 왼쪽에서?). 다양한 그림이나 사진에서 나타나는 편향성을 다룬 내용의 비중이 워낙 큰 책이라 설득력 있고 내용을 잘 뒷받침할 수 있는 예시 이미지가 필수였다.

내가 진행한 연구들은 학생들의 도움을 많이 받았다. 참고 문헌에도 학생들 이름을 실었지만, 도와준 사람들 모두가 거기에 다 포함되지는 않았다. 편향성에 관해 우리 연구진이 수행하거나 완료한 연구를 이 책에 전부 언급하지는 않았고, 우리가 진행한 모든 연구가 논문으로 발표되지도 않았다. 과학계는 논문으로 정리되어 최종 발표된 연구들에서 배움을 얻는다. 하지만 나는 실패로 끝난 수많은 연구에서도 많은 것을 배웠다. 그래서 그 모든 연구를 함께 한 학생들에게 고맙고, 그들의 노고도 알리고 싶다. 수년 동안 그런 학생들과 함께 연구할 수 있었던 것은 엄청난 특권이었다. 학생들의 지적인 호기심과 성실한 연구, 인내심에 진심으로 감사하고 이들이 교수, 임상 심리학자, 변호사, 의사, 광고업자, 언어 병리학자, 의료 보건 정책 분석가, 연구 협력자 등 여러 직업인으로 성장한 것이 너무나 자랑스럽다. 애비 홀츨랜더, 앨러스터 맥패든, 앤젤라 브라운, 오스틴 스미스, 브렌던 깁슨, 브렌트 로빈슨, 캐시 버튼, 크리스티안 룩, 신디 라, 코린 울렛, 콜린 코크란, 콜린 하디, 콘리 크리글러, 대니 크루프, 엘리 맥다인, 딜레인 엔게브렛슨, 데니스 마, 엠마 가드너, 파자나 테셈, 한나 트랜, 이자벨라 쉘레스트, 제프 마틴, 제니퍼 버킷, 제니퍼 하이어트, 제니퍼 허친슨, 제니퍼 세지윅, 조슬린 푹, 캐런 길레타, 카리 듀억슨, 케이트 구달, 캐서린 맥키빈, 켈리 수친스키, 커크 닐렌, 로리 사익스 토트넘, 리앤 밀러, 리사 레즈백, 리사 푼, 로니 로드, 메리앤 호라복, 메건 플래스, 마일스 보먼, 미리엄 리스, 모살 니아지, 머리 가이리, 닐 술라케, 니콜 토머스, 폴라 모튼, 푼야 미글라니, 레베카 케언스, 리건 패트릭, 새라 시먼스, 시에라 카일리욱, 타마라 (콜튼) 엘 하왓, 트리스타 프리드리히, 타이슨 베이커, 빅토리아 함스까지, 모두에게 진심으로 고마웠다는 인사를 전한다.

마지막으로, 내게 인간의 편향성에 관해 처음 가르쳐 주시고 이 주제를 내가 학자로서 직접 연구할 수 있도록 문을 활짝 열어주신 스승들, 동료들께 감사드린다. 내가 처음 이 분야에 발을 들일 수 있었던 것은 톰 위샤트와 마거릿 크로슬리, M.P. 브라이든, I.C. 맥매너스, 바브 불먼 플레밍 덕분이다. 새스커툰으로 돌아온 후에는 뎁 소시에, 스콧 벨, 칼 구트윈, 말라 미컬보로 등 서스캐처원대학교의 동료들 덕분에 이 연구를 계속할 수 있었다. 같은 시기에 나는 마이클 코발리스, M.E.R. 니콜스, 지나 그림쇼, 마크 맥코트, 마이클 피터스, 로런 J. 해리스, 세바스티안 오클린버그, 줄리언 팩헤이저, 마티아 오쿠보의 연구에서 영감을 얻었다.

책 표지에는 내 이름만 덜렁 나와 있지만, 이 책은 이 감사의 말에서조차 다 소개하지 못한 여러 수많은 멋진 사람들과 함께한 결과임을 밝혀둔다.

참고 문헌

들어가며

1. Stanley Coren and Clare Porac, "Fifty Centuries of Right-Handedness: The Historical Record," *Science* 198, no. 4317 (1977): 631–32.
2. Lealani Mae Y. Acosta, John B. Williamson, and Kenneth M. Heilman, "Which Cheek Did Jesus Turn?" *Religion, Brain & Behavior* 3, no. 3 (2013): 210–18.
3. Avery N. Gilbert and Charles J. Wysocki, "Hand Preference and Age in the United States," *Neuropsychologia* 30, no. 7 (July 1992): 601–08, https://doi.org/10.1016/0028-3932(92)90065-T.
4. Juhn Wada, Robert Clarke, and Anne Hamm, "Cerebral HemisphericAsymmetry in Humans: Cortical Speech Zones in 100 Adult and 100 Infant Brains," *Archives of Neurology* 32, no. 4 (April 1975): 239–46, https://doi.org/10.1001/archneur.1975.00490460055007.
5. Robin Weatherill et al., "Is Maternal Depression Related to Side of Infant Holding?" *International Journal of Behavioral Development* 28, no. 5 (2004): 421–27.
6. Lorin J. Elias and Deborah M. Saucier, *Neuropsychology: Clinical and Experimental Foundations* (Boston: Pearson/Allyn & Bacon, 2006).
7. Elias and Saucier, *Neuropsychology*.
8. Tino Stöckel and David P. Carey, "Laterality Effects on Performance in Team Sports: Insights from Soccer and Basketball," in *Laterality in Sports: Theories and Applications*, eds. Florian Loffing et al. (London: Elsevier/Academic Press, 2016), 309–28.
9. Thomas R. Barrick et al., "Automatic Analysis of Cerebral Asymmetry: An Exploratory Study of the Relationship Between Brain Torque and Planum Temporale Asymmetry," *NeuroImage* 24, no. 3 (February 1, 2005): 678–91.
10. Norman Geschwind and Walter Levitsky, "Human Brain: Left-Right Asymmetries in Temporal Speech Region," *Science* 161, no. 3837 (July 12, 1968): 186–87.
11. Elias and Saucier, *Neuropsychology*.
12. Marc H.E. de Lussanet, "Opposite Asymmetries of Face and Trunk and of Kissing

and Hugging, as Predicted by the Axial Twist Hypothesis," *PeerJ* 7, no. e7096 (June 7, 2019).
13. Elias and Saucier, *Neuropsychology*.
14. Geoffrey J.M. Parker et al., "Lateralization of Ventral and Dorsal Auditory-Language Pathways in the Human Brain," *NeuroImage* 24, no. 3 (February 1, 2005): 656–66.

1장 | 손의 편향성

1. Raymond A. Dart, "The Predatory Implemental Technique of Australopithecus," *American Journal of Physical Anthropology* 7, no. 1 (March 1949): 1–38.
2. Nicholas Toth, "Archaeological Evidence for Preferential Right-Handedness in the Lower and Middle Pleistocene, and Its Possible Implications," *Journal of Human Evolution 14*, no. 6 (September 1985): 607–14.
3. Davidson Black, Pierre Teilhard de Chardin, C.C. Young, and W.C. Pei, *Fossil Man in China: The Choukoutien Cave Deposits with a Synopsis of Our Present Knowledge of the Late Cenozoic in China* (New York: AMS Press, 1933).
4. H.W. Magoun, "Discussion of Brain Mechanisms in Speech," in *Brain Function: Speech, Language, and Communication*, ed. Edward C. Carterette (Los Angeles: University of California Press, 1966).
5. Daniel G. Brinton, "Left-Handedness in North American Aboriginal Art," *American Anthropologist* 9, no. 5 (May 1896): 175–81.
6. Wayne Dennis, "Early Graphic Evidence of Dextrality in Man," *Perceptual and Motor Skills* 8, no. 2 (September 1958): 147–49, https://doi.org/10.2466/pms.1958.8.h.147.
7. Coren and Porac, "Fifty Centuries of Right-Handedness."
8. Coren and Porac, "Fifty Centuries of Right-Handedness."
9. I.C. McManus, "The History and Geography of Human Handedness," in *Language Lateralization and Psychosis*, eds. Iris E.C. Sommer and René S. Kahn (Cambridge: Cambridge University Press, 2009), 37–58.
10. Gilbert and Wysocki, "Hand Preference and Age in the United States."
11. McManus, "The History and Geography of Human Handedness."
12. Chris McManus, "Half a Century of Handedness Research: Myths, Truths; Fictions, Facts; Backwards, but Mostly Forwards," *Brain and Neuroscience Advances* 3, nos. 1–10 (2019), doi.org/10.1177/2398212818820513.
13. Kenneth Hugdahl, Paul Satz, Maura Mitrushina, and Eric N. Miller, "Left-Handedness and Old Age: Do Left-Handers Die Earlier?" *Neuropsychologia* 31, no.

4 (April 1993): 325–33.
14. Joseph L. Reichler, ed., *The Baseball Encyclopedia* (New York: Macmillan, 1979).
15. Stanley Coren and Diane Halpern, "Left-Handedness: A Marker for Decreased Survival Fitness," *Psychological Bulletin* 109, no. 1 (1991): 90–106.
16. Diane Halpern and Stanley Coren, "Left-Handedness and Life Span: A Reply to Harris," *Psychological Bulletin* 114, no. 2 (1993): 235–41.
17. John P. Aggleton, J. Martin Bland, Robert W. Kentridge, and Nicholas J. Neave, "Handedness and Longevity: Archival Study of Cricketers," *BMJ* 309, no. 6970 (1994): 1681–84.
18. Hicks et al., "Do Right-Handers Live Longer? An Updated Assessment of Baseball Player Data," *Perceptual and Motor Skills* 78, nos. 1243–47, https://doi.org/10.2466/pms.1994.78.3c.1243.
19. Per-Gunnar Persson and Peter Allebeck, "Do Left-Handers Have Increased Mortality?" *Epidemiology* 5, no. 3 (May 1994): 337–40.
20. Tyler P. Lawler and Frank H. Lawler, "Left-Handedness in Professional Basketball: Prevalence, Performance, and Survival," *Perceptual and Motor Skills* 113, no. 3 (December 2012): 815–24.
21. James R. Cerhan, Aaron R. Folsom, John D. Potter, and Ronald J. Prineas, "Handedness and Mortality Risk in Older Women," *American Journal of Epidemiology* 140, no. 4 (1994: 368–74.##
22. Hugdahl, Satz, Mitrushina, and Miller, "Left-Handedness and Old Age."
23. Lauren J. Harris, "Left-Handedness and Life Span: Reply to Halpern and Coren," *Psychological Bulletin* 114, no. 2 (1993): 242–47.
24. Yukihide Ida, Tanusree Dutta, and Manas K. Mandal, "Side Bias and Accidents in Japan and India," *International Journal of Neuroscience* 111, nos. 1–2 (January 2001): 89–98.
25. Maharaj Singh and M.P. Bryden, "The Factor Structure of Handedness in India," *International Journal of Neuroscience* 74, nos. 1–4 (January-February 1994): 33–43, https://doi.org/10.3109/00207459408987227.
26. Clare Porac, Laura Rees, and Terri Buller, "Switching Hands: A Place for Left Hand Use in a Right Hand World," in *Left-Handedness: Behavioral Implications and Anomalies*, ed. Stanley Coren (Amsterdam: North-Holland, 1990), 259–90.
27. McManus, "The History and Geography of Human Handedness."
28. Ian Christopher McManus and M.P. Bryden, "The Genetics of Handedness, Cerebral Dominance, and Lateralization," in *Handbook of Neuropsychology*, vol. 6, eds., François Boller and Jordan Grafman (Amsterdam: Elsevier, 1992), 115–44.
29. Louise Carter-Saltzman, "Biological and Sociocultural Effects on Handedness: Comparison Between Biological and Adoptive Families," *Science* 209, no. 4462

(1980): 1263–65.
30. Robert E. Hicks and Marcel Kinsbourne, "On the Genesis of Human Handedness," *Journal of Motor Behavior* 8, no. 4 (1976): 257–66, https://doi.org/10.1080/00222895.1976.10735080.
31. Curtis Hardyck and Lewis F. Petrinovich, "Left-Handedness," *Psychological Bulletin* 84, no. 3 (1977): 385–404.
32. McManus and Bryden, "The Genetics of Handedness, Cerebral Dominance, and Lateralization."
33. John Jackson, *Ambidexterity or Two-Handedness and Two Brainedness* (London: Kegan Paul, Trench, Trübner, 1905).
34. Abram Blau, *The Master Hand: A Study of the Origin and Meaning of Left and Right Sidedness and Its Relation to Personality and Language* (New York: American Orthopsychiatric Association, 1946).
35. Carter-Saltzman, "Biological and Sociocultural Effects on Handedness."
36. Hicks and Kinsbourne, "On the Genesis of Human Handedness."
37. Coren and Porac, "Fifty Centuries of Right-Handedness."
38. Lena Sophie Pfeifer et al., "Handedness in Twins: Meta-Analyses" (March 2021): 1–49, https://doi.org/10.31234/osf.io/gy2nx.
39. Michael Reiss et al., "Laterality of Hand, Foot, Eye, and Ear in Twins," Laterality 4, no. 3 (July 1999): 287–97.
40. Peter J. Hepper, "The Developmental Origins of Laterality: Fetal Handedness," *Developmental Psychobiology* 55, no. 6 (September 2013): 588–95.
41. Angelo Bisazza, L.J. Rogers, and Giorgio Vallortigara, "The Origins of Cerebral Asymmetry: A Review of Evidence of Behavioural and Brain Lateralization in Fishes, Reptiles and Amphibians," *Neuroscience and Biobehavioral Reviews* 22, no. 3 (1998): 411–26.
42. Lauren Julius Harris, "Left-Handedness: Early Theories, Facts, and Fancies," in *Neuropsychology of Left-Handedness*, ed. Jeannine Herron (Toronto: Academic Press, 1980), 3–78.
43. Lauren Julius Harris, "In Fencing, Are Left-Handers Trouble for Right-Handers? What Fencing Masters Said in the Past and What Scientists Say Today," in *Laterality in Sports: Theories and Applications*, eds. Florian Loffing et al. (London: Elsevier/Academic Press, 2016), 50.
44. Coren and Porac, "Fifty Centuries of Right-Handedness."
45. David W. Frayer et al., "OH-65: The Earliest Evidence for Right-Handedness in the Fossil Record," *Journal of Human Evolution* 100 (November 2016): 65–72.
46. McManus, "The History and Geography of Human Handedness."
47. Johan Torgersen, "Situs Inversus, Asymmetry, and Twinning," *American Journal of*

Human Genetics 2, no. 4 (December 1950): 361–70.

48. E.A. Cockayne. "The Genetics of Transposition of the Viscera," *QJM: An International Journal of Medicine* 7, no. 3 (1938): 479–93, https://doi.org/10.1093/oxfordjournals.qjmed.a068598.
49. Torgersen, "Situs Inversus, Asymmetry, and Twinning."
50. Lauren Julius Harris, "Side Biases for Holding and Carrying Infants: Reports from the Past and Possible Lessons for Today," *Laterality* 15, nos. 1–2 (2010): 56–135.
51. Sebastian Ocklenburg et al., "Hugs and Kisses: The Role of Motor Preferences and Emotional Lateralization for Hemispheric Asymmetries in Human Social Touch," *Neuroscience & Biobehavioral Reviews* 95 (December 2018) 95: 353–60.
52. Stanley Coren, *The Left-Hander Syndrome: The Causes & Consequences of Left-Handedness* (New York: The Free Press, 1992).
53. Norman Geschwind and Albert M. Galaburda, "Cerebral Lateralization: Biological Mechanisms, Associations, and Pathology: III. A Hypothesis and a Program for Research," *Archives of Neurology* 42, no. 7 (1985): 634–54.
54. Sunil Vasu Kalmady et al., "Revisiting Geschwind's Hypothesis on Brain Lateralisation: A Functional MRI Study of Digit Ratio (2D:4D) and Sex Interaction Effects on Spatial Working Memory," *Laterality* 18, no. 5 (2013): 625–40.
55. Elias and Saucier, *Neuropsychology*.
56. Gina M. Grimshaw, Philip M. Bryden, and Jo-Anne K. Finegan, "Relations Between Prenatal Testosterone and Cerebral Lateralization in Children," *Neuropsychology* 9, no. 1 (1995): 68–79.
57. Paul Bakan, Gary Dibb, and Phil Reed, "Handedness and Birth Stress," *Neuropsychologia* 11, no. 3 (July 1973): 363–66.
58. Paul Satz, Donna L. Orsini, Eric Saslow, and Rolando Henry, "The Pathological Left-Handedness Syndrome," *Brain and Cognition* 4, no. 1 (January 1985): 27–46.
59. Elias and Saucier, *Neuropsychology*.
60. Murray Schwartz, "Handedness, Prenatal Stress and Pregnancy Complications," *Neuropsychologia* 26, no. 6 (1988): 925–29.
61. Gail Ross, Evelyn Lipper, and Peter A.M. Auld, "Hand Preference, Prematurity and Developmental Outcome at School Age," *Neuropsychologia* 30, no. 5 (May 1992): 483–94.
62. Alise A. van Heerwaarde et al., "Non-Right-Handedness in Children Born Extremely Preterm: Relation to Early Neuroimaging and Long-Term Neurodevelopment," *PLoS ONE* 15, no. 7 (July 6, 2020): 1–17, http://dx.doi.org/10.1371/journal.pone.0235311.
63. Jacqueline Fagard et al., "Is Handedness at Five Associated with Prenatal Factors?" *International Journal of Environmental Research and Public Health* 18, no. 7 (April

2021): 1–24.
64. Elias and Saucier, *Neuropsychology*.
65. Christopher S. Ruebeck, Joseph E. Harrington, and Robert Moffitt, "Handedness and Earnings," *Laterality* 12, no. 2 (2007): 101–20.
66. H.H. Newman, "Studies of Human Twins: II. Asymmetry Reversal, of Mirror Imaging in Identical Twins," *The Biological Bulletin* 55, no. 4 (1928): 298–315.
67. Salvator Levi, "Ultrasonic Assessment of the High Rate of Human Multiple Pregnancy in the First Trimester," *Journal of Clinical Ultrasound* 4, no. 1 (February 1976): 3–5.
68. Helain J. Landy and L.G. Keith, "The Vanishing Twin: A Review," *Human Reproduction Update* 4, no. 2 (1998): 177–83.
69. Landy and Keith, "The Vanishing Twin."
70. Gregory V. Jones and Maryanne Martin, "Seasonal Anisotropy in Handedness," *Cortex* 44, no. 1 (January 2008): 8–12.
71. Ramon M. Cosenza and Sueli A. Mingoti, "Season of Birth and Handedness Revisited," *Perceptual and Motor Skills* 81, no. 2 (October 1995): 475–80.
72. Georges Dellatolas, Florence Curt, and Joseph Lellouch, "Birth Order and Month of Birth Are Not Related with Handedness in a Sample of 9,370 Young Men," *Cortex* 27, no. 1 (March 1991): 137–40, http://dx.doi.org/10.1016/S0010-9452(13)80277-8.
73. Nathlie A. Badian, "Birth Order, Maternal Age, Season of Birth, and Handedness," *Cortex* 19, no. 4 (December 1983): 451–63, http://dx.doi.org/10.1016/S0010-9452(83)80027-6.
74. Ulrich S. Tran, Stefan Stieger, and Martin Voracek, "Latent Variable Analysis Indicates That Seasonal Anisotropy Accounts for the Higher Prevalence of Left-Handedness in Men," *Cortex* 57 (August 2014): 188–97.
75. Carolien de Kovel, Amaia Carrión-Castillo, and Clyde Francks, "A Large-Scale Population Study of Early Life Factors Influencing Left-Handedness," *Scientific Reports* 9, no. 584 (January 2019): 1–11.
76. Fagard et al., "Is Handedness at Five Associated with Prenatal Actors?"
77. Coren and Halpern, "Left-Handedness."

2장 | 발, 눈, 귀, 코의 편향성

1. Lorin J. Elias and M.P. Bryden, "Footedness Is a Better Predictor of Language Lateralisation Than Handedness," *Laterality* 3, no. 1 (1998): 41–52.
2. Stöckel and Carey, "Laterality Effects on Performance in Team Sports."

3. Nikitas Polemikos and Christine Papaeliou, "Sidedness Preference as an Index of Organization of Laterality," *Perceptual and Motor Skills* 91, no. 3, part 2 (December 2000): 1083–90.
4. Stanley Coren, "The Lateral Preference Inventory for Measurement of Handedness, Footedness, Eyedness, and Earedness: Norms for Young Adults," *Bulletin of the Psychonomic Society* 31, no. 1 (1993): 1–3.
5. Elias and Bryden, "Footedness Is a Better Predictor of Language Lateralisation Than Handedness."
6. Till Utesch, Stjin Valentijn Mentzel, Bernd Strauss, and Dirk Büsch, "Measurement of Laterality and Its Relevance for Sports," in *Laterality in Sports: Theories and Applications*, eds. Florian Loffing et al. (London: Elsevier/Academic Press, 2016), 65–86.
7. Sacco et al., "Joint Assessment of Handedness and Footedness Through Latent Class Factor Analysis," *Laterality* 23, no. 6 (November 2018): 643–63.
8. Elias and Bryden, "Footedness Is a Better Predictor of Language Lateralisation Than Handedness."
9. Lainy B. Day and Peter F. MacNeilage, "Postural Asymmetries and Language Lateralization in Humans (*Homo sapiens*)," *Journal of Comparative Psychology* 110, no. 1 (1996): 88–96.
10. A. Mark Smith, "Giambattista Della Porta's Theory of Vision in the *De refractione* of 1593: Sources, Problems, Implications," in *The Optics of Giambattista Della Porta (ca. 1535–1615): A Reassessment*, eds. Arianna Borelli, Giora Hon, and Yaakov Zik (New York: Springer, 2017), 97–123, http://link.springer.com/10.1007/978-3-319-50215-1_5.
11. D.C. Bourassa, Ian Christopher McManus, and M.P. Bryden, "Handedness and Eye-Dominance: A Meta-Analysis of Their Relationship," *Laterality* 1, no. 1 (March 1996): 5–34.
12. Michael Reiss, "Ocular Dominance: Some Family Data," *Laterality* 2, no. 1 (1997): 7–16.
13. Polemikos and Papaeliou, "Sidedness Preference as an Index of Organization of Laterality."
14. Coren, "The Lateral Preference Inventory for Measurement of Handedness, Footedness, Eyedness, and Earedness."
15. Elias and Saucier, *Neuropsychology*.
16. Giovanni Berlucchi and Salvatore Aglioti, "Interhemispheric Disconnection Syndromes," in *Handbook of Clinical and Experimental Neuropsychology*, eds. Gianfranco Denes and Luigi Pizzamiglio (Hove, United Kingdom: Psychology Press, 1999), 635–70.

17. S.L. Youngentob et al., "Olfactory Sensitivity: Is There Laterality?" *Chemical Senses* 7, no. 1 (January 1982): 11–21, https://doi.org/10.1093/chemse/7.1.11.
18. Youngentob et al. ,"Olfactory Sensitivity."
19. Richard E. Frye, Richard L. Doty, and Paul Shaman, "Bilateral and Unilateral Olfactory Sensitivity: Relationship to Handedness and Gender," in *Chemical Signals in Vertebrates* 6, eds. Richard L. Doty and Dietland Müller-Schwarze (New York: Springer, 1992), 559–64.
20. Moustafa Bensafi et al., "Perceptual, Affective, and Cognitive Judgments of Odors: Pleasantness and Handedness Effects," *Brain and Cognition* 51, no. 3 (2003): 270–75.
21. Robert J. Zatorre and Marilyn Jones-Gotman, "Right-Nostril Advantage for Discrimination of Odors," *Perception & Psychophysics* 47, no. 6 (1990): 526–31.
22. Thomas Hummel, Par Mohammadian, and G. Kobal, "Handedness Is a Determining Factor in Lateralized Olfactory Discrimination," *Chemical Senses* 23, no. 5 (October 1998): 541–44.
23. Richard Kayser, "Luftdurchgangigkeit der Nase," *Archives of Laryngology and Rhinology* 3 (1895): 101–20.
24. Alfonso Luca Pendolino, Valerie J. Lund, Ennio Nardello, and Giancarlo Ottaviano, "The Nasal Cycle: A Comprehensive Review," *Rhinology Online* 1, no. 1 (June 2018): 67–76, http://doi.org/10.4193/RHINOL/18.021.
25. Alan Searleman, David E. Hormung, Emily Stein, and Leah Brzuskiewicz, "Nostril Dominance: Differences in Nasal Airflow and Preferred Handedness," *Laterality* 10, no. 2 (April 2005): 111–20.
26. Raymond M. Klein, David Pilon, Susan Marie Prosser, and David Shannahoff-Khalsa, "Nasal Airflow Asymmetries and Human Performance," *Biological Psychology* 23, no. 2 (1986): 127–37.
27. Susan A. Jella and David Shannahoff-Khalsa, "The Effects of Unilateral Forced Nostril Breathing on Cognitive Performance," *International Journal of Neuroscience* 73, nos. 1–2 (1993): 61–68.
28. Deborah M. Saucier, Farzana Karim Tessem, Aaron H. Sheerin, and Lorin Elias, "Unilateral Forced Nostril Breathing Affects Dichotic Listening for Emotional Tones," *Brain and Cognition* 55, no. 2 (July 2004): 403–05.
29. Robert Hertz, "The Pre-Eminence of the Right Hand: A Study in Religious Polarity," reprint translated by Rodney and Claudia Needham, *HAU: Journal of Ethnographic Theory* 3, no. 2 (2013): 335–57.

1. Alan Cienki, "The Strengths and Weaknesses of the Left/Right Polarity in Russian: Diachronic and Synchronic Semantic Analyses," in *Issues in Cognitive Linguistics: 1993 Proceedings of the International Cognitive Linguistics Conference*, eds. Leon de Stadler and Christoph Eyrich (Berlin: De Gruyter Mouton, 1999), 299–330, https://doi.org/10.1515/9783110811933.299.
2. Alan Cienki, "STRAIGHT: An Image Schema and Its Metaphorical Extensions," *Cognitive Linguistics* 9, no. 2 (January 1998): 107–49.
3. H. Julia Hannay, P.J. Ciaccia, Joan W. Kerr, and Darlene Barrett, "Self-Report of Right-Left Confusion in College Men and Women," *Perceptual and Motor Skills* 70, no. 2 (April 1990): 451–57.
4. Sebastian Ocklenburg, "Why Do I Confuse Left and Right?" *Psychology Today*, March 9, 2019, psychologytoday.com/ca/blog/the-asymmetric-brain/201903/why-do-i-confuse-left-and-right.
5. Sonja H. Ofte and Kenneth Hugdahl, "Right-Left Discrimination in Male and Female, Young and Old Subjects," *Journal of Clinical and Experimental Neuropsychology* 24, no. 1 (February 2002): 82–92.
6. Ineke J.M. van der Ham, H. Chris Dijkerman, and Haike E. van Stralen, "Distinguishing Left from Right: A Large-Scale Investigation of Left-Right Confusion in Healthy Individuals," *Quarterly Journal of Experimental Psychology* 74, no. 3 (2021): 497–509, https://doi.org/10.1177/1747021820968519.
7. Ad Foolen, "The Value of Left and Right," in *Emotion in Discourse*, eds., J. Lachlan Mackenzie and Laura Alba-Juez (Amsterdam: John Benjamins Publishing, 2019), 139–58.
8. Cienki, "The Strengths and Weaknesses of the Left/Right Polarity in Russian," 299–330.
9. Cienki, "The Strengths and Weaknesses of the Left/Right Polarity in Russian," 299–330.
10. Cienki, "The Strengths and Weaknesses of the Left/Right Polarity in Russian," 299–330.
11. Juanma de la Fuente, Daniel Casasanto, Antonio Román, and Julio Santiago, "Searching for Cultural Influences on the Body-Specific Association of Preferred Hand and Emotional Valence," *Proceedings of the33rd Annual Conference of the Cognitive Science Society* 33 (July 2011): 2616–20, https://cloudfront.escholarship.org/dist/prd/content/qt6qc0z1zp/qt6qc0z1zp.pdf.
12. Juanma de la Fuente, Daniel Casasanto, Antonio Román, and Julio Santiago, "Can Culture Influence Body-Specific Associations Between Space and Valence?"

Cognitive Science 39, no. 4 (May 2015: 821–32, http://doi.wiley.com/10.1111/cogs.12177.
13. Foolen, "The Value of Left and Right."
14. Wulf Schiefenhövel, "Biased Semantics for Right and Left in 50 Indo-European and Non-Indo-European Languages," *Annals of the New York Academy of Sciences* 1288, no. 1 (June 2013): 135–52.
15. Foolen, "The Value of Left and Right."
16. Foolen, "The Value of Left and Right."
17. Schiefenhövel, "Biased Semantics for Right and Left in 50 Indo-European and Non-Indo-European Languages."
18. Lorin J. Elias, "Secular Sinistrality: A Review of Popular Handedness Books and World Wide Web Sites," *Laterality* 3, no. 3 (1998): 193–208.
19. Simon Langford, *The Left-Handed Book: How to Get By in a Right-Handed World* (London: Panther, 1984).
20. Leigh W. Rutledge and Richard Donley, *The Left-Hander's Guide to Life: A Witty and Informative Tour* (New York: Plume/Penguin, 1992).
21. Daniel Casasanto, "Embodiment of Abstract Concepts: Good and Bad in Right- and Left-Handers," *Journal of Experimental Psychology: General* 138, no. 3 (August 2009): 351–67.
22. Daniel Casasanto and Kyle Jasmin, "Good and Bad in the Hands of Politicians: Spontaneous Gestures During Positive and Negative Speech," *PLoS ONE* 5, no. 7 (July 28, 2010).
23. John T. Jost, "Elective Affinities: On the Psychological Bases of Left-Right Differences," *Psychological Inquiry* 20, nos. 2–3 (April 2009): 129–41.

4장 | 키스의 편향성

1. J. Ridley Stroop, "Studies in Interference in Serial Verbal Reactions," *Journal of Experimental Psychology* 18, no. 6 (1935): 643–62.
2. Antina de Boer, E.M. van Buel, and Gert J. ter Horst, "Love Is More Than Just a Kiss: A Neurobiological Perspective on Love and Affection," *Neuroscience* 201 (January 10, 2012): 114–24, http://dx.doi.org/10.1016/j.neuroscience.2011.11.017.
3. Helen Fisher, Arthur Aron, and Lucy L. Brown, "Romantic Love: An fMRI Study of a Neural Mechanism for Mate Choice," *The Journal of Comparative Neurology* 493, no. 1 (December 2005): 58–62.
4. Sheril Kirshenbaum, *The Science of Kissing: What Our Lips Are Telling Us* (New York:

Grand Central Publishing, 2011).

5. Onur Güntürkün, "Adult Persistence of Head-Turning Asymmetry" *Nature*, 421, (2003): 711.
6. Güntürkün, "Adult Persistence of Head-Turning Asymmetry."
7. Dianne Barrett, Julian G. Greenwood, and John F. McCullagh, "Kissing Laterality and Handedness," *Laterality* 11, no. 6 (November 2006): 573–79.
8. John van der Kamp and Rouwen Cañal-Bruland, "Kissing Right? On the Consistency of the Head-Turning Bias in Kissing," *Laterality* 16, no. 3 (May 2011): 257–67.
9. Julian Packheiser et al., "Embracing Your Emotions: Affective State Impacts Lateralisation of Human Embraces," *Psychological Research* 83, no. 1 (February 2019): 26–36.
10. Samuel Shaki, "What's in a Kiss? Spatial Experience Shapes Directional Bias During Kissing," *Journal of Nonverbal Behavior* 37, no. 1 (2013): 43–50.
11. Sedgewick, Holtslander, and Lorin J. Elias, "Kissing Right? Absence of Rightward Directional Turning Bias During First Kiss Encounters Among Strangers," *Journal of Nonverbal Behavior* (2019).
12. Jennifer Sedgewick and Lorin J. Elias, "Family Matters: Directionality of Turning Bias While Kissing Is Modulated by Context," Laterality 21, nos. 4–6 (July-November 2016): 662–71, http://dx.doi.org/10.1080/1357650X.2015.1136320.
13. Barrett, Greenwood, and McCullagh, "Kissing Laterality and Handedness."
14. Jacqueline Liederman and Marcel Kinsbourne, "Rightward Motor Bias in Newborns Depends Upon Parental Right-Handedness," *Neuropsychologia* 18, nos. 4–5 (1980): 579–84.
15. Andreas Bartels and Semir Zeki, "Neural Basis of Love," *NeuroReport* 11, no. 17 (2000): 3829–34.
16. Andreas Bartels and Semir Zeki, "The Neural Correlates of Maternal and Romantic Love," *NeuroImage* 21, no. 3 (March 2004): 1155–66.
17. Sedgewick and Elias, "Family Matters."
18. Sedgewick, Holtslander, and Elias, "Kissing Right?"
19. Ryan S. Elder and Aradhna Krishna, "The 'Visual Depiction Effect' in Advertising: Facilitating Embodied Mental Simulation Through Product Orientation," *Journal of Consumer Research* 38, no. 6 (April 2012): 988–1003.
20. Sedgewick, Holtslander, and Elias, "Kissing Right?"
21. Shaki, "What's in a Kiss?"
22. Amandine Chapelain et al., "Can Population-Level Laterality Stem from Social Pressures? Evidence from Cheek Kissing in Humans," *PLoS ONE* 10, no. 8 (2015): e0124477, http://dx.doi.org/10.1371/journal.pone.0124477.

23. Chapelain et al., "Can Population-Level Laterality Stem from Social Pressures? Evidence from Cheek Kissing in Humans."
24. Chapelain et al., "Can Population-Level Laterality Stem from Social Pressures? Evidence from Cheek Kissing in Humans."

5장 | 아기를 안는 방향의 편향성

1. Blau, *The Master Hand*.
2. Plato, *The Laws of Plato*, trans. Thomas L. Pangle (Chicago: University of Chicago Press, 1988).
3. Harris, "Side Biases for Holding and Carrying Infants," 64.
4. Harris, "Side Biases for Holding and Carrying Infants," 64.
5. Harris, "Side Biases for Holding and Carrying Infants," 73.
6. Harris, "Side Biases for Holding and Carrying Infants," 74.
7. Jean-Jacques Rousseau, *Confessions*, ed. Patrick Coleman, trans. Angela Scholar (Oxford: Oxford University Press, 2008).
8. Lee Salk, "The Role of the Heartbeat in the Relations Between Mother and Infant," *Scientific American* 228, no. 5 (May 1973): 24–29.
9. Salk, "The Role of the Heartbeat in the Relations Between Mother and Infant," 24.
10. Harris, "Side Biases for Holding and Carrying Infants," 57.
11. Stanley Finger, "Child-Holding Patterns in Western Art," *Child Development* 46, no. 1 (1975): 267–71.
12. G. Alvarez, "Child-Holding Patterns and Hemispheric Bias," *Ethology and Sociobiology* 11, no. 2 (1990): 75–82.
13. Lauren Julius Harris, Rodrigo A. Cárdenas, Nathaniel D. Stewart, and Jason B. Almerigi, "Are Only Infants Held More Often on the Left? If So, Why? Testing the Attention-Emotion Hypothesis with an Infant, a Vase, and Two Chimeric Tests, One 'Emotional,' One Not," *Laterality* 24, no. 1 (January 2019): 65–97.
14. Masayuki Nakamichi, "The Left-Side Holding Preference Is Not Universal: Evidence from Field Observations in Madagascar," *Ethology and Sociobiology* 17, no. 3 (May 1996): 173–79.
15. C.U.M. Smith, "Cardiocentric Neurophysiology: The Persistence of a Delusion," *Journal of the History of the Neurosciences* 22, no. 1 (2013): 6–13.
16. John Patten, *Neurological Differential Diagnosis*, 2nd ed. (New York: Springer, 1996).
17. D.N. Kennedy et al., "Structural and Functional Brain Asymmetries in Human Situs Inversus Totalis," *Neurology* 53, no. 6 (October 1999): 1260–65.

18. Salk, "The Role of the Heartbeat in the Relations Between Mother and Infant," 29.
19. Brenda Todd and George Butterworth, "Her Heart Is in the Right Place: An Investigation of the 'Heartbeat Hypothesis' as an Explanation of the Left Side Cradling Preference in a Mother with Dextrocardia," *Early Development and Parenting* 7, no. 4 (2002): 229–33.
20. Salk, "The Role of the Heartbeat in the Relations Between Mother and Infant."
21. I. Hyman Weiland, "Heartbeat Rhythm and Maternal Behavior," *Journal of the American Academy of Child Psychiatry* 3, no. 1 (January 1964): 161–64.
22. Harris, Cárdenas, Stewart, and Almerigi, "Are Only Infants Held More Often on the Left?"
23. Harris, Cárdenas, Stewart, and Almerigi, "Are Only Infants Held More Often on the Left?"
24. I. Hyman Weiland and Zanwil Sperber, "Patterns of Mother-Infant Contact: The Significance of Lateral Preference," *The Journal of Genetic Psychology* 117, no. 2 (December 1970): 157–65, https://doi.org/10.1080/00221325.1970.10532575.
25. Ernest L. Abel, "Human Left-Sided Cradling Preferences for Dogs," *Psychological Reports* 107, no. 1 (August 2010): 336–38. Development 46, no. 1 (1975): 267–71.
26. Dale Dagenbach, Lauren Julius Harris, and Hiram E. Fitzgerald, "A Longitudinal Study of Lateral Biases in Parents' Cradling and Holding of Infants," *Infant Mental Health Journal* 9, no. 3 (Fall 1988): 218–34, https://vdocuments.net/reader/full/a-longitudinal-study-of-lateral-biases-in-parents-cradling-and-holding-of.
27. Joan S. Lockard, Paul C. Daley, and Virginia M. Gunderson, "Maternal and Paternal Differences in Infant Carry: U.S. and African Data," *The American Naturalist* 113, no. 2 (February 1979): 235–46.
28. Peter de Château, "Left-Side Preference in Holding and Carrying Newborn Infants: A Three-Year Follow-Up Study," *Acta Psychiatrica Scandinavica* 75, no. 3 (March 1987): 283–86, https://doi.org/10.1111/j.1600-0447.1987.tb02790.x.
29. Peter de Château, M. Mäki, and B. Nyberg, "Left-Side Preference in Holding and Carrying Newborn Infants III: Mothers' Perception of Pregnancy One Month Prior to Delivery and Subsequent Holding Behaviour During the First Postnatal Week," *Journal of Psychosomatic Obstetrics & Gynecology* 1, no. 2 (1982): 72–76.
30. de Chăteau, Mäki, and Nyberg, "Left-Side Preference in Holding and Carrying Newborn Infants III."
31. Weatherill et al., "Is Maternal Depression Related to Side of Infant Holding?"
32. Paul Richter, Andrés Hseerlein, Hermes Kick, and Peter Biczo, "Psychometric Properties of the Beck Depression Inventory," in *Present, Past and Future of Psychiatry*, vol. 1, eds. A. Beigel, J.J. Lopez Ibor, Jr., and J.A. Costa e Silva (Singapore: World Scientific Publishing, 1994), 247–49.

33. Weatherill et al., "Is Maternal Depression Related to Side of Infant Holding?"
34. Peter de Château, Hertha Holmberg, and Jan Winberg, "Left-Side Preference in Holding and Carrying Newborn Infants I: Mothers Holding and Carrying During the First Week Life," *Acta Paediatrica: Nurturing the Child* 67, no. 2 (March 1978): 169–75.
35. Mi Li, Hongpei Xu, and Shengfu Lu, "Neural Basis of Depression Related to a Dominant Right Hemisphere: A Resting-State fMRI Study," *Behavioural Neurology* (2018): 1–10, https://downloads.hindawi.com/journals/bn/2018/5024520.pdf.
36. Lea-Ann Pileggi et al., "Cradling Bias Is Absent in Children with Autism Spectrum Disorders," *Journal of Child and Adolescent Mental Health* 25, no. 1 (2013): 55–60.
37. Gianluca Malatesta et al., "The Role of Ethnic Prejudice in the Modulation of Cradling Lateralization," *Journal of Nonverbal Behavior* 45 (2021): 187–205.
38. J.T. Manning and J. Denman, "Lateral Cradling Preferences in Humans(Homo sapiens): Similarities Within Families," *Journal of Comparative Psychology* 108, no. 3 (September 1994): 262–65.
39. Michelle Tomaszycki et al., "Maternal Cradling and Infant Nipple Preferences in Rhesus Monkeys (Macaca mulatta)," *Developmental Psychobiology* 32, no. 4 (May 1998): 305–12.
40. Takeshi Hatta and Motoko Koike, "Left-Hand Preference in Frightened Mother Monkeys in Taking Up Their Babies," *Neuropsychologia* 29, no. 2 (1991): 207–09.
41. Ichirou Tanaka, "Change of Nipple Preference Between Successive Offspring in Japanese Macaques," *American Journal of Primatology* 18, no. 4 (1989): 321–25, https://doi.org/10.1002/ajp.1350180406.
42. Karina Karenina, Andrey Giljov, and Yegor Malashichev, "Lateralization of Mother-Infant Interactions in Wild Horses," *Behavioural Processes* 148 (March 2018): 49–55, https://doi.org/10.1016/j.beproc.2018.01.010.
43. Andrey Giljov, Karina Karenina, and Yegor Malashichev, "Facing Each Other: Mammal Mothers and Infants Prefer the Position Favouring Right Hemisphere Processing," *Biology Letters* 14, no. 1 (January 2018): 20170707. 44. Karenina, Giljov, and Malashichev, "Lateralization of Mother-Infant Interactions in Wild Horses."
45. Karina Karenina, Andrey Giljov, Shermin de Silva, and Yegor Malashichev, "Social Lateralization in Wild Asian Elephants: Visual Preferences of Mothers and Offspring," *Behavioral Ecology and Sociobiology* 72, no. 21 (2018).
46. Stephen E. Palmer, Karen B. Schloss, and Jonathan Sammartino, "Visual Aesthetics and Human Preference," *Annual Review of Psychology* 64, no. 1 (January 2013): 77–107.

6장 | 사진 포즈의 편향성

1. Erna Bombeck, *When You Look Like Your Passport Photo, It's Time to Go Home* (New York: Random House Value Publishing, 1993).
2. I.C. McManus and N.K. Humphrey, "Turning the Left Cheek," *Nature* 243 (June 1973): 271–72.
3. Charles Darwin, *The Expression of the Emotions in Man and Animals* (London: John Murray, 1872).
4. Charles Darwin, *On the Origin of Species by Means of Natural Selection, or Preservation of Favoured Races in the Struggle for Life* (London: John Murray, 1859).
5. Paul Ekman and Wallace V. Friesen, *Pictures of Facial Affect* (Berkeley, CA: Consulting Psychologists Press, 1976).
6. Paul Ekman, "An Argument for Basic Emotions," *Cognition and Emotion* 6, nos. 3–4 (1992): 169–200.
7. Joan C. Borod, Elissa Koff, and Betsy White, "Facial Asymmetry in Posed and Spontaneous Expressions of Emotion," *Brain and Cognition* 2, no. 2 (April 1983): 165–75.
8. Borod et al., "Emotional and Non-Emotional Facial Behaviour in Patients with Unilateral Brain Damage," *Journal of Neurology, Neurosurgery, and Psychiatry* 51, no. 6, (1988): 826–32, https://doi.org/10.1136/jnnp.51.6.826.
9. Ruth Campbell, "Asymmetries in Interpreting and Expressing a Posed Facial Expression," *Cortex: A Journal Devoted to the Study of the Nervous System and Behavior* 14, no. 3 (1978): 327–42.
10. Harold A. Sackeim, Ruben C. Gur, and Marcel Saucy, "Emotions Are Expressed More Intensely on the Left Side of the Face," *Science* 202, no. 4366 (October 27, 1978): 434–36.
11. Martin Skinner and Brian Mullen, "Facial Asymmetry in Emotional Expression: A Meta-Analysis of Research," *British Journal of Social Psychology* 30, no. 2 (1991): 113–24.
12. Patten, *Neurological Differential Diagnosis.*
13. McManus and Humphrey, "Turning the Left Cheek."
14. Carolyn J. Mebert and George F. Michel, "Handedness in Artists," in *Neuropsychology of Left-Handedness*, ed. Jeannine Herron (Toronto: Academic Press, 1980), 273–79.
15. Mary A. Peterson and Gillian Rhodes, eds., *Perception of Faces, Objects, and Scenes: Analytic and Holistic Processes* (New York: Oxford University Press, 2003).
16. James W. Tanaka and Martha J. Farah, "Parts and Wholes in Face Recognition," *The Quarterly Journal of Experimental Psychology* 46, no. 2 (June 1993): 225–45.

17. Annukka K. Lindell, "The Silent Social/Emotional Signals in Left and Right Cheek Poses: A Literature Review," *Laterality* 18, no. 5 (2013): 612–24.
18. Miyuki Yamamoto et al., "Accelerated Recognition of Left Oblique Views of Faces," *Experimental Brain Research* 161, no. 1 (February 2005): 27–33.
19. Nicola Bruno, Marco Bertamini, and Federica Protti, "Selfie and the City: A World-Wide, Large, and Ecologically Valid Database Reveals a Two-Pronged Side Bias in Naïve Self-Portraits," *PLoS ONE* 10 no. 4 (April 27, 2015): e0124999, https://doi.org/10.1371/journal.pone.0124999.
20. Annukka K. Lindell, "Capturing Their Best Side? Did the Advent of the Camera Influence the Orientation Artists Chose to Paint and Draw in Their Self-Portraits?" *Laterality* 18, no. 3 (2013): 319–28.
21. Annukka K. Lindell, Tenenbaum, and Aznar, "Left Cheek Bias for Emotion Perception, but Not Expression, Is Established in Children Aged 3–7 Years," *Laterality* 22, no. 1 (2017): 17–30, http://dx.doi.org/10.1080/135765 0X.2015.1108328.
22. Bruno, Bertamini, and Protti, "Selfie and the City."
23. Michael E.R. Nicholls, Danielle Clode, Stephen J. Wood, and Amanda J. Wood, "Laterality of Expression in Portraiture: Putting Your Best Cheek Forward," *Proceedings of the Royal Society B: Biological Sciences* 266, no. 1428 (September 1999): 1517–22, https://doi.org/10.1098/rspb.1999.0809.
24. Carel ten Cate, "Posing as Professor: Laterality in Posing Orientation for Portraits of Scientists," *Journal of Nonverbal Behavior* 26, no. 3 (2002): 175–92.
25. Nicholls, Clode, *Wood, and Wood*, "Laterality of Expression in Portraiture."
26. McManus, "Half a Century of Handedness Research."
27. McManus, "Half a Century of Handedness Research."
28. Matia Okubo and Takato Oyama, "Do You Know Your Best Side? Awareness of Lateral Posing Asymmetries," *Laterality* (2021): 1–15, https://doi.org/10.1080/135 7650X.2021.1938105.
29. Owen Churches et al., "Facing Up to Stereotypes: Surgeons and Physicians Are No Different in Their Emotional Expressiveness," *Laterality* 19, no. 5 (2014): 585–90.
30. Churches et al., "Facing Up to Stereotypes."
31. Churches et al., "Facing Up to Stereotypes."
32. Acosta, Williamson, and Heilman, "Which Cheek Did Jesus Turn?"
33. Lealani Mae Y. Acosta, John B. Williamson, and Kenneth B. Heilman, "Which Cheek Did the Resurrected Jesus Turn?" *Journal of Religion and Health* 54, no. 3 (June 2015): 1091–98, http://dx.doi.org/10.1007/s10943-014-9945-9.
34. Acosta, Williamson, and Heilman, "Which Cheek Did the Resurrected Jesus Turn?"
35. Kari N. Duerksen, Trista E. Friedrich, and Lorin J. Elias, "Did Buddha Turn the

Other Cheek Too? A Comparison of Posing Biases Between Jesus and Buddha," *Laterality* 21, nos. 4–6 (July-November 2016): 633–42, http://dx.doi.org/10.1080/1357650X.2015.1087554.

36. Duerksen, Friedrich, and Elias, "Did Buddha Turn the Other Cheek Too?"
37. Nicole A. Thomas, Jennifer A. Burkitt, and Deborah M. Saucier, "Photographer Preference or Image Purpose? An Investigation of Posing Bias in Mammalian and Non-Mammalian Species," *Laterality* 11, no. 4(July 2006): 350–54.

7장 | 빛의 편향성

1. Mark Twain, *Mark Twain at Your Fingertips: A Book of Quotations*, ed. Caroline Thomas Harnsberger (Mineola, NY: Dover, 2009).
2. Ian Christopher McManus, Joseph Buckman, and Euan Woolley, "Is Light in Pictures Presumed to Come from the Left Side?" *Perception* 33, no. 12 (2004): 1421–36.
3. Kevin S. Berbaum, Todd Bever, and Chan Sup Chung, "Light Source Position in the Perception of Object Shape," *Perception* 12, no. 4 (1983): 411–16.
4. Jennifer Sun and Pietro Perona, "Where Is the Sun?" *Nature: Neuroscience* 1, no. 3 (1998): 183–84.
5. Sun and Perona, "Where Is the Sun?"
6. McManus, Buckman, and Woolley, "Is Light in Pictures Presumed to Come from the Left Side?"
7. David A. McDine, Ian J. Livingston, Nicole A. Thomas, Lorin J. Elias, "Lateral Biases in Lighting of Abstract Artwork," *Laterality* 16, no. 3 (May 2011): 268–79.
8. Kobayashi et al., "Natural Preference in Luminosity for Frame Composition," *NeuroReport* 18, no. 11 (2007): 1137–40.
9. Sun and Perona, "Where Is the Sun?"
10. Pascal Mamassian and Ross Goutcher, "Prior Knowledge on the Illumination Position," *Cognition* 81, no. 1 (September 2001): B1–9.
11. McManus, Buckman, and Woolley, "Is Light in Pictures Presumed to Come from the Left Side?"
12. Austen K. Smith, Izabela Szelest, Trista E. Friedrich, and Lorin J. Elias, "Native Reading Direction Influences Lateral Biases in the Perception of Shape from Shading," *Laterality* 20, no. 4 (2015): 418–33.
13. Mark E. McCourt, Barbara Blakeslee, and Ganesh Padmanabhan, "Lighting Direction and Visual Field Modulate Perceived Intensity of Illumination," *Frontiers in Psychology* 4 no. 983 (December 2013): 1–6.

14. Jennifer R. Sedgewick, Bradley Weiers, Aaron Stewart, and Lorin J. Elias, "The Thinker: Opposing Directionality of Lighting Bias Within Sculptural Artwork," *Frontiers in Human Neuroscience* 9, no. 251 (May 2015): 1–8.
15. Austen K. Smith, Jennifer R. Sedgewick, Bradley Weiers, and Lorin J. Elias, "Is There an Artistry to Lighting? The Complexity of Illuminating Three-Dimensional Artworks," *Psychology of Aesthetics, Creativity, and the Arts* 15, no. 1 (2021): 20–27.
16. Smith, Szelest, Friedrich, and Elias, "Native Reading Direction Influences Lateral Biases in the Perception of Shape from Shading."
17. Bridget Andrews, Daniela Aisenberg, Giovanni d'Avossa, and Ayelet Sapir, "Cross-Cultural Effects on the Assumed Light Source Direction: Evidence from English and Hebrew Readers," *Journal of Vision* 13, no. 13 (November 2013): 1–7.
18. Nicole A. Thomas, Jennifer A. Burkitt, Regan A. Patrick, and Lorin J. Elias, "The Lighter Side of Advertising: Investigating Posing and Lighting Biases," *Laterality* 13, no. 6 (November 2008): 504–13.

8장 | 예술·미학·건축에서 나타나는 편향성

1. Harold J. McWhinnie, "Is Psychology Relevant to Aesthetics?" P*roceedings of the Annual Convention of the American Psychological Association* 6, part 1 (1971): 419–20.
2. George Dickie, "Is Psychology Relevant to Aesthetics?" *The Philosophical Review* 71, no. 3 (July 1962): 285–302.
3. Annukka K. Lindell and Julia Mueller, "Can Science Account for Taste? Psychological Insights into Art Appreciation," *Journal of Cognitive Psychology* 23, no. 4 (2011): 453–75.
4. Rolf Reber, "Art in Its Experience: Can Empirical Psychology Help Assess Artistic Value?" *Leonardo* 41, no. 4 (August 2008): 367–72.
5. Lindell and Mueller, "Can Science Account for Taste?"
6. Hermann Weyl, *Symmetry* (Princeton, NJ: Princeton University Press, 1952).
7. Ian Christopher McManus, "Symmetry and Asymmetry in Aesthetics and the Arts," *European Review* 13, supplement 2 (2005): 157–80.
8. John P. Anton, "Plotinus' Refutation of Beauty as Symmetry," *The Journal of Aesthetics and Art Criticism* 23, no. 2 (Winter 1964): 233–37.
9. McManus, "Symmetry and Asymmetry in Aesthetics and the Arts."
10. Mercedes Gaffron, "Some New Dimensions in the Phenomenal Analysis of Visual Experience," *Journal of Personality* 24, no. 3 (1956): 285–307.
11. Heinrich Wölfflin, "Über das rechts und links im Bilde," in *Gedanken zur*

Kunstgeschichte: Gedrucktes und Ungedrucktes, 3rd ed., ed. Heinrich Wölfflin (Basel, Switzerland: Schwabe & Co., 1941), 82–90.
12. Charles G. Gross and Marc H. Bornstein, "Left and Right in Science and Art," *Leonardo* 11, no. 1 (Winter 1978): 29–38.
13. Gross and Bornstein, "Left and Right in Science and Art."
14. Samy Rima et al., "Asymmetry of Pictorial Space: A Cultural Phenomenon," *Journal of Vision* 19, no. 4 (April 2019): 1–6.
15. Wölfflin, "Über das rechts und links im Bilde."
16. Gross, "Left and Right in Science and Art."
17. Lindell and Mueller, "Can Science Account for Taste?"
18. Rudolf Arnheim, *Art and Visual Perception: A Psychology of the Creative Eye* (Berkeley, CA: University of California Press, 1974).
19. Gaffron, "Some New Dimensions in the Phenomenal Analysis of Visual Experience."
20. Wölfflin, "Über das rechts und links im Bilde."
21. Gross, "Left and Right in Science and Art."
22. Carmen Pérez González, "Lateral Organisation in Nineteenth-Century Studio Photographs Is Influenced by the Direction of Writing: A Comparison of Iranian and Spanish Photographs," *Laterality* 17, no. 5 (September 2012): 515–32.
23. Sobh Chahboun et al., "Reading and Writing Direction Effects on the Aesthetic Perception of Photographs," *Laterality* 22, no. 3 (May 2017): 313–39.
24. Trista E. Friedrich, Victoria L. Harms, and Lorin J. Elias, "Dynamic Stimuli: Accentuating Aesthetic Preference Biases," *Laterality* 19, no. 5 (2014): 549–59.
25. Trista E. Friedrich and Lorin J. Elias, "The Write Bias: The Influence of Native Writing Direction on Aesthetic Preference Biases," *Psychology of Aesthetics, Creativity, and the Arts* 10, no. 2 (2016): 128–33.
26. Friedrich, Harms, and Elias, "Dynamic Stimuli."
27. Friedrich and Elias, "The Write Bias."
28. Marilyn Freimuth and Seymour Wapner, "The Influence of Lateral Organization on the Evaluation of Paintings," *British Journal of Psychology* 70, no. 2 (1979): 211–18.
29. Thomas M. Nelson and Gregory A. MacDonald, "Lateral Organization, Perceived Depth, and Title Preference in Pictures," *Perceptual and Motor Skills* 33, no. 3, part 1 (1971): 983–86.
30. Barry T. Jensen, "Reading Habits and Left-Right Orientation in Profile Drawings by Japanese Children," *The American Journal of Psychology* 65, no. 2 (April 1952): 306–07.
31. Barry T. Jensen, "Left-Right Orientation in Profile Drawing," *The American Journal of Psychology* 65, no. 1 (January 1952): 80–83.

32. Sylvie Chokron, Seta Kazandjian, and Maria De Agostini, "Effects of Reading Direction on Visuospatial Organization: A Critical Review," in *Quod Erat Demonstrandum: From Herodotus' Ethnographic Journeys to Cross-Cultural Research: Proceedings from the 18th International Congress of the International Association for Cross-Cultural Psychology*, eds. Aikaterini Gari and Kostas Mylonas (Athens, Greece: Pedio Books Publishing, 2009), 107–14.
33. Sümeyra Tosun and Jyotsna Vaid, "What Affects Facing Direction in Human Facial Profile Drawing? A Meta-Analytic Inquiry," *Perception* 43, no. 12 (December 2014): 1377–92.
34. Alexander G. Page, Ian Christopher McManus, Carmen Pérez González, and Sobh Chahboun, "Is Beauty in the Hand of the Writer? Influences of Aesthetic Preferences Through Script Directions, Cultural, and Neurological Factors: A Literature Review," *Frontiers in Psychology* 8 (August 2017): 1–10.
35. Anjan Chatterjee, Lynn M. Maher, and Kenneth M. Heilman, "Spatial Characteristics of Thematic Role Representation," *Neuropsychologia* 33, no. 5 (1995): 643–48.
36. Anjan Chatterjee, M. Helen Southwood, and David Basilico, "Verbs, Events and Spatial Representations," *Neuropsychologia* 37, no. 4 (1999): 395–402.
37. Anne Maass, Caterina Suitner, Xenia Favaretto, and Marina Cignacchi, "Groups in Space: Stereotypes and the Spatial Agency Bias," *Journal of Experimental Social Psychology* 45, no. 3 (May 2009): 496–504, http://dx.doi.org/10.1016/j.jesp.2009.01.004.
38. Caterina Suitner and Anne Maass, "Spatial Agency Bias: Representing People in Space," *Advances in Experimental Social Psychology* 53 (January 2016): 245–301.
39. Maass, Suitner, Favaretto, and Cignacchi, "Groups in Space."
40. Maass, Suitner, Favaretto, and Cignacchi, "Groups in Space."
41. Caterina Suitner, Anne Maass, and Lucia Ronconi, "From Spatial to Social Asymmetry: Spontaneous and Conditioned Associations of Gender and Space," *Psychology of Women Quarterly* 41, no. 1 (March 2017): 46–64.
42. Anne Maass, Caterina Suitner, and Faris Nadhmi, "What Drives the Spatial Agency Bias? An Italian-Malagasy-Arabic Comparison Study," *Journal of Experimental Psychology: General* 143, no. 3 (2014): 991–96.
43. Mara Mazzurega, Maria Paola Paladino, Claudia Bonfiglioli, and Susanna Timeo, "Not the Right Profile: Women Facing Rightward Elicit Responses in Defence of Gender Stereotypes," *Psicologia sociale* 14, no. 1 (2019): 57–72.
44. Dilip Kondepudi and Daniel J. Durand, "Chiral Asymmetry in Spiral Galaxies?" *Chirality* 13, no. 7 (July 2001): 351–56, https://doi.org/10.1002/chir.1044.
45. Robert Couzin, "The Handedness of Historiated Spiral Columns," *Laterality* 22, no.

5 (November 2017): 1–31.

46. Heinz Luschey, *Rechts und Links: Untersuchungen über Bewegungsrichtung, Seitenordnung und Höhenordnung als Elemente der antiken Bildsprache* (Tübingen, Germany: Wasmuth, 2002).
47. Couzin, "The Handedness of Historiated Spiral Columns."

9장 | 제스처의 편향성

1. Jana M. Iverson, Heather L. Tencer, Jill Lany, and Susan Goldin-Meadow, "The Relation Between Gesture and Speech in Congenitally Blind and Sighted Language-Learners," *Journal of Nonverbal Behavior* 24, no. 2 (2000): 105–30.
2. Sotaro Kita, "Cross-Cultural Variation of Speech-Accompanying Gesture: A Review," *Language and Cognitive Processes* 24, no. 2 (2009): 145–67.
3. Elias and Saucier, *Neuropsychology*.
4. Gordon W. Hewes et al., "Primate Communication and the Gestural Origin of Language [and Comments and Reply]," *Current Anthropology* 14, nos. 1–2 (February-April 1973): 5–24.
5. Michael C. Corballis, *The Lopsided Ape: Evolution of the Generative Mind* (New York: Oxford University Press, 1991).
6. Merlin Donald, "Preconditions for the Evolution of Protolanguages," in *The Descent of Mind: Psychological Perspectives on Hominid Evolution*, eds. Michael C. Corballis and Stephen E.G. Lea (New York: Oxford University Press, 1999), 138–54.
7. Doreen Kimura, "Manual Activity During Speaking: I. Right-Handers," *Neuropsychologia* 11, no. 1 (1973): 45–50.
8. Doreen Kimura, "Manual Activity During Speaking: II. Left-Handers," *Neuropsychologia* 11, no. 1 (1973): 51–55.
9. John Thomas Dalby, David Gibson, Vittorio Grossi, and Richard D. Schneider, "Lateralized Hand Gesture During Speech," *Journal of Motor Behavior* 12, no. 4 (1980): 292–97.
10. Deborah M. Saucier and Lorin J. Elias, "Lateral and Sex Differences in Manual Gesture During Conversation," *Laterality* 6, no. 3 (July 2001): 239–45.
11. Lorin J. Harris, "Hand Preference in Gestures and Signs in the Deaf and Hearing: Some Notes on Early Evidence and Theory," *Brain and Cognition* 10, no. 2 (July 1989): 189–219.
12. Sotaro Kita and Hedda Lausberg, "Generation of Co-Speech Gestures Based on Spatial Imagery from the Right-Hemisphere: Evidence from Split-Brain Patients," *Cortex* 44, no. 2 (2008): 131–39.

13. Kita and Lausberg, "Generation of Co-Speech Gestures Based on Spatial Imagery from the Right-Hemisphere."
14. Elias and Saucier, *Neuropsychology*.
15. Paraskevi Argyriou, Christine Mohr, and Sotaro Kita, "Hand Matters: Left-Hand Gestures Enhance Metaphor Explanation," *Journal of Experimental Psychology: Learning Memory and Cognition* 43, no. 6 (2017): 874–86.
16. Argyriou et al., "Hand Matters: Left-Hand Gestures Enhance Metaphor Explanation."
17. Gordon W. Hewes, "Primate Communication and the Gestural Origin of Language," *Current Anthropology* 33, no. 1, supplement (February 1992): 65–84.
18. Gordon W. Hewes, "An Explicit Formulation of the Relationship Between Tool-Using, Tool-Making, and the Emergence of Language," *Visible Language* 7, no. 2 (Spring 1973): 101–27.
19. Michael C. Corballis, "Did Language Evolve Before Speech?" in *The Evolution of Human Language: Biolinguistic Perspectives*, eds. Richard K. Lawson, Viviane Déprez, and Hiroko Yamakido (Cambridge: Cambridge University Press, 2010), 115–23.
20. Giacomo Rizzolatti and Michael A. Arbib, "Language Within Our Grasp," Trends in *Neurosciences* 21, no. 5 (May 1998): 188–94.
21. Giacomo Rizzolatti, Leonardo Fogassi, and Vittorio Gallese, "Neurophysiological Mechanisms Underlying the Understanding and Imitation of Action," *Nature Reviews Neuroscience* 2, no. 9 (September 2001): 661–70.
22. Corballis, "Did Language Evolve Before Speech?"

10장 | 방향 전환의 편향성

1. Gaspard Gustave Coriolis, "Sur les équations du mouvement relatif des systèmes de corps," in *Journal de l'École Royale Polytechnique, Cahier XXIV, Tome XV* (Paris: Bachelier, 1835), 144–54.
2. Theo Gerkema and Louis Gostiaux, "A Brief History of the Coriolis Force," *Europhysics News* 43, no. 2 (March 2012): 14–17.
3. P.Y. Hennion and R. Mollard, "An Assessment of the Deflecting Effect on Human Movement Due to the Coriolis Inertial Forces in a Space Vehicle," *Journal of Biomechanics* 26, no. 1 (January 1993): 85–90.
4. Ingrid A.P. Ververs, Johanna I.P. de Vries, Hermann P. van Geijn, Developmental Aspects," *Early Human Development* 39, no. 2 (October 1994): 83–91.
5. *Zoolander*, directed by Ben Stiller (Paramount, 2001), DVD.

6. Tino Stöckel and Christian Vater, “Hand Preference Patterns in Expert Basketball Players: Interrelations Between Basketball-Specific and Everyday Life Behavior,” *Human Movement Science* 38 (December 2014): 143–51.
7. Eve Golomer et al., “The Influence of Classical Dance Training on Preferred Supporting Leg and Whole Body Turning Bias,” *Laterality* 14, no. 2 (September 2009): 165–77.
8. Dora Stratou, The Greek Dances: Our Living Link with Antiquity (Athens: A. Klissiounis, 1966).
9. Catherine Augé and Yvonne Paire, *L'engagement corporel dans les danses traditionnelles de France métropolitaine* (Paris: Ministère de la Culture, 2006).
10. S.F. Ali, K.J. Kordsmeier, and B. Gough, “Drug-Induced Circling Preference in Rats,” *Molecular Neurobiology* 11, nos. 1–3 (August-December 1995): 145–54, https://doi.org/10.1007/BF02740691.
11. A.A. Schaeffer, “Spiral Movement in Man,” *Journal of Morphology* 45, no. 1 (1928): 293–398, http://doi.wiley.com/10.1002/jmor.1050450110.
12. Edward S. Robinson, “The Psychology of Public Education,” *American Journal of Public Health* 23, no. 2 (February 1933): 123–28.
13. Robinson, “The Psychology of Public Education,” 125.
14. Peter G. Hepper, Glenda R. McCartney, and E. Alyson Shannon, “Lateralised Behaviour in First Trimester Human Foetuses,” *Neuropsychologia* 36, no. 6 (June 1998): 531–34.
15. Hepper, McCartney, and Shannon, “Lateralised Behaviour in First Trimester Human Foetuses.”
16. B. Hopkins, W. Lems, Beatrice Janssen, and George Butterworth, “Postural and Motor Asymmetries in Newlyborns,” *Human Neurobiology* 6, no. 3 (1987): 153–56.
17. Sonya Dunsirn et al., “Defining the Nature and Implications of Head Turn Preference in the Preterm Infant,” *Early Human Development* 96 (May 2016): 53–60, http://dx.doi.org/10.1016/j.earlhumdev.2016.02.002.
18. Yukio Konishi, Haruki Mikawa, and Junko Suzuki, “Asymmetrical Head-Turning of Preterm Infants: Some Effects on Later Postural and Functional Lateralities,” *Developmental Medicine & Child Neurology* 28, no. 4 (1986): 450–57, http://doi.wiley.com/10.1111/j.1469-8749.1986.tb14282.x.
19. Arnold Gesell, “The Tonic Neck Reflex in the Human Infant: Morphogenetic and Clinical Significance,” *The Journal of Pediatrics* 13, no. 4 (1938): 455–64.
20. John Reiser, Albert Yonas, and Karin Wikner, “Radial Localization of Odors by Human Newborns,” *Child Development* 47 (1976): 856–59.
21. Jane Coryell, and George F. Michel, “How Supine Postural Preferences of Infants Can Contribute Toward the Development of Handedness,” *Infant Behavior &*

Development 1 (1978): 245–57.

22. H. Stefan Bracha, David J. Seitz, John Otemaa, and Stanley D. Glick, "Rotational Movement (Circling) in Normal Humans: Sex Difference and Relationship to Hand, Foot, and Eye Preference," *Brain Research* 411, no. 2 (1987): 231–35.
23. Bracha, Seitz, Otemaa, and Glick, "Rotational Movement (Circling) in Normal Humans."
24. Schaeffer, "Spiral Movement in Man."
25. Larissa A. Mead and Elizabeth Hampson, "Turning Bias in Humans Is Influenced by Phase of the Menstrual Cycle," *Hormones and Behavior* 31, no. 1 (1997): 65–74.
26. Schaeffer, "Spiral Movement in Man."
27. Richard Morris, "Developments of a Water-Maze Procedure for Studying Spatial Learning in the Rat," *Journal of Neuroscience Methods* 11, no. 1 (1984): 47–60.
28. Peng Yuan, Ana M. Daugherty, and Naftali Raz, "Turning Bias in Virtual Spatial Navigation: Age-Related Differences and Neuroanatomical Correlates," *Biological Psychology* 96 (February 2014): 8–19, http://dx.doi.org/10.1016/j.biopsycho.2013.10.009.
29. Pablo Covarrubias, Ofelia Citlalli López-Jiménez, and Ángel Andrés Jiménez Ortiz, "Turning Behavior in Humans: The Role of Speed of Locomotion," *Conductal* 2, no. 2 (2014): 39–50.
30. Matthieu Lenoir, Sophie van Overschelde, Myriam De Rycke, and Emilienne Musch, "Intrinsic and Extrinsic Factors of Turning Preferences in Humans," *Neuroscience Letters* 393, nos. 2–3 (2006): 179–83.
31. M. Yanki Yazgan, James F. Leckman, and Bruce E. Wexler, "A Direct Observational Measure of Whole Body Turning Bias," *Cortex* 32, no. 1 (1996): 173–76, http://dx.doi.org/10.1016/S0010-9452(96)80025-6.
32. John L. Bradshaw and Judy A. Bradshaw, "Rotational and Turning Tendencies in Humans: An Analog of Lateral Biases in Rats?" *The International Journal of Neuroscience* 39, nos. 3–4 (1988): 229–32.
33. Stratou, "The Greek Dances."
34. M.J.D. Taylor, S.C. Strike, and P. Dabnichki, "Turning Bias and Lateral Dominance in a Sample of Able-Bodied and Amputee Participants," *Laterality* 12, no. 1 (2006): 50–63.
35. Sarah B. Wallwork et al., "Left/Right Neck Rotation Judgments Are Affected by Age, Gender, Handedness and Image Rotation," *Manual Therapy* 18, no. 3 (2013): 225–30, http://dx.doi.org/10.1016/j.math.2012.10.006.
36. Emel Güneş and Erhan Nalçaci, "Directional Preferences in Turning Behavior of Girls and Boys," Perceptual and Motor Skills 102, no. 2 (2007): 352–57.
37. H.D. Day and Kaaren C. Day, "Directional Preferences in the Rotational Play

Behaviors of Young Children," *Developmental Psychobiology* 30, no. 3(1997): 213–23.

38. Day and Day, "Directional Preferences in the Rotational Play Behaviors of Young Children."
39. Christine Mohr, H. Stefan Bracha, T. Landis, and Peter Brugger, "Opposite Turning Behavior in Right-Handers and Non-Right-Handers Suggests a Link Between Handedness and Cerebral Dopamine Asymmetries," *Behavioral Neuroscience* 117, no. 6 (2003): 1448–52.
40. Christine Mohr et al., "Human Side Preferences in Three Different Whole-Body Movement Tasks," *Behavioural Brain Research* 151, nos. 1–2 (2004): 321–26.
41. Jan Stochl and Tim Croudace, "Predictors of Human Rotation," *Laterality* 18, no. 3 (2013): 265–81.
42. Oliver H. Turnbull and Peter McGeorge, "Lateral Bumping: A Normal-Subject Analog to the Behaviour of Patients with Hemispatial Neglect?" *Brain and Cognition* 37, no. 1 (1998): 31–33.
43. Dawn Bowers and Kenneth M. Heilman, "Pseudoneglect: Effects of Hemispace on a Tactile Line Bisection Task," *Neuropsychologia* 18, nos. 4–5 (January 1980): 491–98.
44. Michael E.R. Nicholls, Andrea Loftus, Kerstin Mayer, and Jason B. Mattingley, "Things That Go Bump in the Right: The Effect of Unimanual Activity on Rightward Collisions," *Neuropsychologia* 45, no. 5 (March 14, 2007): 1122–26.
45. Michael E.R. Nicholls et al., "A Hit-and-Miss Investigation of Asymmetries in Wheelchair Navigation," *Attention Perception & Psychophysics* 72, no. 6 (August 2010): 1576–90.
46. Nicholls et al., "A Hit-and-Miss Investigation of Asymmetries in Wheelchair Navigation."
47. Robinson, "The Psychology of Public Education," 128.

11장 | 자리 선택의 편향성

1. Paul R. Farnsworth, "Seat Preference in the Classroom," *The Journal of Social Psychology* 4, no. 3 (1933): 373–76, https://doi.org/10.1080/00224545.1933.9919330.
2. L.L. Morton and J.R. Kershner, "Hemisphere Asymmetries, Spelling Ability, and Classroom Seating in Fourth Graders," *Brain and Cognition* 6, no. 1 (1987): 101–11.
3. Robert Sommer, "Classroom Ecology," *The Journal of Applied Behavioral Science* 3,

no. 4 (1967): 489–502, https://doi.org/10.1177/002188636700300404.

4. Paul Bakan, "The Eyes Have It," *Psychology Today* 4 (1971): 64–69.
5. Raquel E. Gur, Ruben C. Gur, and Brachia Marshalek, "Classroom Seating and Functional Brain Asymmetry," *Journal of Educational Psychology* 67, no. 1 (1975): 151–53.
6. Gur, Gur, and Marshalek, "Classroom Seating and Functional Brain Asymmetry."
7. Ruben C. Gur, Harold A. Sackeim, and Raquel E. Gur, "Classroom Seating and Psychopathology: Some Initial Data," *Journal of Abnormal Psychology* 85, no. 1 (1976): 122–24.
8. Elias and Saucier, *Neuropsychology*.
9. Morton and Kershner, "Hemisphere Asymmetries, Spelling Ability, and Classroom Seating in Fourth Graders."
10. Victoria L. Harms, Lisa J.O. Poon, Austen K. Smith, and Lorin J. Elias, "Take Your Seats: Leftward Asymmetry in Classroom Seating Choice," Frontiers in Human Neuroscience 9, no. 457 (2015).
11. Harms, Poon, Smith, and Elias, "Take Your Seats."
12. George B. Karev, "Cinema Seating in Right, Mixed and Left Handers," *Cortex* 36, no. 5 (2000): 747–52.
13. Peter Weyers, Annette Milnik, Clarissa Müller, and Paul Pauli, "How to Choose a Seat in Theatres: Always Sit on the Right Side?" *Laterality* 11, no. 2 (March 2006): 181–93, https://doi.org/10.1080/13576500500430711.
14. Matia Okubo, "Right Movies on the Right Seat: Laterality and Seat Choice," *Applied Cognitive Psychology* 24, no. 1 (2010): 90–99.
15. Victoria Lynn Harms, Miriam Reese, and Lorin J. Elias, "Lateral Bias in Theatre-Seat Choice," *Laterality* 19, no. 1 (2014): 1–11.
16. Oliver Smith, "Most Popular Aircraft Seat Revealed," *Telegraph*, April 11, 2013, telegraph.co.uk/travel/news/Most-popular-aircraft-seat-revealed.
17. Michael E.R. Nicholls, Nicole A. Thomas, and Tobias Loetscher, "An Online Means of Testing Asymmetries in Seating Preference Reveals a Bias for Airplanes and Theaters," *Human Factors* 55, no. 4 (2013): 725–31.
18. Stephen Darling, Dario Cancemi, and Sergio Della Sala, "Fly on the Right: Lateral Preferences When Choosing Aircraft Seats," *Laterality* 23, no. 5 (2018): 610–24.

12장 | 스포츠의 편향성

1. Coren and Porac, "Fifty Centuries of Right-Handedness."
2. Eero Vuoksimaa, Markku Koskenvuo, Richard J. Rose, and Jaakko Kaprio, "Origins

of Handedness: A Nationwide Study of 30 161 Adults," *Neuropsychologia* 47, no. 5 (2009): 1294–1301.

3. Michel Raymond and Dominique Pontier, "Is there Geographical Variation in Human Handedness?" *Laterality* 9, no. 1 (January 2004): 35–51.
4. Steven Pinker, *The Better Angels of Our Nature: Why Violence Has Declined* (New York: Viking, 2011), 802.
5. Napoleon A. Chagnon, *Yąnomamö: The Fierce People* (New York: Holt, Rinehart & Winston, 1983).
6. Napoleon A. Chagnon, "Life Histories, Blood Revenge, and Warfare in a Tribal Population," *Science* 239, no. 4843: 985–92.
7. Michel Raymond, Dominique Pontier, Anne-Béatrice Dufour, and Anders Pape Møller, "Frequency-Dependent Maintenance of Left-Handedness in Humans," *Proceedings of the Royal Society B: Biological Sciences* 263, no. 1377 (1996): 1627–33.
8. Thomas V. Pollet, Gert Stulp, and Ton G.G. Groothuis, "Born to Win? Testing the Fighting Hypothesis in Realistic Fights: Left-Handedness in the Ultimate Fighting Championship," *Animal Behaviour* 86, no. 4 (2013): 839–43, http://dx.doi.org/10.1016/j.anbehav.2013.07.026.
9. Roger N. Shepard and Jacqueline Metzler, "Mental Rotation of Three-Dimensional Objects," *Science* 171, no. 3972 (1971): 701–03.
10. Lorin J. Harris, "In Fencing, What Gives Left-Handers the Edge? Views from the Present and the Distant Past," *Laterality* 15, nos. 1–2 (2010): 15–55.
11. Guy Azémar and J.F. Stein, "Surreprésentation des gauchers, en fonction de l'arme, dans l'elite mondiale de l'escrime," paper presented at the Congrès International de la Société Française de Psychologie du Sport in Poitiers, France, in 1994.
12. Olympics Statistics, "Edoardo Mangiarotti," databaseolympics.com, databaseolympics.com/players/playerpage.htm?ilkid=MANGIEDO01.
13. Harris, "In Fencing, What Gives Left-Handers the Edge?"
14. Olympics Statistics, "Edoardo Mangiarotti."
15. Thomas Richardson and R. Tucker Gilman, "Left-Handedness Is Associated with Greater Fighting Success in Humans," *Science Reports* 9, no. 15402 (2019).
16. "How to Score a Fight," BoxRec, http://boxrec.com/media/index.php/How_to_Score_a_Fight.
17. Richardson and Gilman, "Left-Handedness Is Associated with Greater Fighting Success in Humans."
18. Mehmet Akif Ziyagil, Recep Gursoy, Şenol Dane, and Ramazan Yuksel, "Left-Handed Wrestlers Are More Successful," *Perceptual and Motor Skills* 111, no. 1 (2011): 65–70.
19. Yunus Emre Cingoz et al., "Research on the Relation Between Hand Preference and

Success in Karate and Taekwondo Sports with Regards to Gender," *Advances in Physical Education* 8, no. 3 (2018): 308–20.
20. Recep Gursoy et al., "The Examination of the Relationship Between Left-Handedness and Success in Elite Female Archers," *Advances in Physical Education* 7, no. 4 (2017): 367–76.
21. Pollet, Stulp, and Groothuis, "Born to Win?"
22. Florian Loffing and Norbert Hagemann, "Pushing Through Evolution? Incidence and Fight Records of Left-Oriented Fighters in Professional Boxing History," *Laterality* 20, no. 3 (2015): 270–86.
23. Robert Brooks, Luc F. Bussière, Michael D. Jennions, and John Hunt, "Sinister Strategies Succeed at the Cricket World Cup," *Proceedings of the Royal Society B: Biological Science* 271, supplement 3 (2004): S64–S66.
24. Wei-Chun Wang et al., "Preferences in Athletes: Insights from a Database of 1770 Male Athletes," *American Journal of Sports Science* 6, no. 1 (2018): 20–25.
25. Florian Loffing, Norbert Hagemann, Jörg Schorer, and Joseph Baker, "Skilled Players' and Novices' Difficulty Anticipating Left- vs. Right-Handed Opponents' Action Intentions Varies Across Different Points in Time," *Human Movement Science* 40 (2015): 410–21, http://dx.doi.org/10.1016/j.humov.2015.01.018.
26. Florian Loffing, Jörg Schorer, Norbert Hagemann, and Joseph Baker, "On the Advantage of Being Left-Handed in Volleyball: Further Evidence of the Specificity of Skilled Visual Perception," *Attention, Perception, and Psychophysics* 74, no. 2 (2012): 446–53.
27. Francois Fagan, Martin Haugh, and Hal Cooper, "The Advantage of Lefties in One-on-One Sports," *Journal of Quantitative Analysis in Sports* 15, no. 1 (2019): 1–25.
28. Belo Petro and Attila Szabo, "The Impact of Laterality on Soccer Performance," *Strength and Conditioning Journal* 38, no. 5 (October 2016): 66–74.
29. Hassane Zouhal et al., "Laterality Influences Agility Performance in Elite Soccer Players," *Frontiers in Physiology* 9, no. 807 (June 2018): 1–8.
30. Benjamin B. Moore et al., "Laterality Frequency, Team Familiarity, and Game Experience Affect Kicking-Foot Identification in Australian Football Players," *International Journal of Sports Science and Coaching* 12, no. 3 (2017): 351–58.
31. Josu Barrenetxea-Garcia, Jon Torres-Unda, Izaro Esain, and Susana M. Gil, "Relative Age Effect and Left-Handedness in World Class Water Polo Male and Female Players," *Laterality* 24, no. 3 (2019): 259–73.
32. Florian Loffing, Norbert Hagemann, and Bernd Strauss, "Left-Handedness in Professional and Amateur Tennis," *PLoS ONE* 7, no. 11 (2012): 1–8.
33. Barrenetxea-Garcia, Torres-Unda, Esain, and Gil, "Relative Age Effect and Left-Handedness in World Class Water Polo Male and Female Players."

34. Moore et al., "Laterality Frequency, Team Familiarity, and Game Experience Affect Kicking-Foot Identification in Australian Football Players."
35. Florian Loffing, Norbert Hagemann, and Bernd Strauss, "Automated Processes in Tennis: Do Left-Handed Players Benefit from the Tactical Preferences of Their Opponents?" *Journal of Sports Sciences* 28, no. 4 (2010): 435–43.
36. Loffing, Hagemann, and Strauss, "Automated Processes in Tennis."
37. Loffing, Hagemann, and Strauss, "Automated Processes in Tennis."
38. Alex Bryson, Bernd Frick, and Rob Simmons, "The Returns to Scarce Talent: Footedness and Player Remuneration in European Soccer," *Journal of Sports Economics* 14, no. 6 (2013): 606–28.
39. Lorin J. Elias, M.P. Bryden, and M.B. Bulman-Fleming, "Footedness Is a Better Predictor Than Is Handedness of Emotional Lateralization," *Neuropsychologia* 36, no. 1 (1998): 37–43.
40. Lorin J. Elias, M.B. Bulman-Fleming, and Murray J. Guylee, "Complementarity of Cerebral Function Among Individuals with Atypical Laterality Profiles," *Brain and Cognition* 40, no. 1 (1999): 112–15.
41. Elias and Saucier, *Neuropsychology*.
42. Jan Verbeek et al., "Laterality Related to the Successive Selection of Dutch National Youth Soccer Players," *Journal of Sports Sciences* 35, no. 22 (2017): 2220–2224.
43. Lawler and Lawler, "Left-Handedness in Professional Basketball."
44. Florian Loffing, "Left-Handedness and Time Pressure in Elite Interactive Ball Games," *Biology Letters* 13, no. 11 (2017).
45. Loffing, Schorer, Hagemann, and Baker, "On the Advantage of Being Left-Handed in Volleyball."
46. Michael E.R. Nicholls, Tobias Loetscher, and Maxwell Rademacher, "Miss to the Right: The Effect of Attentional Asymmetries on Goal-Kicking," *PLoS ONE* 5, no. 8 (2010): 1–6.
47. Ross Roberts and Oliver H. Turnbull, "Putts That Get Missed on the Right: Investigating Lateralized Attentional Biases and the Nature of Putting Errors in Golf," *Journal of Sports Sciences* 28, no. 4 (2010): 369–74.
48. J.P. Coudereau, Nils Guéguen, M. Pratte, and Eliana Sampaio, "Tactile Precision in Right-Handed Archery Experts with Visual Disabilities: A Pseudoneglect Effect?" *Laterality* 12, no. 2 (2006): 170–80.
49. Martin Dechant et al., "In-Game and Out-of-Game Social Anxiety Influences Player Motivations, Activities, and Experiences in MMORPGs," in *Proceedings of the 2020 CHI Conference on Human Factors in Computing Systems* (New York: Association for Computing Machinery, 2020), 1–14, https://dl.acm.org/doi/fullHtml/10.1145/3313831.3376734.

50. Andrew J. Roebuck et al., "Competitive Action Video Game Players Display Rightward Error Bias During On-Line Video Game Play," *Laterality* 23, no. 5 (2018): 505–16.
51. Anne Maass, Damiano Pagani, and Emanuela Berta, "How Beautiful Is the Goal and How Violent Is the Fistfight? Spatial Bias in the Interpretation of Human Behavior," *Social Cognition* 25, no. 6 (2007): 833–52.

이미지 출처

11 Mileva Elias.
13 Adapted from ID 19746175 by Alila07@Dreamstime.com.
21 Adapted from ID 109842682 by Aleksandr Gerasimov@Dreamstime.com.
23 ID 5315085 by Edurivero@Dreamstime.com.
55 Print from Theodoor Galle after Peter Paul Rubens, British National Museum.
56 Adapted from ID 182980116 by Hector212@Dreamstime.com.
68 Lauren Winzer.
71 Mileva Elias.
73 Mileva Elias.
85 Victor Jorgensen.
89 (top) ID 60634149 by Alena Ozerova@Dreamstime.com.
89 (bottom) ID 9585375 by Alena Ozerova@Dreamstime.com.
90 Adapted from ID 4194893 by Konstantin Tavrov@Dreamstime.com.
100 Adapted from ID 178737613 by Sansak Kha@Dreamstime.com and data from Amandine Chapelain.
106 ID 208712613 by Ruslan Gilmanshin@Dreamstime.com.
110 ID 34084781 by Ken Backer@Dreamstime.com.
113 Punya Miglani.
116 Hotshotsworldwide@Dreamstime.com.
121 ID 18528270 by Nilanjan Bhattacharya@Dreamstime.com.
122 ID 139019607 by Lillian Tveit@Dreamstime.com.
129 ID 188540489 by Mrreporter@Dreamstime.com.
130 Adapted from ID 67495746 by Bowie15@Dreamstime.com.
131 Wikimedia Commons public domain works of art.
133 ID 227815732 by Giorgio Morara@Dreamstime.com.
135 Mileva Elias.
136 ID 85627676 by Sergei Nezhinskii@Dreamstime.com.
140 Wikimedia Commons, public domain works of art.
143 ID 167077829 by Anatolii63@Dreamstime.com.
145 ID 150169703 by Anatolii63@Dreamstime.com.
146 ID 184446808 by Iuliia Selina@Dreamstime.com.

152 Lorin J. Elias.
154 Adapted from ID 216057999 by Archangel80889@Dreamstime.com.
155 Adapted from ID 156155797 by Maxim Ivasiuk@Dreamstime.com.
156 Wikimedia Commons, public domain works of art.
160 Naoharu Koayashi.
162 Lorin J. Elias.
165 ID 113948281 by Martina1802@Dreamstime.com.
173 (top) ID 53410192 by Mili387@Dreamstime.com.
173 (bottom) ID 20716662 by Hara Sahani@Dreamstime.com.
174 Wikimedia Commons, public domain works of art.
176 Wikimedia Commons, public domain works of art.
178 Adapted from ID 120732458 by Peter Hermes Furian@Dreamstime.com.
179 Jean-Honoré Fragonard, Pastoral Scene, public domain artwork.
181 Adapted from ID 7228587 by Pavel Losevsky@Dreamstime.com.
188 Lorin J. Elias, adapted from Marra Mazzurega.
189 (right) Adapted from ID 19574713 by Stelya@Dreamstime.com.
189 (left) Adapted from Wikimedia Commons.
190 ID 58216390 by Yuliia Yakovyna@Dreamstime.com.
197 Wikimedia Commons, public domain work.
199 Lorin J. Elias.
200 Mileva Elias.
216 Wikimedia Commons, public domain work.
220 Lorin J. Elias.
230 Adapted from ID 141758584 by Ustyna Shevhcuk@Dreamstime.com.
238 Lorin J. Elias, adapted from an image by Victoria Harms.
242 Lorin J. Elias, adapted from an image by Victoria Harms.
245 Adapted from ID 90708094 by Nitinut380@Dreamstime.com.
255 Wikimedia Commons, public domain work.
259 ID 26873780 by Fabio Brocchi@Dreamstime.com.
264 ID 1934104 by Nicholas Rjabow@Dreamstime.com.
266 pngkit.com.
269 Adapted from ID 7310661 by Guilu@Dreamstime.com.

옮긴이 제효영
성균관대학교 유전공학과와 동 대학 번역대학원을 졸업했다. 옮긴 책으로는 《책을 쓰는 과학자들》, 《몸은 기억한다》, 《과학이 사랑에 대해 말해줄 수 있는 모든 것》, 《식욕의 과학》 등이 있다.

기울어진 뇌

1판 1쇄 인쇄 2025년 3월 12일
1판 1쇄 발행 2025년 3월 31일

지은이 로린 J. 엘리아스
옮긴이 제효영

발행인 양원석 **편집장** 차선화 **책임편집** 방명주
디자인 강소정, 김미선 **영업마케팅** 윤송, 김지현, 이현주, 백승원, 유민경

펴낸 곳 ㈜알에이치코리아
주소 서울시 금천구 가산디지털2로 53, 20층(가산동, 한라시그마밸리)
편집문의 02-6443-8863 **도서문의** 02-6443-8800
홈페이지 http://rhk.co.kr
등록 2004년 1월 15일 제2-3726호

ISBN 978-89-255-7381-6 (03400)